»*KLACKS*« schraubt an *NSU Max* *BMW Einzylinder*

Ernst Leverkus

Einbandgestaltung: Luis Dos Santos

ISBN 978-3-613-03042-8

Sie finden uns im Internet unter:
www.motorbuch-verlag.de

1. Auflage 2009

Lektorat: Joachim Kuch
Überarbeitung : Tebitron GmbH, 70839 Gerlingen
Druck und Bindung: Rung-Druck, 73033 Göppingen
Printed in Germany

Ernst Leverkus

NSU-Max

- richtig angefaßt

Anleitung
zur Pflege
eines interessanten
Motorrad-Motors.
Ein Brevier
über das Fahren
und die Freude
mit einem richtigen
Motorrad

WAS VORHER NOCH ZU SAGEN WÄRE:

Liebe Windgesichter!

So schnell möchte ich nicht wieder eine solche Zusammenstellung sammeln, ordnen und ausarbeiten. Das habe ich mir vorläufig vorgenommen. Denn bedenken Sie nur die vielen schönen Kilometer, die ich in der Zeit hätte fahren können! Wir fahren aber alle gern und unsere Mäxe sollen rollen, schnell und mit Zunder – es sollen nicht Motorräder sein, an denen dauernd einer dran herumbastelt und die man dann doch nie auf der Straße sieht. Ich meine immer, daß ein Motorrad zum Fahren da ist, zum Überbrücken von Entfernungen und zum Erleben der Weite dieser schönen Welt. Ich bin krank, wenn das Ding nicht springen will. Kennen Sie auch diese böse Krankheit, wenn der Wurm in der Maschine steckt? Nicht mal das Essen schmeckt mir dann mehr. Gegen solches Unwohlsein muß etwas getan werden, und ich denke, daß es manchem Maxfreund zustatten kommt, wenn er vieles gesammelt findet, was zu seiner Freude am Fahren und zur Gesundheit einer der schönsten und stärksten 250 ccm Serienmaschine gehört. 18 Pferdchen wollen geliebt, gepflegt und verhätschelt sein!

Allerdings gehört dazu ein klein bißchen mehr als das, was uns das normale Handbuch, der Fahrlehrer oder der Meister in der Werkstatt erzählen kann oder will. Was ich in den letzten Jahren mit Mäxen erlebte und an Erfahrungen sammeln konnte, ist in dieser Geschichte zusammengestellt. Einen Anspruch auf Vollständigkeit kann es nicht erheben, denn dazu müßte man noch ins Konstruktionsbüro in Neckarsulm gehen und in allen Schubladen kramen dürfen. Aber es ist eine Montageanleitung mit lesenswertem Drumherum daraus geworden. Wer ein hochwissenschaftliches Werk erwartet, wird enttäuscht sein, und die Sprache in diesem Max-Buch ist die Sprache der Motorradfahrer. Wer darüber stolpern sollte, den bitte ich um Verständnis, daß für ihn dies Buch nicht geschrieben worden ist. Wenn aber einer damit etwas anfangen und seine geliebte Max nun selber am Leben erhalten kann, dann freue ich mich sehr. Denn damit ist wieder eine kleine Insel für einen von uns geschaffen und die beim Schreiben versäumten Kilometer tun mir dann nicht mehr gar so leid.

Euer

Klacks

Das steht alles drin:

Spezialmax 1954 bis 1956
(Vollnabenbremsen, Büffeltank
waren die Hauptänderungen)

Max 1952 bis 1954

Urteil ohne Schminke!

Es gibt allgemeine Faustregeln, deren eine etwa wie folgt lautet: Je höher die Leistung eines Motors bei gleichbleibendem Zylinderinhalt, desto kürzer die Lebensdauer. Das ist einleuchtend. Deswegen gibt es auch heute noch in Europa genug Motorradmodelle, bei denen die Erzeuger auf eine besonders hohe Leistung keinen Wert gelegt haben, denn die Maschine soll möglichst lange halten. Das war bei uns in Deutschland richtig, als das Motorrad noch überwiegend als Transport- und Arbeitsweg-Fahrzeug in Frage kam. Heute aber fährt die Hebamme in einem billigen Kabinenfahrzeug, der Oberförster hat ein Moped, und der Landdoktor fährt in einem Mobil, wenn er nicht einen VW besitzt. Das Motorrad als reiner Gebrauchgegenstand ist fast ausgestorben. Dafür aber ist die andere Fahrer-Kategorie gewachsen: Der Mann, der jung bleiben will, der den Wind um die Nase liebt, der Sport treiben will und der ein Motorrad **um des Fahrens willen** unterhält. Also Du und ich!

Diese Fahrergruppe muß aber so viel Aufwand für ihr Hobby treiben, wie wohl kaum bei einer anderen Sportart. Und das ist nicht allein in Deutschland so. Allein für die Max sind in einem Jahre DM 36.– Steuern und mindesten DM 92.– (bei einer Deckungssumme von 100 000 DM) Haftpflichtversicherung zu bezahlen, bevor man mit der Maschine überhaupt einen Meter fahren kann. Die Kosten für Ersatzteile, Reparaturen, Reifen usw. sind in den letzten Jahren auch nicht zu senken gewesen, und es ist demzufolge wohl klar, daß jeder dieser Leute den Pfennig umdreht, bevor er ihn ausgibt. Schnell fahren – ja, das wollen wir, deswegen haben wir uns ja die Max gekauft. Und die Lebensdauer? – Na, die soll nun auch nicht schon bei 10 000 km am Ende sein, denn sonst wäre der Spaß eben bei den vielen Nebenkosten zu teuer und bald vorbei. Wir wollen also beides: Hohe Leistung *und* Lebensdauer! **Und das macht die Max!** Deswegen wurde sie wie kaum ein anderes Motorrad gekauft und deswegen blieben in den Jahren 1953/54 etwa 6000 (sechstausend) 350-ccm-Maschinen in den deutschen Läden unverkauft stehen! Im Herbst 1952 erschien die Max auf dem deutschen Markt, heute schreiben wir Ende 1958 – es sind jetzt sechs Jahre, in denen das Modell in seinen Grundzügen unverändert gebaut wird. Das hat es nach dem Kriege im deutschen Motorradbau nur ganz selten gegeben.

Betrachten wir einmal die Behauptung, daß die Maschine nicht nur eine hohe Leistung, sondern auch eine ausreichende Lebensdauer besitzt. Hat eine Maschine mit einem Zylinderinhalt von 250 ccm beispielsweise 12 PS, dann ist das eine „Literleistung" von 12 mal 4 = 48 PS pro Liter (PS/l). (1 Liter = 1000 ccm, hat viermal 250 ccm). Die Literleistung der meisten deutschen Motorräder liegt zwischen 45 und 60 PS/l. Von allen Modellen,

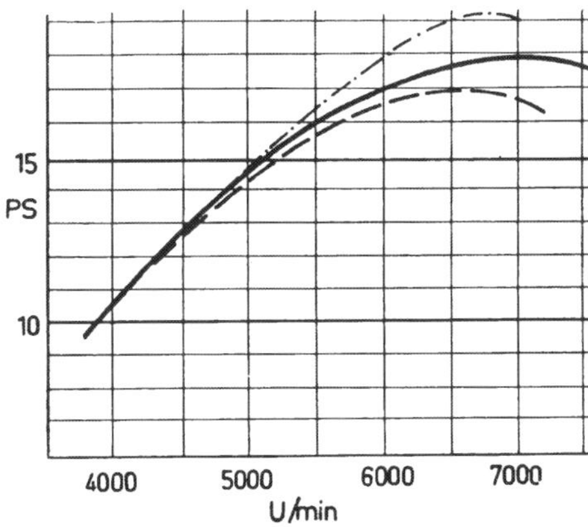

Leistungskurve des Motors. Obere Linie: Geländemax. Mittlere Linie: Supermax. Untere Linie: Max und Spezial-Max.

die jetzt gebaut werden, hat die Max die höchste Literleistung (247 ccm, 18 PS), nämlich 73 PS/l. Das ist allerhand Holz und schnell wird mancher sagen, daß dies Feuerzeug ja doch nicht lange hält. Ja, wenn die 18 PS aus 600 ccm herauskommen würden, dann könnte man wohl auf lange Lebensdauer schließen (= 30 PS/l). Die Erfahrung hat es mir anders gezeigt. Das erstemal erlebte ich das auf einer sehr schweren Geländezuverlässigkeitsfahrt im Taunus 1954, der DMV-Zweitagefahrt. Wie wurden dort die Maschinen und Motoren hergenommen! Am Abend des zweiten Tages war Werner Sautter mit Beifahrer Karl-Heinz Piwon aus Heilbronn auf einem Max-*Gespann* noch strafpunktfrei, als es kaum noch einen anderen strafpunktfreien Teilnehmer gab. Als sie ins Fahrerlager fuhren und der Motor eine Weile im Leerlauf ging, puffte er ganz ruhig ohne Klappern und häßliche Nebengeräusche vor sich hin. Auf vielen, vielen schweren mehrtägigen Wettbewerben erlebte ich das immer wieder, daß vielleicht die Federung an einer Maschine zum Teufel gegangen war, daß die Speichen locker waren, daß der Fahrer selbst am Ende war, daß aber der Motor im Leerlauf ging, als sei nichts Besonderes gewesen. Dabei hatten diese Motoren immer zwei bis vier PS mehr als die Serie drin – ihre Literleistung war also *noch* höher!

Die erste Testmax fuhr ich dann als Gespann im gleichen Jahr. Als Gespann, weil man da eben *immer* Vollgas stehen hat, wenn man da eine richtige Fahrleistung herausquetschen will. Da geht es über den Motor gewaltig her. Etwa 8000 km wurde die Maschine nach allen Regeln der Kunst gedroschen, aber es geschah nichts. Später begann ich dann auf dem Nürburgring Teste zu fahren, und wer weiß, was 40 Nürburgring-Runden mit einer 250er-

So sah der Supermax-Kolben nach 40 Runden Nürburgring und 2000 km scharfer Testfahrt aus! Wobei ich annehme, daß der Leser sich in etwa vorstellen kann, was dem Motor bei solchen Versuchen zugemutet wird.

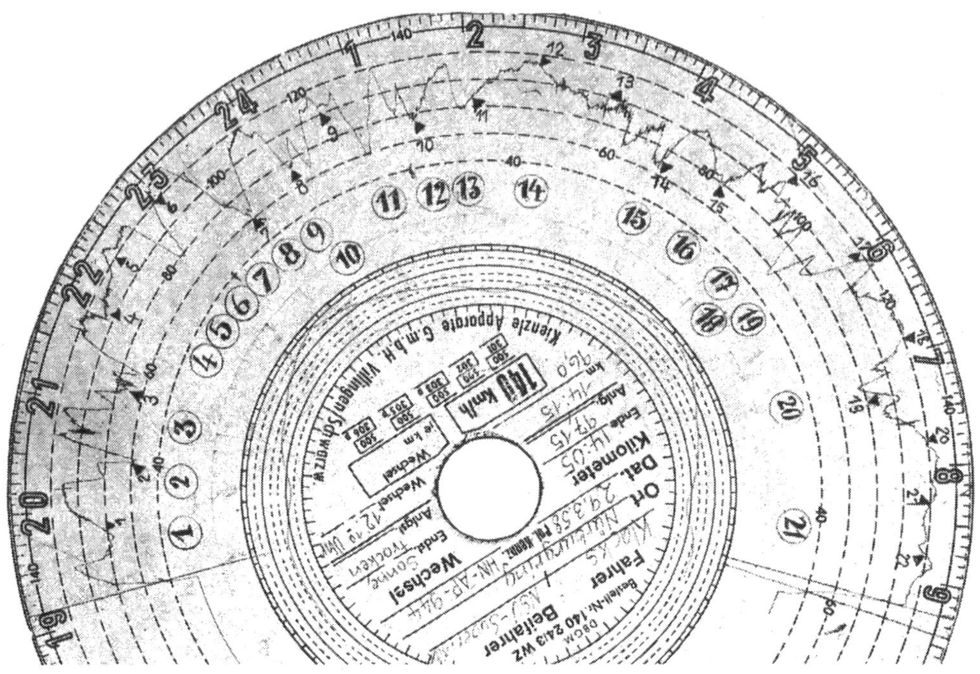

Fahrtschreiberblatt einer Testrunde vom Nürburgring. Schwarze Marken: Kilometer. Umkreiste Zahlen: Streckenstellen (wie nebenstehendes Diagramm). Am Getriebe ein 15 Zähne Ritzel.

Solomaschine bei Rundendurchschnitten zwischen 92 und 95 km/st bedeuten, der wird mir wohl zustimmen, daß ich von einem Motor begeistert bin, wenn er *das* klaglos übersteht. Im Geländesport aber bekamen die Max-Gespanne inzwischen einen unheimlichen Ruf, ja, im Reglement der Internationalen Sechstagefahrt entstand nur wegen dieser Maschine eine Gespann-Klasse bis 250 ccm, die es früher nicht gegeben hatte. Es ist so, der Max-Motor verträgt eine ganze Menge und hat die Faustregel der hohen Leistung und der daraus zu folgernden niedrigen Lebensdauer für sich nicht bestätigt. Zum Vergleich muß man hier noch die Literleistungen von deutschen Sportwagen nennen: Porsche-Carrera 1,5 Liter, 105 PS = 70 PS/l; Borgward-Isabella TS 50 PS/l. Während der Porsche als *Sport*fahrzeug gilt, ist die Max ein *Touren*modell, denn die Sportausführungen des Max-Motors haben noch einige Pferdchen mehr drin. Viele haben sich in den letzten Jahren den Kopf über den Max-Motor zerbrochen, weil sie es nicht fassen konnten, daß man diesen Hochleistungsmotor zu einem solchen Stehvermögen bringen konnte.

Die NSU-Leute haben es aber gekonnt. Nur ist dieser Motor nicht am Schreibtisch hingetrimmt worden, sondern unablässig den schwersten Prüfungen im Gelände und später beim Sportmax-Rennmodell auf Straßenrennen ausgesetzt worden. Man braucht ja nur die Liste der Sporterfolge anzusehen, um zu begreifen, daß es da kein Prozent von herunter zu diskutieren gibt.

Meine Testmäxe sind *immer* gelaufen. Wenn in der gleichen Zeit andere Testmaschinen mit irgendwelchen dummen Kleinigkeiten nicht fahrbereit waren, dann konnte ich mich auf die Max stets verlassen. Jeder Start klappte, selbst nach kalten Nächten im Freien ohne Fluten des Vergasers. Der Trick dazu: Man durfte in der Nacht den Benzinhahn nicht abstellen. Vorm Antreten den Lufthebel schließen, zweimal mit dem Starter gewippt, daß der Kolben schön vor dem oberen Totpunkt stand, Zündschlüssel reindrücken und jetzt einen leichten Tritt (ohne Dekompressionshahn, den ich übrigens nie brauche): Tumm – tumm – tumm – tumm – tumm! Im Leerlauf! Erst nach ein paar Sekunden etwas Gas gegeben. Wenn der Lauf des Motors unruhig wird, muß man den Lufthebel öffnen und dann kann es losgehen. Mit ganz normaler Vergasereinstellung funktionierte das. Hauptdüse 105, Nadeldüse 2.68, Nadel-

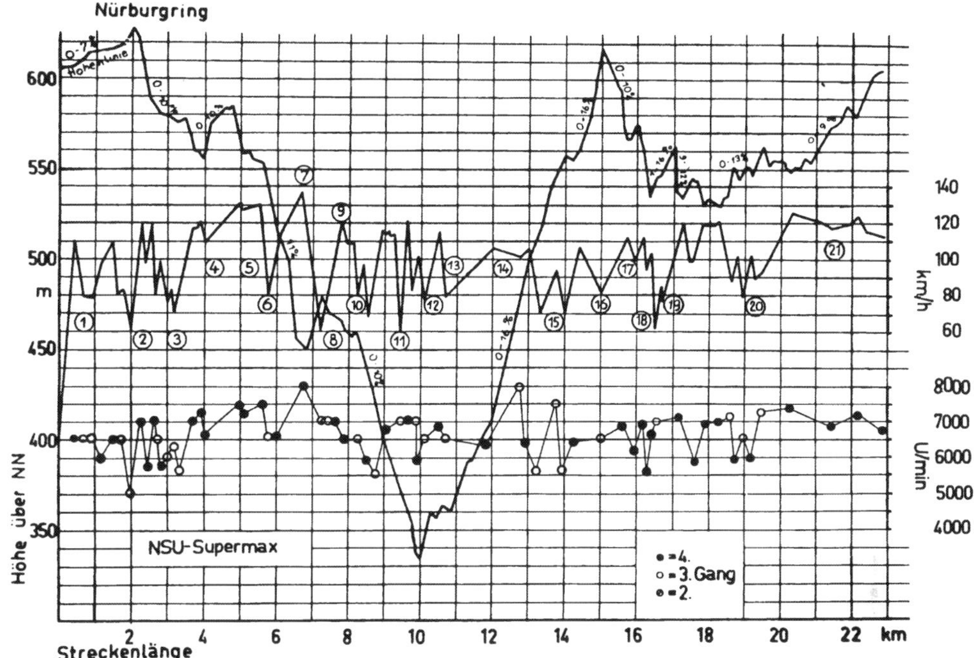

Höhenprofil des Nürburgringes mit Geschwindigkeits- und Drehzahlangaben. (16 Zähne Ritzel) 1 = Südkehre; 2 = Gegengerade; 3 = Hazenbach; 4 = Flugplatz; 5 = Schwedenkreuz; 6 = Aremberg; 7 = Fuchsröhre; 8 = Adenauer Forst; 9 = Metzgesfeld; 10 = Kallenhard; 11 = Wehrseifen; 12 = Breidscheid; 13 = Bergwerk; 14 = Kesselchen; 15 = Karussell; 16 = Hohe Acht; 17 = Wippermann; 18 = Brünnchen; 19 = Pflanzgarten; 20 = Schwalbenschwanz; 21 = Antoniusbuche.

stellung 2, Leerlaufdüse 45, Leerlaufluftschraube 1,5 Umdrehungen offen. War der Motor schon warm, kam er immer. Nur durfte der Vergaser nicht geflutet werden, sonst war das Dings gleich abgesoffen. In einem solchen Fall half nur treten, treten, treten. Benzinhahn zu und Vollgas.

Damit wir uns ein Bild machen können, was die Max wirklich kann, müssen wir uns eine Vergleichsstrecke suchen. Dafür nehmen wir den Nürburgring. Kurze Charakteristik: Streckenlänge der „Nordschleife“ 22,8 km. Darin sind 175 Kurven, Gefälle und Steigungen bis zu 17 Prozent, Höhenunterschied 300 m, gefährliche Kurven-Serien mit welliger Straße und eine lange Gerade über etwa 3 Kilometer enthalten. Es herrscht Einbahnverkehr, der Ring ist abgesperrt und hat nur drei mit Schrankenwärtern versehene Zugänge. Dort kann man ungestört Vergleiche fahren, das Streckenbild ist immer gleich, und Runde für Runde kann man an Hand von Fahrtschreiberaufzeichnungen (24 Minuten Laufwerk) die Unterlagen zur Beurteilung einer Maschine schaffen. Eine 600-ccm-Maschine mit 35 PS Motorleistung muß unter einem normalen Fahrer einen Rundenschnitt zwischen 103 und 110 km/st erreichen können, eine normale 250-ccm-Maschine mit 15 PS Motorleistung und modernem Fahrwerk wird etwa auf einen Durchschnitt von 85 bis 90 km/st kommen können. Die schnellste Runde mit der Supermax lag bei einer Zeit für die Runde von 14 Minuten und 5 Sekunden = ca. 97 km/st, wobei ich davon überzeugt bin, daß ein gut eingefahrener und durchtrainierter Rennfahrer auf dieser Maschine in Serienausführung bis an 100 km/st Rundenschnitt kommen kann! Im Eifelrennen 1957 für den deutschen Rennfahrernachwuchs fuhr der junge Heinz Kessing aus Überruhr mit einer Max über drei Runden einen Gesamtschnitt von 110,4 km/st. Diese Maschine war zum Rennen mit der normalen Frisieranleitung des Werkes hergerichtet, sie hatte schätzungsweise etwa 23, aber *höchstens* 25 PS Motorleistung. Die Bremsen waren noch aus der ersten Max-Serie, also einfache Trommelbremsen, keine Vollnabenbremsen. Das Fahrwerk hatte noch keine Hinterradschwinge mit Federbeinen. Der Scheinwerfer war noch dran. Allerdings hatte Kessing

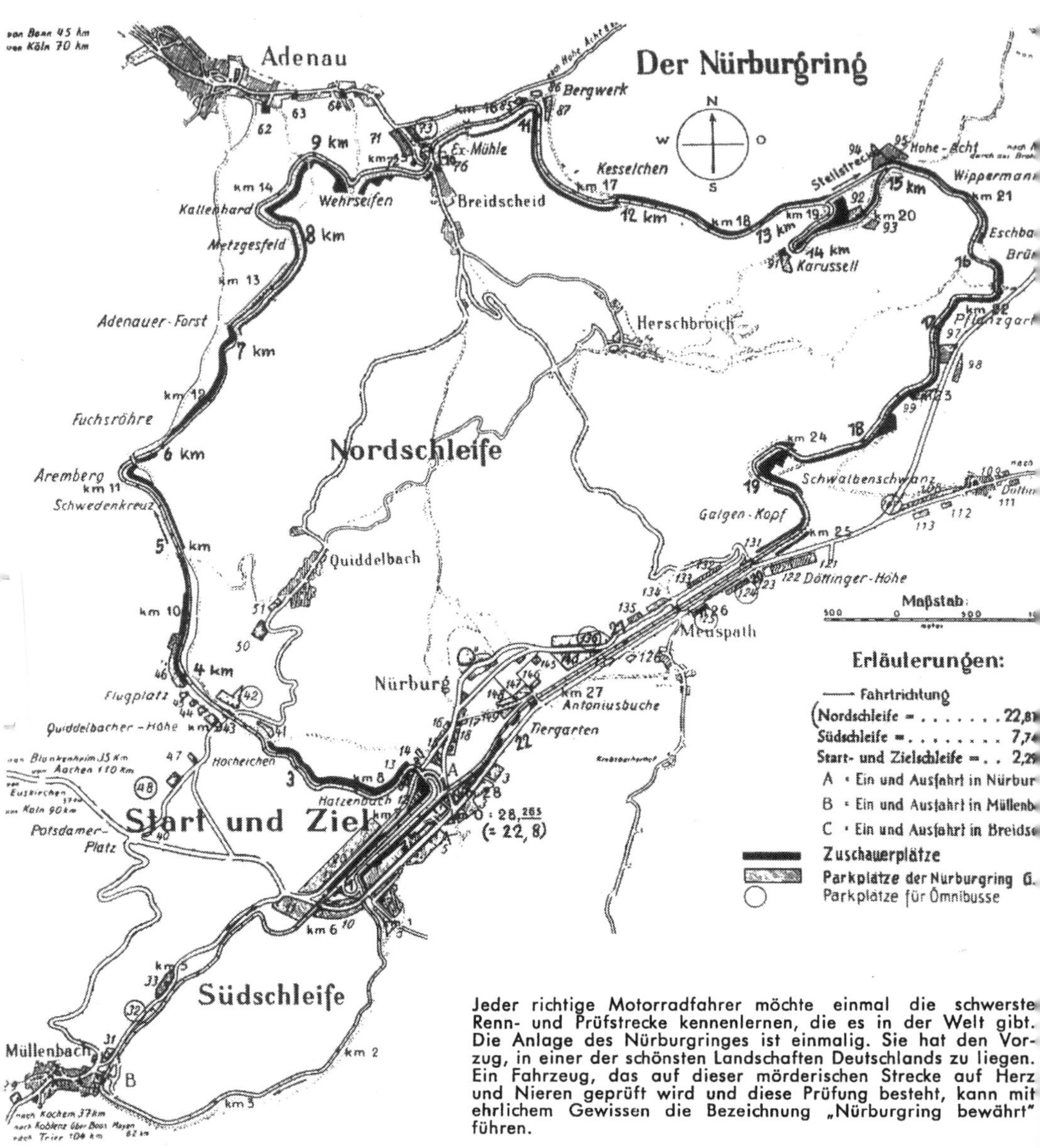

Jeder richtige Motorradfahrer möchte einmal die schwerste Renn- und Prüfstrecke kennenlernen, die es in der Welt gibt. Die Anlage des Nürburgringes ist einmalig. Sie hat den Vorzug, in einer der schönsten Landschaften Deutschlands zu liegen. Ein Fahrzeug, das auf dieser mörderischen Strecke auf Herz und Nieren geprüft wird und diese Prüfung besteht, kann mit ehrlichem Gewissen die Bezeichnung „Nürburgring bewährt" führen.

schon seit Jahren viel und vor allem schnell auf dem Nürburgring gefahren. Mit keiner anderen Maschine der 250-ccm-Klasse bin ich bis heute an diese Max-Zeiten herangekommen – ich kann die Stapel meiner Fahrtschreiber-Blätter vom Nürburgring von hinten nach vorn durchsuchen, solange ich will.

Bei dieser Fahrerei kann man aber auch sehen, wie weit sich der Motor überdrehen läßt. Laut der Leistungskurve gibt der Supermax-Motor bei 7000 U/min seine höchste Leistung von 18 PS ab (die allerersten Mäxe, die nicht im Handel erschienen, hatten bei 6000 U/min nur 15 PS – das weiß vielleicht heute kaum noch jemand). In dem langen 10-Prozent-Gefälle der „Fuchsröhre" auf dem Ring stand eine Geschwindigkeit von über 135 km/st auf dem Fahrtschreiber. Da hörte die Nadel auf zu schreiben, wahrscheinlich war es noch mehr. Das sind aber 8000 U/min! Sechs Kilometer weiter geht es die 7prozentige Steigung durch das „Kesselchen" zur „Hohen Acht" hinauf. Hier ging die Maschine im dritten Gang über 100 km/st, das sind ebenfalls ca. 8000 U/min. Die letzten Runden bin ich dann mit einer etwas größeren Übersetzung als serienmäßig gefahren, wobei der Motor noch höher gedreht hat bei gleichen Geschwindigkeiten.

Serienmäßig sind am Getriebeausgang 16 Zähne auf dem Kettenritzel, und auf dem Zahnkranz am Hinterrad 42 Zähne. Ich benutzte das Soloritzel der Geländemax mit 15 Zähnen und erreichte damit die schnellste Runde von 14 Minuten, 5 Sekunden. Wie kann das möglich sein, denn bei der jetzt größeren Übersetzung ist doch logischerweise die Endgeschwindigkeit etwas geringer? – Der Vergleich früherer Fahrtschreiberblätter ergab einwandfrei, daß der Zeitgewinn vor allem durch höhere Geschwindigkeiten in den langen Steigungen zu finden war. Die Endgeschwindigkeit war sogar der mit dem 16-Zähne-Ritzel gleich. Sie schwankte bei völligem Langmachen zwischen 120 und 125 km/st auf der langen Geraden in den ebenen Stükken. Nach dieser Erfahrung und nach der Feststellung, daß mein Motor so überdrehfest war, möchte ich allen meinen 180-Pfund-Freunden empfehlen, das 15-Zähne-Ritzel eher zu benutzen, als die serienmäßige Übersetzung. Das gibt eben größere Beschleunigung, höheres Tempo an langen Steigungen, bessere Reisedurchschnitte bei Fahrten über Landstraßen. Nur bei Gefällen bitte Vorsicht! Die vom Fahrtschreiber immer wieder bis über 135 km/st aufgezeichnete Linie bedeutet in der Fuchsröhre bei einem 15-Zähne-Ritzel weit über 8400 U/min!

Sehr oft hört man die Ansicht, daß die Max keinen Seitenwagen vertrüge. Dazu möchte ich doch zu bedenken geben, daß ich alle Teste der Max mit dem Seitenwagenfahren begonnen habe. Natürlich ist normalerweise bei 95 km/st der Ofen aus, die Beschleunigung entspricht etwa der VW-Beschleunigung und ein 600er-Gespann rennt einem natürlich weg. Auch ist die Beanspruchung des Motors weitaus größer als im Solobetrieb, wer aber seine fünf Sinne beisammenhält und von einem 250-ccm-Gespann nicht gleich die Leistung eines schwarzen Mustangs (der BMW-R-69) oder gar des grünen Elefanten (Zündapp-KS-601) erwartet, der soll sich keine Sorgen wegen des Gespannbetriebes machen. Schließlich haben meine Motoren das immer durchgestanden, schließlich ist der Ruf der Max im Gelände dazu noch durch die Gespann-Erfolge begründet worden. Wenn man einer 250-ccm-Maschine einen Seitenwagen anhängen will, dann ist sowieso weit und breit u. a. nur die Max mit 18 PS geeignet. Wichtig ist der richtige Anschluß. Möglichst dicht an die Maschine ran, damit die Spurweite nicht so groß ist. Das Rad des Seitenwagens muß etwa 6–10 cm vor dem Hinterrad der Maschine stehen. Die Vorspur beträgt zwischen 25 und 30 mm, der Maschinensturz etwa 15 bis 20 mm. Das Gespann muß besetzt bei

Zum Seitenwagenanschluß braucht man einen Anschlußbügel.

60 km/st freihändig auf ebener Straße geradeaus laufen. Zum Seitenwagenanschluß gehört der große Anschlußbügel, der unter dem Motor der Maschine montiert wird und der die Anschlußkugeln trägt. Das Ritzel am Getriebeausgang wird gegen ein Ritzel mit 14 Zähnen ausgetauscht. Es gibt auch ein 13-Zähne-Ritzel und für die Geländemaschine ein 12-Zähne-Ritzel. Trotzdem sollte man sich lieber einen größeren Zahnkranz zum Hinterrad für die weitere Vergrößerung der Übersetzung besorgen, denn die kleinen Ritzel am Getriebe gehen doch gewaltig über die Kette her. Der Schalenrahmen der Max ist für den Gespannbetrieb robust genug, der verbiegt sich nur, wenn man die Maschine den Stuttgarter Fernsehturm herunterschmeißen würde. Der Hinterradreifen 3.25–19 wird gegen eine Decke 3.50–19 ausgetauscht. (Für Rechnungen: Radumfang 2,00 m.)

Wenn wir früher von Sportmotoren gesprochen haben, dann gipfelten unsere Schwärmereien zum Schluß immer bei Motoren, die eine obenliegende Nockenwelle und Haarnadelventilfedern besaßen. Das war der Traum, den wir einmal erfüllt sehen wollten. Aber daß es einmal Serien-Alltagsmaschinen geben würde, die derart aufgebaut sind, das wäre uns selbst in den kühnsten Träumen nicht eingefallen. Das waren doch astreine Zeichen von Rennmaschinen –! Wer würde die – nebenbei gedacht – in Ordnung halten können? Wo wäre der Dorfschlosser, der so ein Ding am Leben halten könnte? – Und jetzt ist so eine Maschine seit sechs Jahren ununterbrochen auf dem Markt, hat obenliegende Nockenwelle und Haarnadelventilfedern.

Ölfilter (obere Leitung zum Tank) beim Ölwechsel nicht vergessen!

Normalerweise haben Motoren mit obenliegenden Nockenwellen (o.h.c.-Motoren) zum Antrieb der Nockenwelle eine Königswelle (Kegelradantrieb), Zahnräder oder Kette. Bei der Max ist ein Schubstangensystem vorhanden, das die Nockenwelle dreht. So ganz unkompliziert ist dies System allerdings auch nicht, denn damit sich die bei der Betriebswärme eintretende Längung des Zylinders auf den Schubstangenantrieb der Nockenwelle nicht nachteilig auswirkt, ist die Nokkenwellen-Lagerung so konstruiert, daß sie selbst fest stehen bleibt, während Zylinder und Zylinderkopf sich ausdehnen können.

Beschleunigungskurve. Gestrichelte Linie: Gespann. (Gefahren wurde diese Linie nach 5000 Testkilometern.)

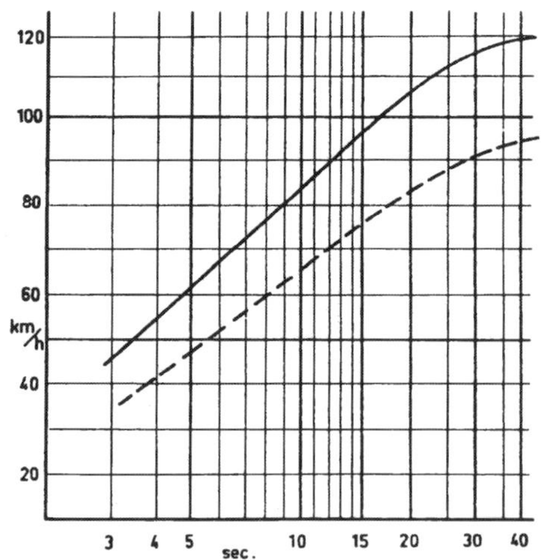

Das Nockenwellengehäuse ist mit dem Motorgehäuse durch ein feststehendes Abstandspleuel verbunden. Bei Reparaturen ist die Schwierigkeit nun, die Nockenwelle so einzubauen, daß sie auf der linken Seite zur Oberkante des Zylinderkopfes einen Abstand von 0,05 mm bekommt. Das geht nur mit einer Meßuhr. Also nichts für den Dorfschlosser in Kleinkleckersdorf, der nicht gerade einen beim NSU-Kundendienst geschulten Mann in seiner Bude hat. Und auch dann – na, alte Leute wissen schon! Nur durch gleichzeitigen Ausbau eines kolossalen Kundendienstes und Vertragswerkstätten-Netzes war es den Nekkarsulmern überhaupt möglich, so einen komplizierten Motor als Alltags-Antriebsaggregat zu bauen. Trotzdem ist es aber für jeden Max-Fahrer von Vorteil, wenn er seinen Motor und dessen Probleme auch im Inneren genau kennt.

Der Nockenwellenantrieb funktioniert folgendermaßen: Zwei Schubstangen sind oben an der Nockenwelle und unten am Nockenwellen-Antriebsrad um je einen Exzenter gelagert. Die Exzenter sind um 90° gegeneinander versetzt. Wenn das Antriebsrad unten gedreht wird, werden die Schubstangen durch den unteren Exzenter entweder angehoben oder nach unten gezogen und bewegen auf diese Art über den oberen Exzenter die Nockenwelle, mit der sie durch einen Bolzen fest verbunden sind. Damit die Bewegung der Nockenwelle und des Antriebes möglichst vibrationsfrei bleibt, sind die Schubstangen um 90° versetzt und ist oben an der Nockenwelle noch ein Ausgleichsgewicht zur Auswuchtung angebracht. Doch bekommt man den Motor nicht völlig frei von Vibrationen, in einigen Drehbereichen kribbelt er beträchtlich. Zum Einstellen des Ventilspieles braucht der Motor nicht aus dem Rahmen ausgebaut werden, man kommt nämlich sehr einfach unter den Zylinderdeckel zu den Einstellschrauben für das Ventilspiel hin. Nur wenn sich am Ventiltrieb irgendwelche Schäden zeigen, muß der Motor aus dem Rahmen und entsprechend weit zerlegt werden.

So drehen sich die Exzenter der Nockenwelle. Schubstangen und Ausgleichsgewicht abgenommen. 1 = Einlaßventil öffnet (Kipphebel senkt sich abwärts); 2 = Einlaßventil schließt; 3 = Auslaßventil öffnet; 4 = Auslaßventil schließt.

Unterschiede in der Gesamtübersetzung:

	Serie 16 Zähne	15 Zähne	Gespann 14 Zähne
1. Gang	21,36	22,8	24,41
2. Gang	13,73	14,66	15,7
3. Gang	9,53	10,16	10,89
4. Gang	6,78	7,24	7,75

Woher diese Zahlen alle kommen? – Bitte, es ist nicht schwer:

$$\frac{\text{42 Zähne Hinterrad}}{\text{16 Zähne Getriebeausgang}} = \text{2,625 Untersetzung Getriebe/Hinterrad}$$

Untersetzung Motor/Getriebe = 2,583 : 1

Untersetzung im Getriebe: 1. Gang = 3,15 : 1
2. Gang = 2,025 : 1
3. Gang = 1,406 : 1
4. Gang = 1,0 : 1

Untersetzung Getriebe/Hinterrad (verschieden je nach Zähnezahlen am Hinterradzahnkranz oder am Getriebeausgang) × Untersetzung Motor/Getriebe × Untersetzung im Getriebe = Gesamtuntersetzungs-Verhältnis.

Die U/min oder die Geschwindigkeit zur Kurbelwellenumdrehung errechnet man nach der Formel:

$$\text{Geschwindigkeit (km/st)} = \frac{\text{U/min} \times \text{Radumfang (m)*} \times 60}{\text{(Über)Untersetzungsverhältnis}}$$

Beispiel: Welche Geschwindigkeit wird bei 4000 U/min im dritten Gang erreicht? (Radumfang 3.25 – 19 = 1,95 m)

$$\frac{4000 \cdot 1{,}95 \cdot 60}{9{,}53} = 49 \text{ km/st}$$

* Der Radumfang des Hinterrades für Seitenwagenbetrieb ist 2,00 m, da ein Reifen 3.50 – 19 verwendet werden muß.

Wenn jemand beim Ölwechsel Ablaßschraube und Einfüllöffnung für Getriebeöl sucht, wird es ihm wie dem Taucher gehen, der immer noch an die Goldschiffe vor fernen Küsten glaubt. Er wird nichts finden oder aber irgendeine falsche Schraube losdrehen. (Das kann äußerst unangenehm werden!) Ich erwähne dies nur, falls jemand nicht weiß, daß das Getriebe der Max vom Ölkreislauf des Motors automatisch mit bedient wird. Man sollte aber annehmen, daß das jeder sofort herausbekommen hat, der das erstemal einen Ölwechsel gemacht hat. Auf die einwandfreie Ölzirkulation aber sollte jeder aufpassen! Bei der Ölstandskontrolle muß man darauf achten, daß der Motor vorher lange genug gelaufen hat, um alle Reste des Öles aus dem Motor bis zum endgültigen Ölstand in den Tank gepumpt zu haben. Sonst meint der kleine Moritz, daß er Öl nachfüllen muß und wundert sich dann, wenn seine Max wegen zu viel Öl zu einer schrecklichen Ölsardine wird. Einen haarsträubenden Ölverbrauch habe ich bei allen Mäxen nicht festgestellt, die durch meine Hände gegangen sind. Alle 2000 km wurde regelmäßig Ölwechsel gemacht und alle 6000 km beim Ölwechsel der Papierfilter im Öltank an der Ölrücklaufleitung ausgewechselt. Früher mußte man bei älteren Mäxen alle 6000 km die Schlammhülsen in den Kurbelwangen herausdrehen und reinigen. Das war eine Sache, die oft übersehen wurde und mancher Kurbelwelle das Leben kostete. In diesen Schlammhülsen sammelten sich nämlich alle Rückstände aus dem Kreislauf. Ein Austausch einer alten Kurbelwelle mit Schlammhülsen gegen eine neue Kurbelwelle ohne Schlammhülsen ist bei älteren Motoren nicht möglich! Dazu gab es einen kleinen Spezialabzieher, den allerdings nur Vertragswerkstätten besaßen. Bei der Spezial- und bei der Supermax sind diese Schlammhülsen dann weggefallen.

Das Getriebe läßt kein unaufmerksames oder flüchtiges Betätigen der Fußschaltung zu. Anfangs habe ich mir oft den Reiseschnitt verdorben, weil ich beim Runterschalten vom

Richtig antreten. Linkes Bein als Stütze. Man braucht den Ausheber zum Antreten kaum.

Nockenwellenantrieb zerlegt. Man muß sich diese Zeichnung in Ruhe betrachten, dann wird man auch die Funktion dieses Antriebes gut verstehen.

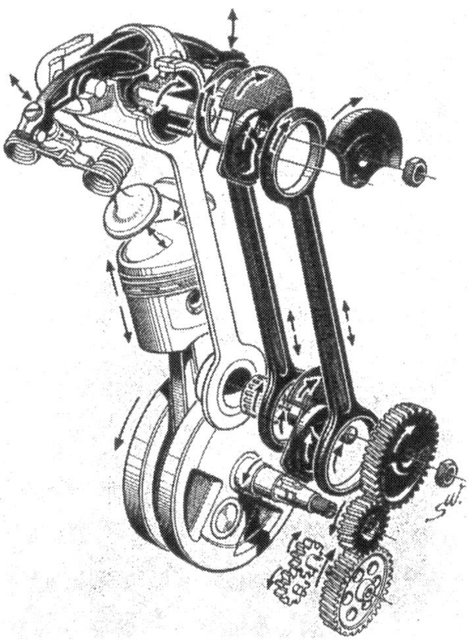

vierten in den dritten Gang sehr oft bis in den zweiten Gang rutschte und beim Aufwärtsschalten vom zweiten Gang in den dritten immer mal wieder schon im vierten Gang landete. Auch rutschte mir hin und wieder einmal ein nicht ganz sauber eingerasteter Gang wieder heraus. Bei Überholvorgängen äußerst unangenehm! Man muß sich bei der Max gleich vom ersten Tage an angewöhnen, den Gang beim Rauf- oder Runterschalten bei gerade wieder fassender Kupplung einrasten zu lassen und den Schalthebel mit der Fußspitze einen Augenblick bis zur endgültigen Arretierung des Ganges festzuhalten.

Es hat lange gedauert, bis man der Max endlich für die Hinterradschwinge Federbeine gab. Serienmäßig werden Hemscheid-Federbeine eingebaut und es gibt im Werk zum Umbau älterer Mäxe in die Supermax einen kompletten Umbausatz für die Hinterschwinge. Es dürfte aber einem versierten Bastler keine Schwierigkeit bereiten, eine alte Max zu modernisieren, denn der Rahmenausleger zum Kotflügel bietet sich für die Befestigung von Federbeinen geradezu an. Der

Richtig schalten. Fuß in Ruhe auf der Raste. Die Finger greifen zum Kupplungshebel.

Kupplung völlig gezogen. Fuß tritt den Hebel zum ersten Gang nach unten. Kupplung langsam loslassen und entsprechend Gas geben. Erst wenn **ganz** eingekuppelt ist, Fuß vom Schalthebel nehmen.

Wieder Kupplung ziehen. Hebel mit Fußspitze hochziehen in den zweiten Gang. Festhalten, bis **völlig** eingekuppelt ist. Dann erst Schalthebel loslassen. Bei Schaltvorgängen in umgekehrter Reihenfolge ebenfalls den Hebel immer festhalten, bis der Gang „sitzt".

fahrerische Gewinn der Supermax gegenüber ihren älteren Schwestern ist deutlich zu bemerken. Wieder anhand von Fahrtschreiber-Diagrammen des Nürburgringes kann man das genau verfolgen. Schon beim scharfen Anbremsen der Arembergkurve ist ein Vorteil abzulesen, die Geschwindigkeit sinkt als gerader Strich abwärts, wo ansonsten stufenweises Anbremsen abzulesen war. Die Unterschiede im Kurvengeschlängel vor der Hohen Acht, am Wippermann, am Brünnchen, im Pflanzgarten und am Eschbach zeigen einwandfrei die bessere Straßenlage an. Jetzt konnte man erst merken, daß vorher 17 PS vertan wurden – jetzt waren sogar 18 PS auf den Boden zu bringen und ausnutzbar. Herrschaften – im Verkehr draußen auf den Straßen hat sich das so ausgewirkt, daß meine Reiseschnitte mit der Max so angestiegen sind, wie dies für eine 500er-Maschine aus dem Jahre 1952 aller Ehren wert gewesen ist! Wenn wir uns ein Bild von einer Maschine machen wollen, dann müssen wir auch einmal davon reden, was sie *nicht* verträgt:

*

1. Immer flott fahren! Nach längerer Zeit mit nur kurzen Stadtfahrten möglichst bald einmal die Maschine „sauber" hetzen. Die meisten Max-Motoren gehen an Kondensschäden und Untertemperatur zugrunde! Je mehr der Motor hergeben muß, je wohler fühlt er sich. Er ist ein Hochleistungsmotor. So ein Ding nimmt das kurzzeitige Eckenfahren gewaltig übel! So zum Klöhnen mal eben zwei Straßen weiter zum Fritz, nach einer Viertelstunde Gequatsche und Leerlaufgetuckere (unter dem bestimmt beifälligen Gemurmel aller Nachbarn!) zum Willi und dann eine Angeberrunde vorm Kino, damit Lieschen Müller auch sieht, was man für ein schneidiger Kerl ist. Und dann natürlich nicht die McIntyre-Starts mit kaltem Motor vergessen! Ein echter Max-Fahrer unterläßt grundsätzlich solchen Blödsinn, schon weil dann jeder sehen könnte, was er dann für ein Würstchen wäre. Auf *längere* Autobahnreise sollte man

das Letzte nur im Notfall aus dem Motor herausquetschen. 100 bis 105 km/st Dauertempo auf der Autobahn reichen völlig aus. Auf kürzeren Distanzen bis zu 30 Kilometern an einem Stück kann man dafür auch mal die Endgeschwindigkeit länger halten. Auf alle Fälle aber ist der Motor auf der Autobahn bei schneller Fahrt für ein Gaswegnehmen ab und zu dankbar. Aber er nimmt es sehr übel, wenn man ihn stundenlang nur mit etwa 50 oder 60 km/st im vierten Gang bummeln läßt! Das Ding muß drehen! Die Gänge sollen bei warmem Motor ruhig beim Beschleunigen ausgefahren werden. Ganz abgesehen davon, daß diese Beschleunigung ebenso viel Sicherheit wie die enormen Bremsen der Max gibt. Nicht im Leerlauf „warm laufen" lassen! Warm *fahren!*

2. Dem Öl bitte keinerlei Graphitzusätze beimengen. (Wie ja überhaupt alle Wundermixturen mit Vorsicht zu genießen sind. In meine Max kommen keine Ölzusätze und Wundersalben! Solange sie ihre nötige Betriebstemperatur hat und kein Kondenswasser aus allen Ritzen läuft, ist das nicht nötig. Man sollte sich auf eine Ölsorte beschränken. Im Winter SAE 10, im Sommer SAE 20. Es braucht gar kein teures Superöl sein, wenn man dafür sorgt, daß der Motor richtig gefahren wird!) Infolge der Schleuderwirkung setzen sich Graphitzusätze bei älteren Mäxen in den Schlammhülsen des Kurbeltriebes fest und setzen die Ölkanäle zum Kurbelzapfen zu. Bei der Spezial- und Supermax werden aber ebenfalls die Ölkanäle verstopft, so daß der Motor infolge Schmierungsmangel festgehen kann. (Sollte der berühmte Rennfahrer Kurvenkratz das berühmte Zaubermittel und Zusatzschmierzeug „Dreimalsoschnell" in seiner siegreichen Rennmaschine benutzt haben, dann muß man wissen, daß der seinen Rennmotor nach jedem Rennen zerlegt und gereinigt hat.) Rizinus-Beimischungen duften zwar imponierend, bedingen aber, daß man den Motor nach spätestens 1000 km innen von allen verharzten Rückständen dieses Pflanzenöles reinigen muß. Ob das die Stinkerei des Angebens wegen wert ist? – Der beste Schutz gegen Korrosion ist immer noch die richtige Ausnutzung des Motors und die Vermeidung von unnötigem Kurzstreckenbetrieb!

Links Kurbelwelle Supermax ohne Schlammhülsen. Rechts Kurbelwelle Max und Spezialmax mit Schlammhülse. Darunter Abzieher für die Hülse. (Eine Schraube preßt den Abzieher fest in die Hülse, mit dem Ringschlüssel wird dann der Abzieher gedreht und Hülse herausgenommen.) Der Ölkreislauf der Supermax wird durch die untere Zeichnung erklärt

3. Am Motor nicht unnütz herumbasteln! Wer meint, daß der Motor komische Geräusche

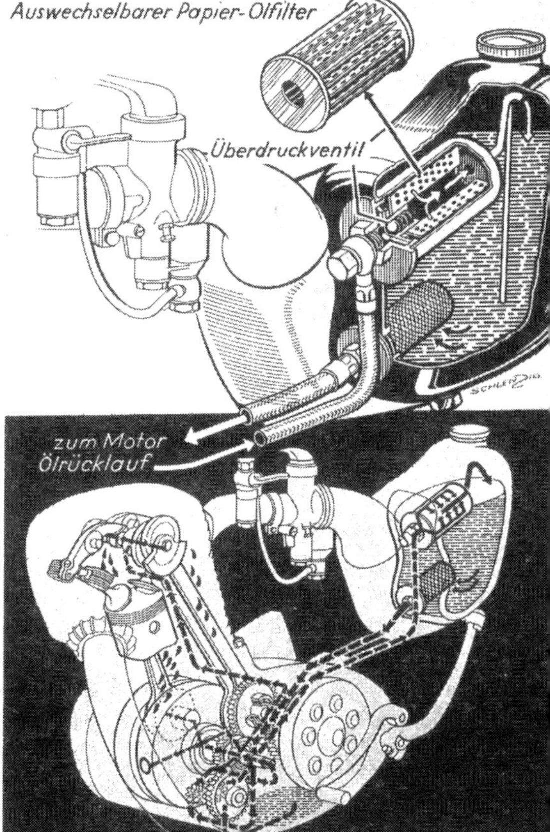

Blick in den Öltank bei laufendem Motor. Links zu Beginn Ölstand niedrig. Nach einigen Minuten Ölstand gestiegen. **Jetzt erst** Ölstand messen! Denn jetzt erst hat die Pumpe alles nach unten gesickerte Überflußöl aus dem Motor in den Tank gefördert. Darunter sehen wir, wie das Öl im Schubstangentunnel nach oben gewirbelt wird.

Umbauteile für Max und Spezialmax zum Umbau auf Schwinge hinten mit Federbeinen.

von sich gibt, sollte zuerst einmal in seinem Gemüt forschen, ob das nicht zu empfindlich ist. Motoren mit derartigen Ventiltrieben haben immer größere mechanische Geräusche als andere Motoren. Geschwindigkeiten mit Stoppuhr messen!

4. Gewöhnt Euch exaktes und sauberes Schalten an! Wenn auch die Kupplung hier und da ein Schleifenlassen verträgt – gut ist das auf keinen Fall! (Es gibt nur *eine* Kupplung bei Motorrädern, die auf Schleifenlassen direkt gebaut wurde. Das war die Kupplung der großen englischen 1000 ccm Vincents. Das sind aber heute so seltene Apparate, daß man sie nicht als Norm bezeichnen kann.)
5. Keine zu kleine Hauptdüse fahren! Bei Betrieb mit Aral empfiehlt sich schon eine größere Nummer, als im Handbuch angegeben.
6. Regelmäßig um das Ventilspiel kümmern. Alle 2000 km kontrollieren. Bei kaltem Motor muß das Einlaßventil 0,05 mm und das Auslaßventil 0,10 mm Spiel haben. Beim Nachmessen muß der Kolben auf dem oberen Totpunkt stehen und beide Ventile geschlossen sein.
7. Keine Kerzenexperimente! Niedrigste Kerze 225er Wärmewert.

Es gibt einige Zeichen, die auf die *richtige* Behandlung der Maschine hinweisen, so absurd es auch zunächst klingen mag:

1. Das blaue Auspuffrohr unter der verchromten Auspuffhülle, die deswegen angebracht wurde, weil viele Fahrer keine blauen Rohre mögen.
2. In der Mitte des großen Schalldämpfers ein blauvioletter Hitzering, der zwar nicht unbedingt sein muß, der aber zeigt, daß das Motorrad nicht zu „vorsichtig" gefahren wurde. Bei einer Max schmorte mir sogar einmal die Innerei des Schalldämpfers durch, so daß der hintere Auspuffteil wegflog. Im selben Augenblick donnerte mein Vögelchen los wie eine Norton-Manx. Imponierend und laut – aber nicht schön.

Diese letztere Erfahrung zeigt, wie wichtig der große Schalldämpfer nicht allein zur Lautstärkeminderung ist, sondern auch zur Leistung des Motors. Schalldämpfer abmontieren bringt bei der Max überhaupt nichts – nur Krach! Und außerdem freuen sich die

Ventile gar nicht darüber. Besonders das Auslaßventil. Ausräumen des Topfes bringt also nicht die erwartete Mehrleistung für das nächste Rennfahrer-Angeben vorm Kino! Die Leistung des Motors kommt durch außerordentliche große Ventilüberschneidung mit der Resonanz der Gassäulen – auf deutsch durch genaue Abstimmung des Staudruckes.

Beim Fahren habe ich mir oft den Kopf zerbrochen, ob Sitzbank oder Sattel besser für die Max ist. Manche finden den Sattel altmodisch und die Sitzbank zünftiger. Andere schwören auf den Sattel, weil sie die Sitzbank als zu hart empfinden. Für die Sitzbank spricht aber, daß man mit ihr einen weitaus besseren Kontakt zur Bodenhaftung der Räder hat als mit dem Sattel. Solange aber die Sitzbänke alle nur auf schickes Aussehen hin gebaut werden und der harte Steg zwischen Vorder- und Hinterteil nicht verschwindet, ist mir der Sattel lieber. Wo ist die Max-Sitzbank mit 35 cm Mindest-Sitzbreite im Laden zu kaufen? Der lieben Sozia aber langt es schon, wenn die Fußrasten für sie in den Schwingenholmen befestigt und ungefedert sind. Da ist sie um jedes zusätzliche andere Federn dankbar und sitzt bei langen Touren im Sozius-*Sattel* tatsächlich besser. (Das liebliche Anlehnen an den starken Rücken des Fahrers ist dann leider nicht möglich –!)

Natürlich hat man sich auch mal über dies und das bei der Max geärgert. Ich will nicht verschweigen, daß mich vor allem die geknickte Anordnung der Seilzüge immer wieder beschäftigt. Man kann zwar dafür sorgen, daß die Biegungen nicht zu stark sind, aber bei der Einführung der Züge in den Vergaser hört alle Kunst auf. Um den Gasschieber herausnehmen zu können, muß man die ganze Gasfabrik abnehmen. Den schmalen Ständer zum Aufbocken habe ich durch eine Seitenstütze ergänzt. (Zu haben bei Peter Mennel, Neuravensburg/Allgäu.) Na, und leicht ist der Bock auch nicht und hoch ist er wie so ein alter Trakehner und ein italienischer Rennmaschinen-Nachbar sieht auch flotter aus. Auch die Scheinwerfereinstellung ist reichlich umständlich – und wenn am Motor etwas zu tun ist – au Backe –!

– ja, aber wo gibt es das ideale Motorrad? – Unsere Max ist in ihrer Klasse fahrleistungsmäßig nicht zu schlagen, trotz langsam aufkommender Konkurrenten aus England ist sie bis heute nicht überboten worden. Nicht viele Maschinen dieser Art – selbst andere ausgesprochene Sportmaschinen – können in ihrer Kategorie mit ihr konkurrieren und ein guter Mann wird mit ihr immer König sein. Ein *guter* Fahrer – einer, der den Hochleistungsmotor zu nehmen weiß und ihn behandeln kann. Vergessen wir nicht die vielen, vielen Erfolge der Geländemäxe und der Rennmaschine, der Sportmax, die aus dem Serienmotorrad entwickelt wurden (und nicht wie allgemein üblich umgekehrt!) und die den sagenhaften Ruf dieses Motorrades in der ganzen Welt begründeten. Auf wieviele Motorradmarken trifft das noch zu? –

Umbau auf Federbeine. Der hintere Rahmenteil zur Aufnahme der oberen Befestigungen wird mit einer Platte unterlegt. Zum genauen Anbohren wird sie mit einer Schraubzwinge festgehalten.

Luftweg im Rahmen der Supermax bis zum Filter und Vergaser.

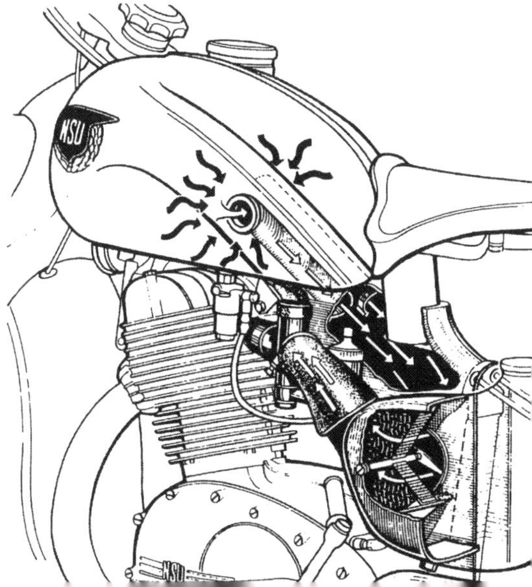

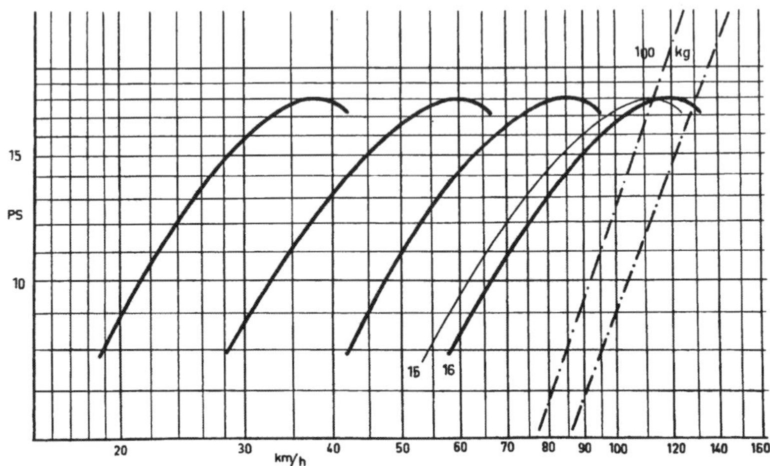

Das Gangdiagramm der Supermax (ohne Seitenwagen) gibt ein genaues Bild der Getriebestufung. Die Widerstandslinien gelten für einen leichten Fahrer lang auf der Maschine liegend und für einen 100 kg schweren Fahrer aufrecht sitzend. Diese Rechnung spricht sich für ein Ritzel mit 15 Zähnen bei einem schweren Fahrer aus. Überdrehen verträgt der Maxmotor wie kaum ein zweiter Motorradmotor.

Hinterradfederung der Max und der Spezialmax. Böse Leute bezeichneten das scherzweise als „Katapult". Eine derartige Wirkung beim Ausfedern gab es allerdings **nur**, wenn der Dämpfer wieder einmal seinen Geist aufgegeben hatte. Mit der Zeit kam man aber auch in Neckarsulm nicht darum herum . .

. . . eine Schwinge mit Federbeinen zu bauen. Vorher probierte man das aber noch jahrelang im Gelände und im Rennen. 1956 kam dann die Supermax mit Federbeinen auf den Markt. Was bislang nur Bastler konnten, gab es nun im Laden fertig. Und es hat sich wirklich gelohnt.

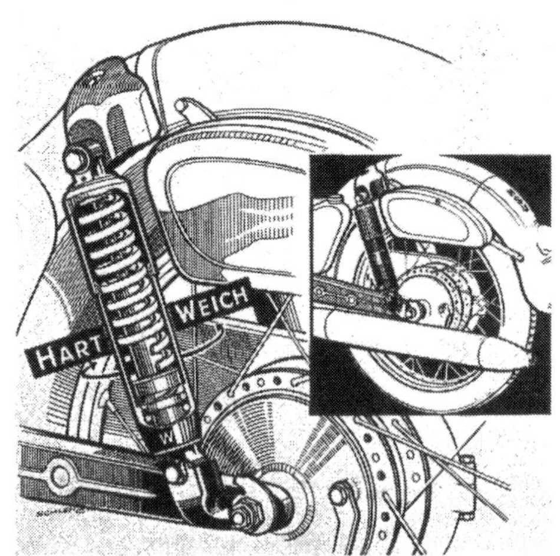

Wer das erstemal die Arbeit vor sich sieht, seinen Maxmotor zerlegen zu müssen, wird gewiß eine kleine Gänsehaut haben. Bei *dem* komplizierten Nockenwellen-Antrieb? Das kann man nicht mit seinem 08/15-Werkzeug. Ausgeschlossen. –
Bitte keine Angst, liebe Freunde. Mir ist es ebenso bange gewesen, aber nachdem ich in den letzten Jahren mehr als einen Motorradmotor aufgemacht habe, muß ich sagen, daß dieser Maxmotor eigentlich gar nicht so schrecklich kompliziert ist. Jawohl. Und wenn Sie alle jetzt lachen. Es gibt viel, viel kompliziertere Maschinen von Marken, die von außen aussehen, als wenn man die Kurbelwelle mittels Schnappverschlüssen ausbauen könne.

Das Kapitel vom Schlossern am Motor

Nur eines brauchen wir: Ruhe und Überlegung. Keine Hast, jeden Griff genau ansehen und nicht murksen und drauflos ballern, wenn eine Schraube mal nicht gleich auf den ersten Druck losgeht! Und dann brauchen wir Ordnung und noch mal Ordnung. Ob wir das in Muttis Küche oder an einer Werkbank machen. Wenn wir uns merken wollen, wie dies und jenes zusammengehört (z. B. Schaltung!), dann lohnt es sich zur Gedächtnisstütze eine kleine Zeichnung zu machen.
Noch ein kleiner Tip: Wer Geld übrig hat, kaufe sich dafür in den nächsten vierzehn Tagen mal eine Kinokarte weniger. Der hole sich lieber eine Meßuhr, eine Schublehre und eine Abstandslehre. Beim Werkzeugladen natürlich. (Adreßbuch!) Vielleicht sieht er da auch noch andere feine Sachen. Verchromt und poliert brauchen die schönen Schlüssel ja nicht gerade zu sein, aber von Dowidat, Belzer, Hazet und anderen Markenfirmen in Chrom-Vanadium *muß* es sein.

Bild oben:
Helmut Hallmeier, Nürnberg, Deutscher Meister der Klasse bis 350 ccm 1957, war bekannt dafür, daß die Motoren seiner Rennmaschinen von seinem Vater in ganz erstklassigem Zustand gehalten wurden. Rennexperten begründen Hallmeiers Erfolge nicht zuletzt mit der äußerst sauberen Arbeit an seinen Rennmaschinen!

Der Motor - zerlegt und richtig montiert

Nichts gegen den Kundendienst einer Firma. Gerade bei NSU ist er mit unendlicher Mühe und Sorgfalt aufgezogen und funktioniert. Wer da mal in die Organisationsarbeit hineingerochen hat, der bekommt doch Achtung vor dieser Apparatur. Wer selbst nicht schlossern kann (das ist bestimmt keine Schande, denn nicht jeder hat eben Talent dafür) und eine *gute* (!) NSU-Werkstatt kennt, ist dort noch immer billiger aufgehoben mit seinen Sorgen, als wenn er nun mit viel Ungeschick selber herummurkst. Wo aber finden wir heute *gute* Motorradwerkstätten? Es ist doch alles viel schwieriger durch die Zeitentwicklung geworden. Die Löhne für wirklich interessierte Motorradmonteure (die nicht nur Teilewechsler sind!) sind wie alles schrecklich angestiegen und die Kundschaft ist unter Dächer auf vier Räder gekrochen. So ist es nun mal im Leben. Also selber helfen. Schön. Werkzeug ist da. Wie man Bolzen, Kolben, Zylinder, Ventile usw. wieder brauchbar macht, das möchte ich voraussetzen. (Wer es nicht weiß, lese das Buch „Besser machen – Arbeiten an Motorrädern".) Wichtig ist hier, wie man an diese Teile herankommt.

Wir können an dem Supermax-Motor nichts arbeiten, wenn wir ihn nicht ausbauen. Sei da nun im Getriebe ein Fehler, am Ventiltrieb oder am Kolben ein Schaden – der Motor *muß in jedem Falle* erst mal aus dem Fahrwerk heraus. Leider geht das nicht mit dem Lösen von zwei oder drei Bolzen, der Motorausbau bei der Max braucht schon mal einige Gewußt – wie. Es scheint schon ein Wunder, daß wir noch kein Spezialwerkzeug dafür benötigen – das kommt später. Also Ärmel aufkrempeln, Werkzeugkasten her und anfangen! *Haaalt!* – Wollt Ihr tatsächlich an der von der letzten Fahrt noch verdreckten und verschmierten Maschine arbeiten? Nicht doch – ich glaube, es ist ein besseres Arbeiten an einem gereinigten und sauberen Motorrad. Also bitte, erst mal Gunk und Wasser her und Schwamm und Lederlappen!

Grundsätzlich wollen wir uns vom Lösen der ersten Schraube ab angewöhnen, alle Muttern, Federringe oder Bolzen nicht einfach in irgendeine Schachtel zu werfen, sondern sie nach dem Abnehmen des Teiles wieder lose in die Bohrungen zu stecken oder wenigstens die Muttern und Ringe über die Bolzen zu drehen. Erstens gehen sie uns nicht verloren und zweitens weiß man todsicher, wie sie zusammengehören. Kostet vielleicht etwas Zeit, aber immer noch weit weniger als nachher das blödsinnige Suchen in Kästchen und Schachteln. Erst wenn wir den Motor mindestens fünfzehnmal auseinandergenommen haben, können wir die Kleinteile einfach irgendwohin ablegen, denn dann wird man ja inzwischen wissen, wohin diese Mutter, jener Splint und diese Schraube gehört.

1. Handgriff:

Batterie abklemmen und aus dem Kasten nehmen. (Bei der Gelegenheit schaut man gleich mal nach Ladezustand und Säurestand und säubert die oxydierten Anschlüsse.) Weiter schraubt man die *Fußrasten,* die *Auspuffanlage,* die *Benzinleitung* vom Benzinhahn und den *Luftfilter* samt Gummischlauch zum Vergaser und das Filtergehäuse ab.

2. Handgriff: (Bild 1)

Jetzt muß der *Vergaser* entfernt werden. Bevor man jedoch die ganze Gasfabrik vom Ansaugstutzen zieht, muß man den Mischkammerdeckel losdrehen. Manchmal sitzt der sehr fest und es hilft nur Zange – das geht aber nur, solange der Vergaser noch fest auf dem Ansaugstutzen sitzt. Erst wenn der Deckel gelöst ist, nimmt man den Vergaser ab. Sollten die Seilzüge zum Gas- und Luftschieber so kurz sein, daß der Vergaser nicht vom Ansaugstutzen geht, muß man Gas- und Luftschieber jetzt langsam Stück für Stück herausziehen, bis der Vergaser mühelos vom Stutzen heruntergeht. (Vorm Zusammenbau später also überlegen, ob man nicht lieber längere Züge einbaut!) Der Vergaser wird nach dem Leerlaufen in einem Kasten abgelegt, Gas- und Luftschieber hängt man gut in einen Lappen gewickelt beiseite, möglichst so, daß man sie bei den weiteren Arbeiten nicht mehr berühren kann.

3. Handgriff: (Bild 2 und 3)

Öl ablassen. Dazu schrauben wir natürlich die beiden Ölschläuche vom Öltank ab, drehen beide Ölablaßschrauben am Motor ab und die beiden Ölschläuche vom Öltank ab und passen auf, daß die Brühe nicht gerade auf Muttis Küchenfliesen oder auch nur den Garagenboden läuft. Aufpassen: Beim unteren Ölschlauch (Zulauf zum Motor) ist es möglich, daß die Überwurfmutter des Schlauches so auf dem Gewinde des Filterstopfens angeknallt ist, daß beim Losdrehen der ganze Filter mit herauskommt. Man muß deswegen den Stopfen beim Lösen der Leitung mit einer Zange oder dem Hakenschlüssel festhalten, der dem Bordwerkzeug beigegeben ist. Das Feinstfilter der oberen (Rücklauf-)Leitung in einer *sauberen* Schachtel weglegen. Auf dieses Filter kommt es besonders an, man sollte es alle 6000 km auswechseln, damit die Lebensdauer des Motors erhalten bleibt. (Bild 3)

4. Handgriff: (Bild 4 und 5)

Jetzt hängen wir den Seilzug für den *Ventilausheber* aus und machen uns an die *oberen Motorbefestigungen.* Das *Signalhorn* braucht nicht gesondert abgebaut zu werden, dort klemmen wir nur die Kabel ab. Die hintere Halteschraube am Zylinderkopf wird nur losgedreht, nicht herausgenommen, damit der Motor vor dem endgültigen Entfernen aus dem Rahmen nicht nach vorn kippt. Die vordere Aufhängelasche mit Signalhorn wird entfernt. (Beim Einbau erst *nach* dem ersten

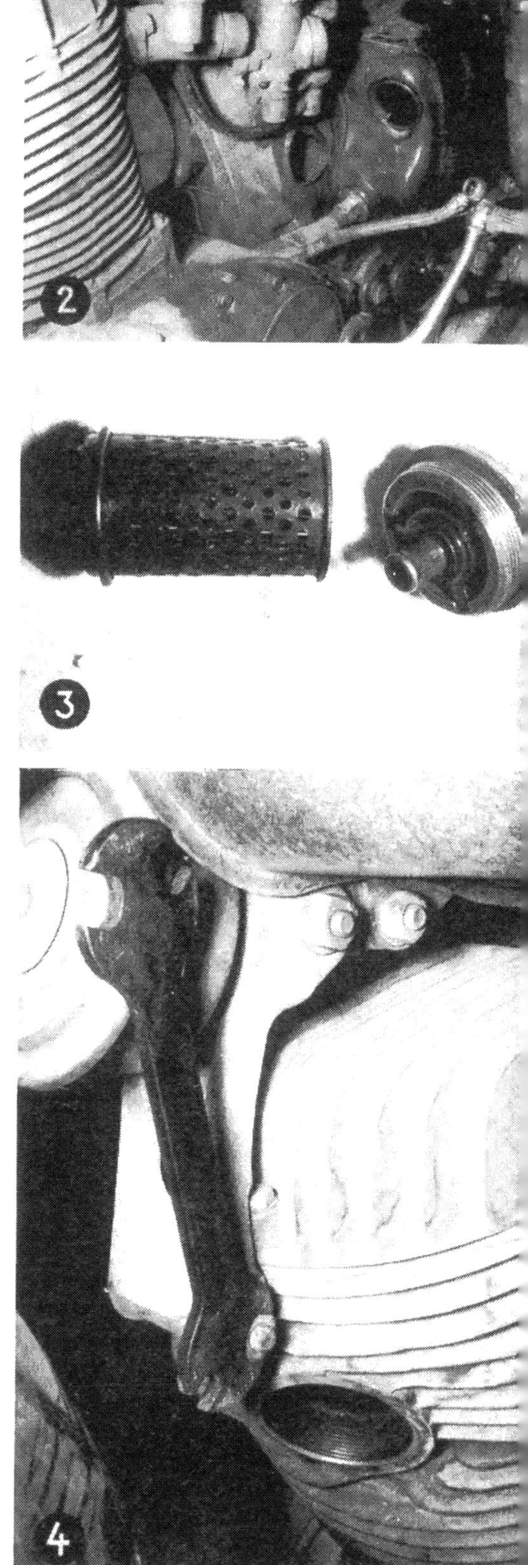
2
3
4

Laufen des Motors festziehen!) Bitte, nicht vergessen, die gelösten Bolzen und Muttern wieder lose anzudrehen, damit sie nicht verlorengehen. Anschließend nehmen wir den *rechten Gehäusedeckel* des Motors ab und hängen das *Kupplungsseil* aus.

5. Handgriff: (Bild 6 und 7)

Kabel der Lichtmaschine abklemmen und durch die Gummitüllen herausziehen. Es ist wichtig, daß man sich aufzeichnet, welchen Weg die Kabel nehmen, welche Farbe an welche Klemmennummer gehört und zu welchem Teil der Gesamtanlage jede Strippe führt. So kann später beim Zusammenbau eine mühselige Sucharbeit vermieden werden.

6. Handgriff: (Bild 8)

Kettenschloß öffnen: Kette über das Getrieberitzel abziehen, wieder zusammenstecken und schließen, damit sie nicht in den Kettenkasten rutschen kann.
Nun schraubt man die *unteren Motorbefestigungsschellen* und den unteren *Befestigungsbolzen* los.

7. Handgriff: (Bild 9 und 10)

Jetzt ist es beinahe so weit, daß der Motor aus dem Rahmen genommen werden kann. Vorher umwickeln wir den Zylinderkopf mit einem Lappen, damit dieser nicht beim Herausnehmen den Kotflügel zerkratzen kann. Das Vorderrad wird nach links eingeschlagen und die untere Hälfte des Kettenkastens (Bild 9) mit dem Schraubenzieher vom Gehäuse weggedrückt, damit der Motor sich dort nicht beim Herausnehmen festhakt.

8. Handgriff: (Bild 10)

Jetzt ziehen wir den hinteren, oberen Befestigungsbolzen *ganz* heraus und angeln den Motor nach links vorn aus dem Rahmen. Achtung, festhalten – nicht auf den Boden plumpsen lassen! Es sind zwischen 70 und 75 kg zu halten!

9. Handgriff: (Bild 11 und 12)

Nun können wir den ausgebauten Motor auf den Montagetisch legen. Aber richtig tragen und behutsam aufsetzen!
(Motor*ein*bau in umgekehrter Reihenfolge!)

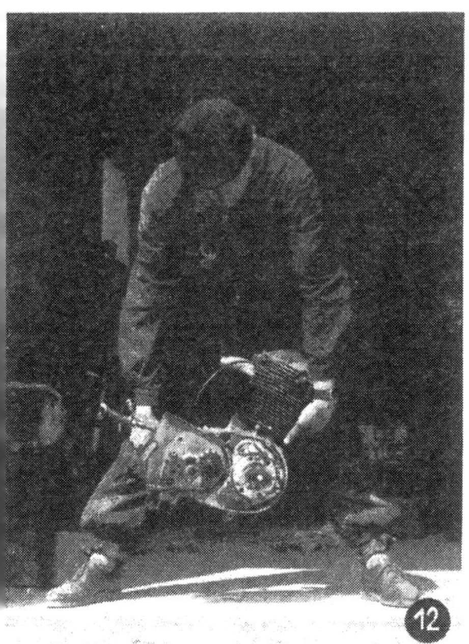

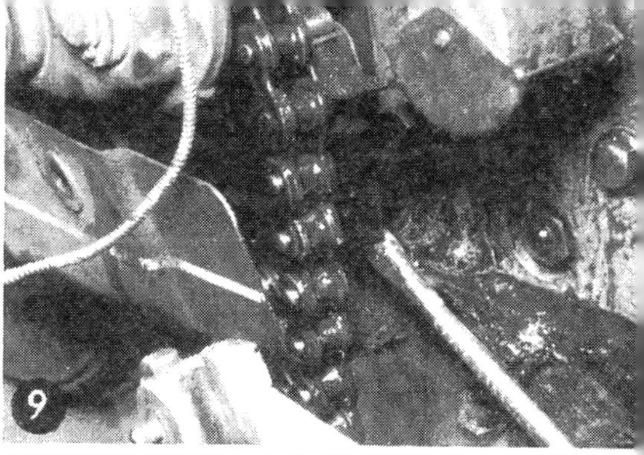

10. Handgriff: (Bild 13 und 14)

Da sich meistens die ersten notwendigen Arbeiten an den Ventilen oder am Kolben ergeben, wollen wir jetzt zunächst Zylinder und Zylinderkopf abnehmen. Eine Einspann-Vorrichtung für den Motor besitzen wir natürlich nicht, es muß also auf der Tischplatte gearbeitet werden, wobei wir natürlich gerade bei verzwickten Handgriffen oft eine Hand zum Festhalten des Motorblocks benötigen. Ist aber gar nicht so schlimm, wie wir gleich sehen werden. Wer den Motor im Fahrwerk vorher vom Dreck nicht ganz befreite, sollte das jetzt wenigstens mit Waschbenzin oder Gunk machen. Dann wird die Zündkerze entfernt und das Zündkabel aus der Gehäusebohrung gezogen.

Zuerst schrauben wir die Haltemutter für den Fliehkraftregler ab (Bild 14), nehmen den Regler herunter, schieben die Kohlen so weit zurück, daß sie mit den Spannfedern gehalten werden können und heben das Gehäuse der Lichtmaschine ab, nachdem wir deren Halteschrauben (A, B und C) losgedreht haben, wobei der Lichtmaschinenläufer zum Vorschein kommt. Regler und Lichtmaschinengehäuse legen wir an einen sauberen Ort beiseite, die Halteschrauben drehen wir wieder lose ein.

11. Handgriff: (Bild 15)

Keine Angst, der Anker der Lichtmaschine geht ganz einfach abzuziehen, ohne Spezialwerkzeug. Dazu stecken wir eine Hälfte der Kupplungsstange (aus der Achse des Getrieberitzels) in den hohl gebohrten Kurbelzapfen und drehen den Befestigungsbolzen des Fliehkraftreglers ein (Bild 15). Nicht wild drauf los drehen, wenn es schwerer geht! Immer mit Gefühl den Bolzen herumdrehen, bis der Anker der Lichtmaschine abspringt. Dabei aber auf den Keil aufpassen, daß der uns nicht verlorengeht! Auch der Lichtmaschinenanker wandert in einen sauberen Kasten zu den übrigen Teilen des E-Werkes, Keil wird mit Tesaband am besten draufgeklebt.

12. Handgriff: (Bild 16 und 17)

Nachdem wir den Zylinderkopfdeckel abgeschraubt haben, sehen wir den Ventilantrieb vor uns. Am Kurbeltrieb drehen wir jetzt, bis das Gegengewicht des exzentrischen Nokkenwellenantriebes nach unten zeigt. Die Mutter der Nockenwellenachse wird gelöst und mit einem Schlüssel festgehalten, während wir auf der anderen Seite mit einem Ringschlüssel die Achse drehen. *Hierbei müssen wir jedoch höllisch aufpassen und den Motor so waagerecht halten, daß die gelöste Mutter oder die dazugehörige Federscheibe nicht durch den Tunnel der Exzenterpleuel in das Kurbelhaus rutschen!* (Bild 16.) Jetzt drehen wir nochmals am Kurbeltrieb, bis das Gegengewicht nach oben zeigt und nach außen abgenommen werden kann (Bild 17).

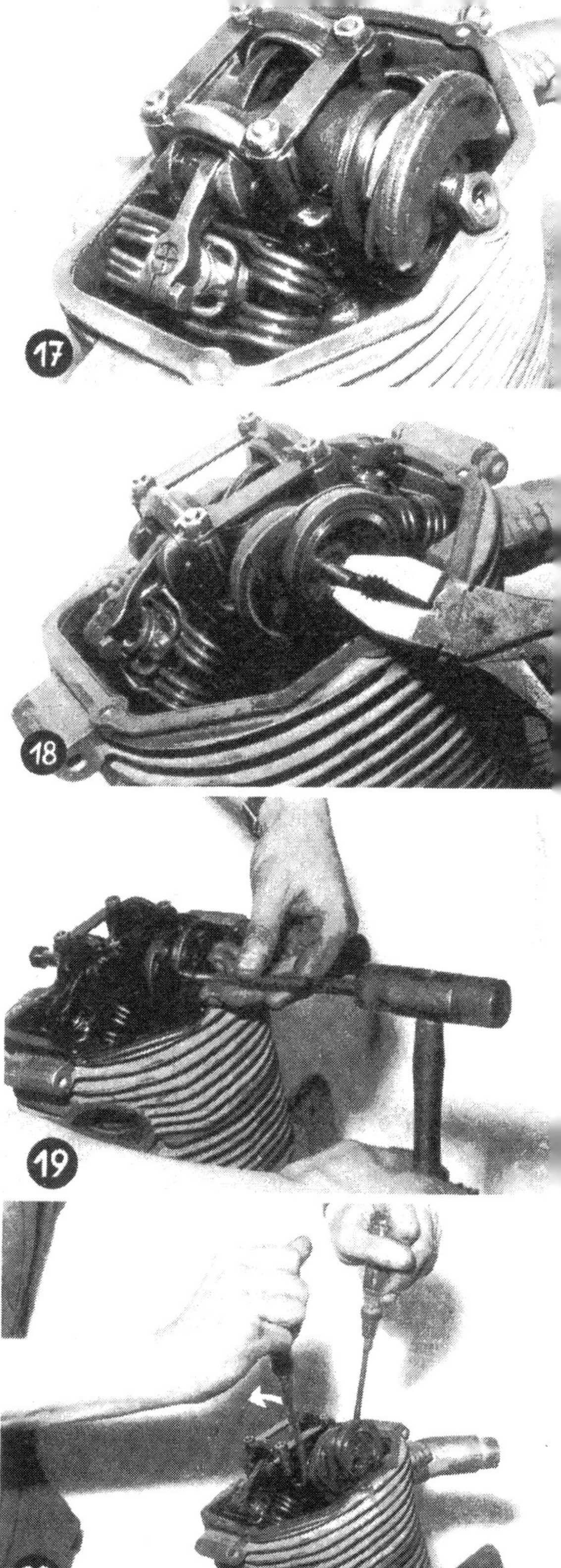

13. Handgriff: (Bild 18, 19 und 20)

Mit der Kombizange ziehen wir den Mitnehmerbolzen aus dem äußeren Teil des oberen Exzenters (Bild 18) und schlagen die Nockenwellenachse vorsichtig mit dem Gummihammer heraus (Bild 19). Vorher müssen wir am Kurbeltrieb so lange drehen, bis beide Exzenterhälften waagerecht stehen. Mit zwei Schraubenziehern fassen wir dann von oben zwischen Abstandspleuel und Nockenwellengehäuse, drücken das Abstandspleuel nach außen und verschieben es seitlich, so daß es nicht mehr zurückrutschen kann (Bild 20).

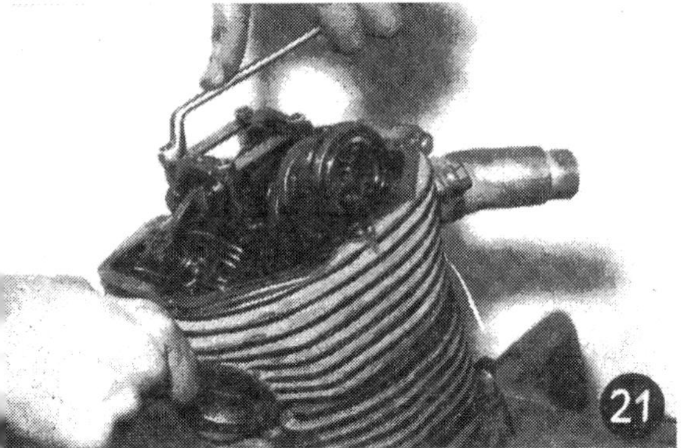

14. Handgriff: (Bild 21, 22 und 23)

Von nun an gibt es keine besonderen Tricks bei den Handgriffen mehr. Um das Nockenwellengehäuse entfernen zu können, dreht man die Halteschrauben der Lagerböcke los (Bild 21), nimmt die Stützlaschen zwischen den Böcken ab und faßt schließlich mit den beiden Schraubenziehern unter die Kipphebel (Bild 22). Auf diese Weise läßt sich das Nokkenwellengehäuse bequem hochdrücken und abnehmen. Aber schon heißt es wieder aufpassen, denn bei dieser Arbeit wollen wir möglichst die Kopfdichtung nicht beschädigen und uns vor allem auf die Ausgleichsplatten unter den Lagerböcken konzentrieren. *Beim Zusammenbau müssen diese Platten nämlich in gleicher Anordnung wieder unter die Lagerblöcke gelegt werden!* (Bild 23.) Also notieren, wieviel auf jeder Seite und auf welcher Seite sie saßen.

15. Handgriff: (Bild 24, 25 und 26)

Der Zylinderkopf läßt sich noch nicht abnehmen, denn vorher muß ja noch der obere Exzenter entfernt werden. Drehen wir zunächst die Haltemutter der Lagerböcke wieder lose auf die vier Bolzen (Bild 24), nachdem wir die Ausgleichsplatten vorher richtig abgezählt aufgelegt haben, damit sie nicht verlorengehen. Auch die beiden Verbindungslaschen haben wir wieder über die vier Bolzen gesteckt. So bleibt alles in richtiger Ordnung beisammen.

Mit einer Stahlnadel, einem Schraubenzieher oder einem anderen harten spitzen Gegenstand kratzen wir auf die äußere Seite des Exzenters ein Merkmal (Bild 25), damit wir diese Seite beim Zusammenbau wieder nach außen aufstecken können. Wir können die Seite auch

lurch einen festgezogenen Faden markieren, lessen Knoten nach außen liegt (Bild 26). Das ıußere Exzenterpleuel wird nach außen aus lem Exzenter herausgedrückt und nach vorn ;eschoben, das hintere Exzenterpleuel mit lem noch daran befindlichen Exzenter schieɔen wir nach der Ansaugseite des Zylinders. Jetzt läßt sich der Exzenter herausnehmen, ıotfalls unterstützen wir die Geschichte ein wenig mit dem Schraubenzieher (Bild 26).

16. Handgriff: (Bild 27 und 28)

Nachdem wir die Muttern abgeschraubt haɔen, die den Zylinderkopf auf dem Zylinder 'esthalten (Bild 27), müssen wir noch vier Muttern am Zylinderfuß lösen. *Diese haben Linksgewinde*, sind in zwei gegeneinander versetzte Teile geteilt und halten die Zuganker des Kopfes am Zylinder fest. Man kann aus jedem Winkel heraus mit dem Schlüssel diese Muttern drehen (Bild 28). Sind alle Schrauben los, können wir den Kopf vorsichtig abnehmen. Bitte auf die Kopfdichung achten, wenn wir diese wieder verwenlen müssen!

Um den Zylinder auch noch abziehen zu können, müssen wir auch noch die beiden Muttern losdrehen, die den Zylinder am Gehäuse festhalten. Dann ziehen wir den Zylinder ab und decken das Kurbelgehäuse sofort mit einem Lappen vollständig ab, damit kein Dreck hineingelangen kann (Bild 28, A und B).

Nachdem wir alle Teile vom Zylinder, vom Zylinderkopf und vom Ventilantrieb ausgebaut haben, legen wir sie zusammen möglichst sauber zur Seite.

29

17. Handgriff: (Bild 29 und 30)

Beim Abnehmen des Zylinderkopfes (Bild 29) und des Zylinders müssen wir auf die Dichtungen achten, damit diese nicht zerrissen werden. Den Kolbenbolzen konnte ich nach Wegnahme der Sicherungsringe (Bild 30) bei der Supermax vorsichtig nach Anwärmen des Kolbens herausdrücken. Bitte Kurbelhaus mit Lappen abdecken und Pleuel sauber abstützen.

30

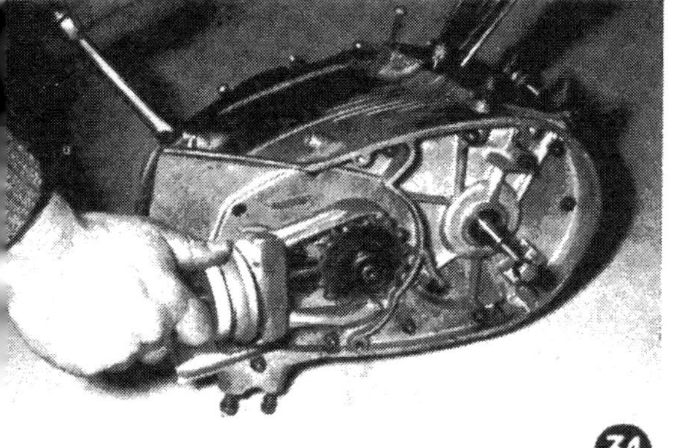

31

18. Handgriff: (Bild 31 bis Bild 36)

Kupplung ausbauen und linken Gehäusedeckel entfernen: Zuerst nehmen wir den Kupplungsdeckel ab – 2 Schrauben. Es folgen die Federn, die Federtassen, der innere Kupplungskorb, der Druckpilz und die Lamellen – 7 Muttern. Jetzt kommen zwei Schwierigkeiten: Losdrehen der Mutter von der Getriebewelle und Lösen der Kupplungstrommel. Mit irgendeiner Vorrichtung (Bild 31 zeigt einen Bilzer-Abzieher) oder mit dem Stück einer alten Kette, deren eines Ende um den herausragenden Kurbelzapfen nach Unterlegen von möglichst dicken Putzlappen geschlungen wird, halten wir das Getrieberitzel auf der rechten Motorseite und damit auch den Kupplungsflansch fest. Man sollte möglichst *nicht* auf der linken Seite den Flansch mit Durchschieben eines Werkzeuges gegen die Kickstarterwelle halten, da dabei leicht die Bolzen verbiegen (Bild 33). Mit dem 22er-Ringschlüssel können wir die Mutter auf der Getriebewelle lösen (Bild 32). Scheibe nicht

32

verlieren! Flansch abnehmen. Da wir ohne Abzieher (Spezialwerkzeug trägt die Werksnummer 038 103 647) den Kupplungskorb nicht von der Antriebswelle abziehen können, muß man sich notgedrungen damit behelfen, den linken Gehäusedeckel zusammen mit Kupplungskorb und Antriebsrad abzunehmen. Dann kann man in Ruhe – falls Kupplungskorb oder Antriebsrad schadhaft sind – eine Möglichkeit suchen, die Teile sauber zu trennen. *Aber ja nicht mit Meißel und Brecheisen die Gehäusehälften auseinanderschlagen (Bild 34)!* Damit beschädigt man die Dichtflächen. Die Dichtung geht natürlich immer flöten – man sollte aber so oder so eine neue nach jeder Demontage auflegen.

33

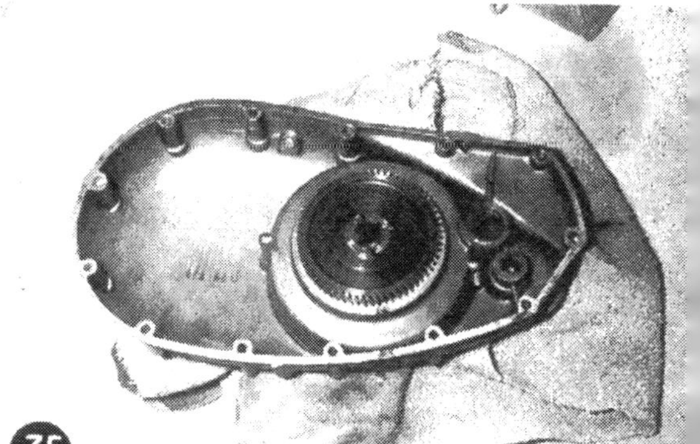

34

35

Behutsam treibt man in gleichmäßigen Abständen mit Holzkeilen die Hälften auseinander! Das dauert vielleicht seine Zeit, aber es ging bei meinem eigenen Motor gut und die Gehäusekanten wurden nie beschädigt. So bekommt man den linken Gehäusedeckel samt Kupplungskorb und Antriebsrad herunter (Bild 35). (Beim Zusammenbau werden die Gehäuseränder zusätzlich mit Dichtungsmasse geschlossen.) Die Startwelle nehmen wir dann mit Feder aus dem geöffneten Gehäuse heraus (Bild 36, Pfeil).

36

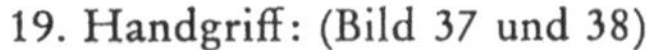

19. Handgriff: (Bild 37 und 38)

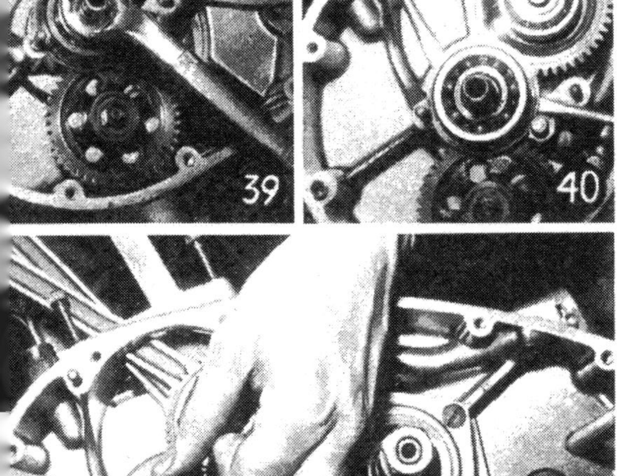

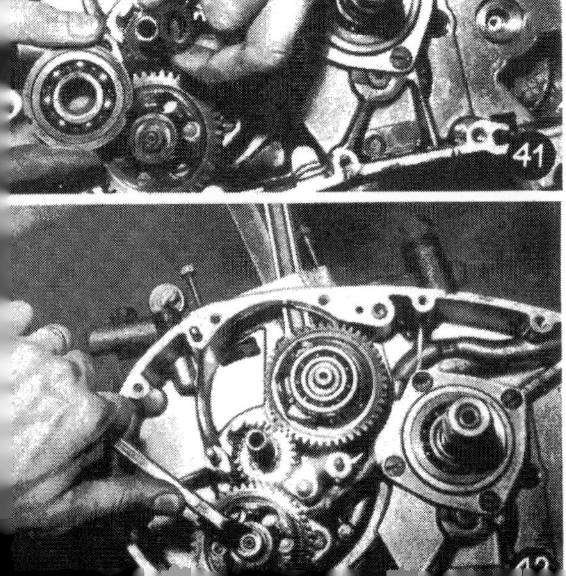

Jetzt kommt der Nockenwellenantrieb an di Reihe. Zuerst lösen wir mit dem 19er-Ring schlüssel die Mutter der Exzenterachse. Daz müssen wir das Pleuel am unteren Totpunk festhalten. Rundes Holzstück oder kleine Steckschlüssel dick mit sauberem (!) Lappe umwickeln und durch das Pleuelauge schie ben, das Ganze durch Holzstücke rechts un links gleichmäßig (!) festhalten (Bild 37) Nachdem wir die drei Muttern und ein Schraube am Lagerschild losdrehten, heben wi dasselbe mit dem Schraubenzieher *vorsichti* ab. Bei dieser Arbeit geben wir immer wiede einmal mit dem *Gummi*hammer einen Schlag auf die Exzenterwelle, bis das Lagerschild gelöst ist (Bild 38).

20. Handgriff: (Bild 39, 40 und 41)

Mit dem 14er-Ringschlüssel die Mutter an de Antriebsachse lösen (Achtung, Scheibe!) (Bild 39) und das Lager mit zwei Schraubenziehern vorsichtig abheben (Bild 40). Bitte auf Ausgleichsscheiben unter dem Lager achten, Reihenfolge und Anzahl notieren (Bild 41)!

21. Handgriff: (Bild 42 bis Bild 46)

Zum Losdrehen der Ölpumpenmutter brauchen wir einen 11er-Ringschlüssel (Bild 42). Dann nehmen wir die beiden Federscheiben, die Mitnehmerscheibe und die Mutter ab. (Notieren, wohin die Teilchen gehören!!) Das Antriebsrad wird mit zwei Schraubenziehern abgehoben (Bild 43). Anschließend lösen wir mit einem guten Schraubenzieher die drei Schrauben der Pumpe (Bild 44). Notfalls wird die Drehkraft durch einen Schlüssel unterstützt, wobei der Schraubenzieher fest in den Schraubenschlitz gedrückt werden muß, damit er nicht herausspringt.

Dann setzen wir das Antriebsrad wieder lose auf und heben mit dem einen Schraubenzieher (im Bilde 45 linker Schraubenzieher) unter dem Rad und mit dem anderen unter dem Pumpendeckel die Pumpe aus dem Gehäuse (Bild 45). Achtung, aufpassen: Der Aus- bzw. Eingang der Ölkanäle in die Pumpe ist durch zwei Gummiringe abgedichtet! (Bild 46). Diese Gummiringe belassen wir fest eingedrückt im Gehäuse.

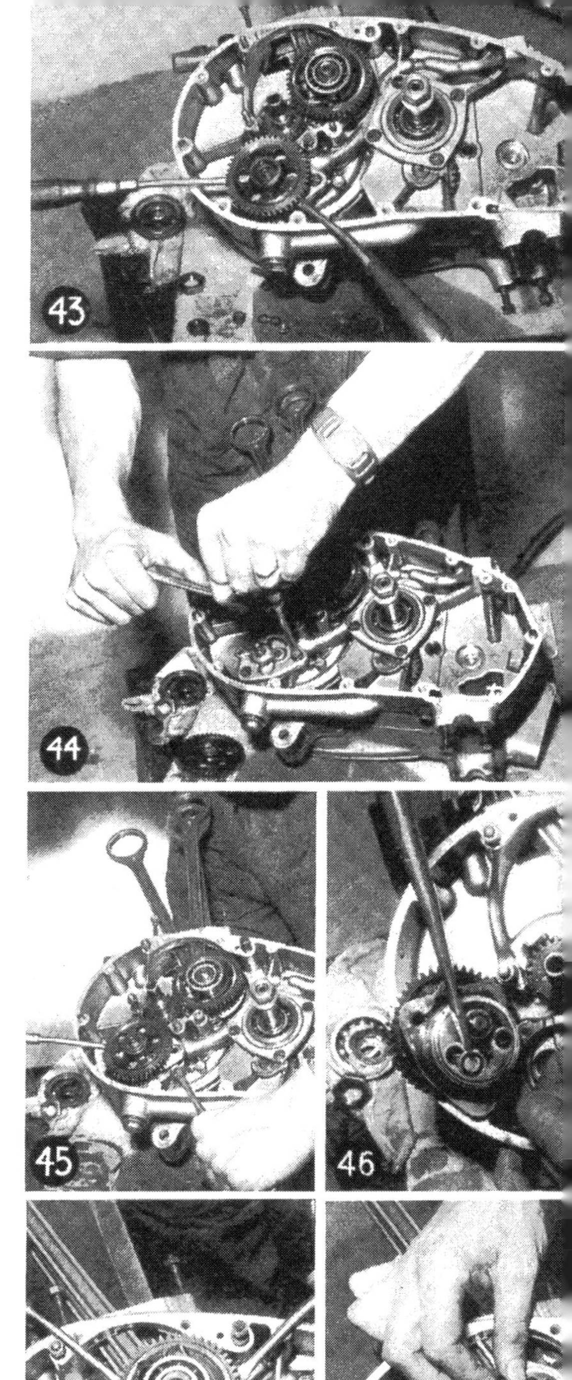

22. Handgriff: (Bild 47 und 48)

Nun gehen wir auf das Zwischenrad und dessen Lager los, um an den Exzenter zu gelangen. Nach bewährter Methode heben wir mit zwei Schraubenziehern das Zwischenrad samt Lager ab (Bild 47). Sollte das Lager vom Zwischenrad getrennt werden müssen, dann bitte auf eventuell unter dem Lager liegende Ausgleichsscheiben achten! Den Mitnehmerstift ziehen wir aus der Bohrung im Exzenter und legen ihn dort ab, wo er *garantiert* nicht verlorengehen kann (Bild 48).
Bevor wir jetzt weiterarbeiten, legen wir alle Scheiben wieder über die Bolzen und drehen alle bis jetzt auf dieser Seite des Motors gelösten Schrauben und Muttern lose wieder dort ein, wohin sie gehören. So sparen wir beim Zusammenbau später unnötige Zeit für das Suchen verlorengegangener Teile.

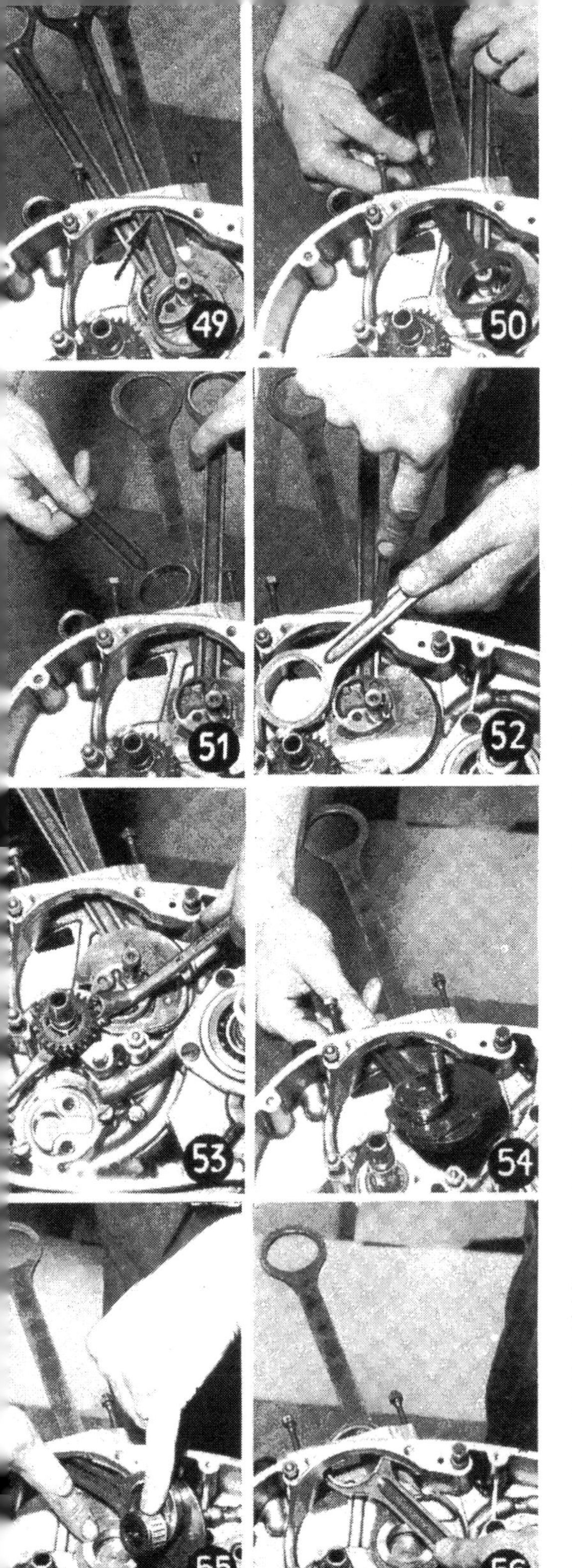

23. Handgriff: (Bild 49 bis 52)

Nachdem wir alle losen Scheiben und Bolzen wieder schön sauber dorthin gebracht haben, wo sie hingehören, nehmen wir das vordere Steuerpleuel heraus. In der vorgesehenen Auskerbung des Gehäuses (Bild 49, Pfeil) schieben wir das Steuerpleuel nach Abheben vom Exzenter bis an die Exzenter-Achse. Von da heben wir den unteren Teil an (Bild 50) und ziehen das Pleuel durch den Gehäusetunnel nach *oben* aus dem Gehäuse heraus (Bild 51). Das herausgenommene Pleuel wird nun an der nach außen sitzenden Seite durch einen scharfkantigen Schraubenzieher oder eine Nadel signiert (Bild 52). Diese Seite muß beim Zusammenbau wieder nach außen zeigen.

24. Handgriff: (Bild 53)

Mit einem gekröpften Ringschlüssel (10/11) und einem Schraubenzieher heben wir dann das Antriebszahnrad für den Nockenwellenantrieb ab. Dabei muß der Ringschlüssel am Exzenter und der Schraubenzieher am Gehäuse angelegt und gestützt werden (Bild 53). Aus dem Grunde bauen wir den Exzenter mit dem hinteren Steuerpleuel erst *nach* diesem Handgriff aus.

25. Handgriff: (Bild 54 bis 57)

Der untere Exzenter mit dem angebauten hinteren Steuerpleuel wird mit dem Lager der Exzenterachse aus der Lagerbüchse des Gehäuses herausgehoben (Bild 54). Das Lager ist ein INA-Nadellager (Bild 55) und sitzt so, daß man es ohne Gewaltanwendung (!) aus der Lagerbüchse bekommt. Steuerpleuel samt unterer Exzenter wird dann nach *unten* durch den Gehäusetunnel herausgezogen (Bild 56). Mit dem im Bordwerkzeug befindlichen Hakenschlüssel drücken wir dann das Abstandspleuel von der Lagerbüchse herunter (Bild 57) und nehmen es nach oben aus dem Gehäusetunnel heraus.

26. Handgriff: (Bild 58 bis Bild 62)

Hier beginnt ein neuer Montageabschnitt. Motor mit der rechten Seite nach oben drehen. Nachdem wir das Sicherungsblech geöffnet haben (Bild 58), wollen wir die Mutter des Kettenrades lösen. Mit einem kleinen Niethammer (Bild 59) haben wir das Sicherungsblech ganz flach geschlagen. Jetzt halten wir das Kettenrad entweder mit unserem Abzieher (Bild 60) oder mit unserer alten Kette fest. Im Bordwerkzeug muß sich ein gestanzter Ringschlüssel befinden, der zu dieser Mutter paßt (Bild 60). Vielleicht haben wir Glück, daß die Mutter nicht so sehr angeknallt ist. An und für sich muß sie sich leicht lösen lassen. Die Mutter hat einen eingepreßten Dichtungsring und geht in **normaler** Drehrichtung auf. Das Ritzel samt Sicherungsblech wird dann aus der Verzahnung der Abtriebswelle herausgenommen (Bild 61). Wenn wir die Abtriebswelle mit Daumen und Zeigefinger leicht hin- und herdrehen, können wir übrigens kontrollieren, ob das rechte Lager in Ordnung ist (Bild 62).

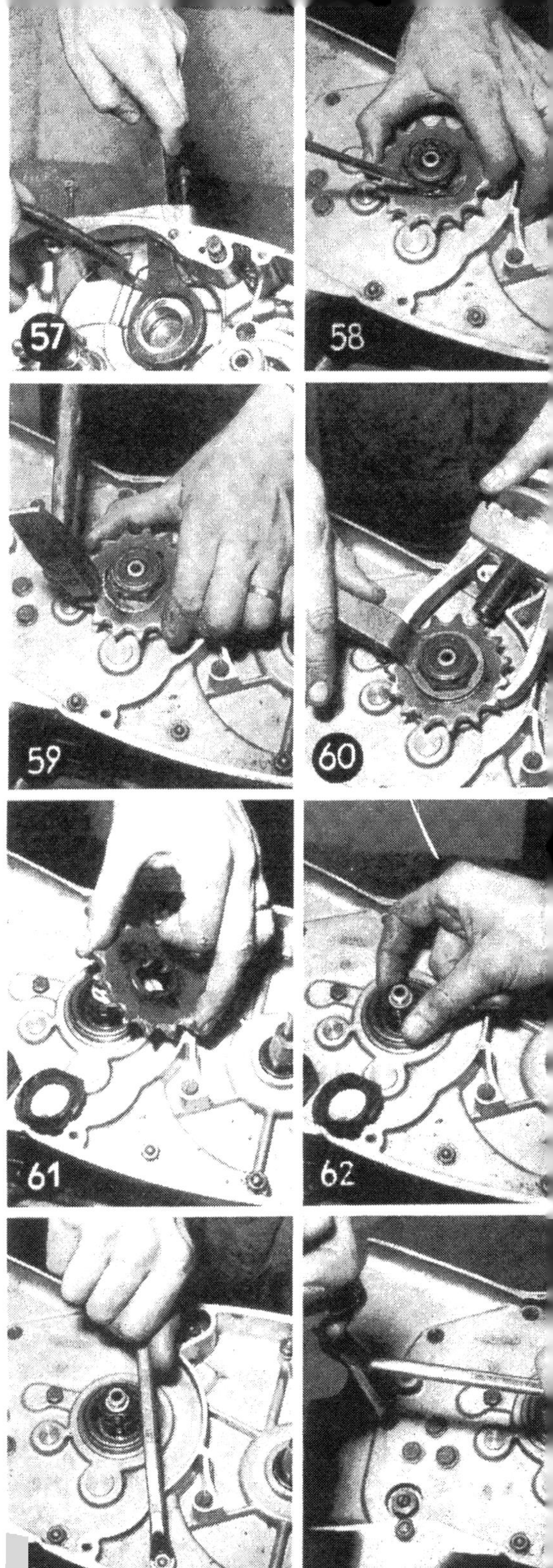
57 58 59 60 61 62

27. Handgriff: (Bild 63 bis 65)

Mit dem 10er-Ringschlüssel drehen wir jetzt nacheinander alle vier M 6-Muttern und alle fünf M 7-Muttern los (Bild 63). Die drei versenkten Schrauben im hinteren Teil der rechten Gehäusehälfte drehen wir mit dem Schraubenzieher los, wobei wir die Drehkraft wieder durch einen Ring- oder Maulschlüssel unterstützen (Bild 64). Hierbei muß der Schraubenzieher mit Gewalt in die Schlitze der Schraubenköpfe gedrückt werden, um ein Abrutschen und Beschädigen der Schraubenköpfe zu vermeiden. Jetzt heben wir die rechte Gehäusehälfte vorsichtig ab, wobei mit dem Gummihammer leicht nachgeholfen wird (Bild 65). Achtung! Dichtung!

65

66

67

28. Handgriff: (Bild 66 bis 68)

Vor uns liegt jetzt das geöffnete Gehäuse. Wer das zum erstenmal sieht, bekommt vielleicht das Gruseln, wenn er allein den scheinbaren Wirrwarr der Getrieberäder entdeckt (Bild 66). Aber keine Angst. Es kommt nur darauf an, daß wir uns die Anordnung der Teile genauestens merken, damit beim Zusammenbau keine Komplikationen eintreten. Deswegen ist auch jetzt fast jede Fingerbewegung im Bild festgehalten worden. Am rechten Kurbelzapfen und am Pleuel heben wir den Kurbeltrieb aus dem linken Lager und aus dem Gehäuse heraus (Bild 67). Der Kurbeltrieb der Supermax besitzt keine Schlammhülsen mehr, weil das Öl allein durch Feinstfilterung am Öltank saubergehalten wird. Bei älteren Max-Modellen muß man jetzt die Schlammhülsen herausdrehen, wenn man deren Reinigung vorhat (was sich empfehlen ließe, wo der Karren so oder so schon bis dahin auseinander ist). Dazu hält man den Kurbeltrieb durch die quer eingespannten Schwungscheiben im Schraubstock fest (Kupfereinlagen benutzen!! Schraubstock mit größter Öffnungsweite der Backen ist nötig!) und dreht mit einem Schraubenzieher (ca. 12 mm breit) die Hülsen heraus. Im Verschlußhülsenkopf ist ein M 6-Gewinde, in das man eine entsprechende Schraube eindreht, um die Hülsen bei eingebautem Motor ganz herauszuziehen, nachdem man sie mit einem Spezialschraubenzieher (Werknummer 088 891 918) vorher gelöst hat. Bevor wir nun weitermachen, setzen wir alle Muttern, Scheiben und Schrauben wieder an den Platz, an den sie gehören, damit wir beim Zusammenbau alles wiederfinden können (Bild 68).

29. Handgriff: (Bild 69 bis 72)

Jetzt, liebe Ritter der goldenen Schraube, kommt euer Alptraum: Das Getriebe! Komplett und so, wie es richtig funktioniert, liegt es vor euch (Bild 69). Das Kettenrad ist zum besseren Verständnis einmal aufgesetzt. Die Vorgelegewelle ist unten (Bild 70, linke Welle). Die Getriebewelle liegt darüber (Bild 70, rechte Welle). Zuerst entfernen wir die über die Getriebewelle geschobene Abtriebswelle (Bild 71). Dabei entdecken wir auf der Getriebewelle zwei Nadellager (INA). Dann nehmen wir von der Vorgelegewelle das erste Zahnrad mit Scheibe ab (Bild 72). Das Zahnrad hat 16 Zähne.

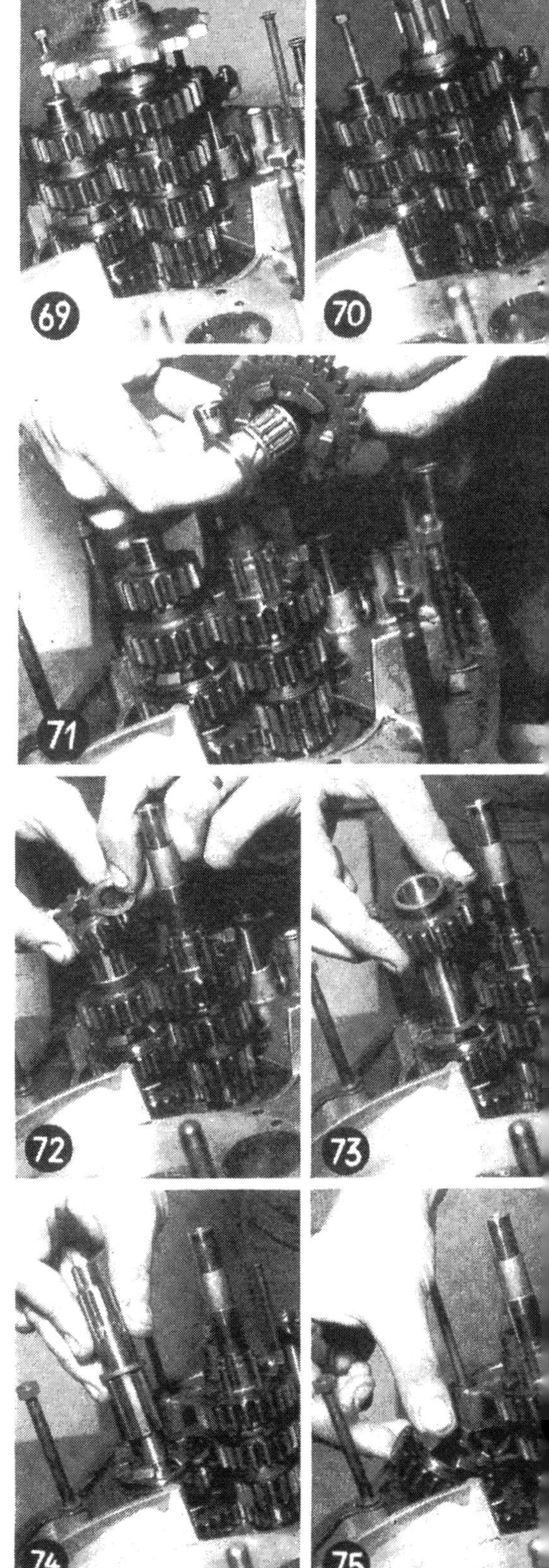

30. Handgriff: (Bild 73 bis Bild 81)

Das nächste Rad können wir ohne weiteres von der Vorgelegewelle herunternehmen (Bild 73). So können wir anschließend die Vorgelegewelle herausnehmen (Bild 74). Dabei bleibt das Schieberad in der Schaltgabel hängen. Wir nehmen es erst aus der Gabel heraus, wenn die Vorgelegewelle ganz entfernt wurde (Bild 75). Nun kommt etwas, was schon einige Maxfahrer irritierte: Die

„Getriebeöl-Ablaßschraube“, die keine ist. Es handelt sich dabei nämlich um die Halteschraube für den Arretierbolzen, der zur Festlegung der Gänge bestimmt ist. Diese Schraube drehen wir vorsichtig los (Bild 76) und passen dabei sehr scharf auf, denn gleich kommt da ein kleines Vögelchen in Form einer schnell wegspringenden Arretierfeder und des Arretierbolzens herausgeflogen (Bild 77). Und such mal einer so einen Krimskrams! Viel Spaß dabei! Jetzt können wir die Schaltwalze mit den Schaltgabeln herausnehmen und die komplette Getriebewelle aus dem Gehäuse holen (Bild 78). Im Gehäuse bleibt unten nun noch das Startrad mit zwei Anlaufscheiben und der Startklinke. Die Anlaufscheiben verdecken die Klinke (Bild 79, Startrad mit Scheiben auf die Getriebewelle geschoben). Sie sitzt im Startrad und ist mit einer winzigen Druckfeder (Aufpassen, die saust sehr schnell unauffindbar in die Gegend! Größe: Stecknadelkopf!) gegen die Zähne der Welle gerichtet (Bild 80). Zuletzt entfernen wir die Schaltwelle mit dem Schaltgestänge aus dem Gehäuse (Bild 81, ganz links) und legen uns die Teile genau geordnet sauber weg, um beim Zusammenbau die Anordnung wieder zu finde: (Bild 81).

31. Handgriff: (Bild 82 bis Bild 84)

Die leere linke Gehäusehälfte legen wir weg. Die Schleiffeder für die Arretierung der Schaltwalze können wir im Gehäuse belassen (Bild 82). Wenn man an der rechten Gehäusehälfte die Mutter am Exzenterbolzen herausdreht, kann man den Bolzen mit der Ausklinkplatte und dem Schaltsegment samt Klinkengehäuse herausnehmen. Die drei Muttern (Bild 83) halten den Lagerbock für die Schaltwelle. Die Mutter des Exzenterbolzens liegt darunter. Wenn wir die Gehäusehälfte herumdrehen, sehen wir die Anordnung dieser Teile (Bild 84).
Hier endet nun der leichteste Teil der ganzen Aufgabe. Was übrigbleibt, wird eine Doktorarbeit für den, der es das erstemal macht: **Der Zusammenbau.**

32. Handgriff: (Bild 85 bis Bild 93)

Die sorgfältig behandelte Dichtung (möglichst neue nehmen!) der linken Gehäusehälfte legen wir erst einmal mit Fett fest. Dann legen wir die Schleiffeder für die Arretierung (falls wir sie doch herausgenommen haben) so mit Scheiben fest, daß sie sich nicht mehr abbiegen läßt. Das ist nötig, um sich die Scheiben zu merken. Aber man muß das machen, selbst wenn man die Feder zur weiteren Montage der Teile nun wieder abnehmen muß. Über das Lager der Getriebewelle legen wir eine Anlaufscheibe des Startrades, dann das Startrad, und dann setzen wir vorsichtig die kleine Druckfeder mit der Klinke wieder ein (Bild 85). Es gibt eine mordsmäßige Puhlerei, wenn man nicht den Trick zum Festlegen der Klinke beim Einsetzen der Getriebewelle kennt. Ich habe mir mit einem dünnen Blumendraht geholfen, der zwischen Klinke und Rad geklemmt wurde, so daß die Klinke nicht vorstehen kann (Bild 86). So kann man die Welle einsetzen und den Draht nach dem Einbau abziehen. Vergessen soll man nicht die obere Anlaufscheibe für das Startrad, die beim Einsetzen der Welle bis zum ersten Zahnrad geschoben und dort festgehalten wird (Bild 85, Pfeil). Vom Startrad muß die glatte Seite zum Lager hin zeigen! Nach dem Einsetzen prüfen, ob das Startrad mitgenommen wird, wenn man die Welle nach links dreht (Bild 87).

82

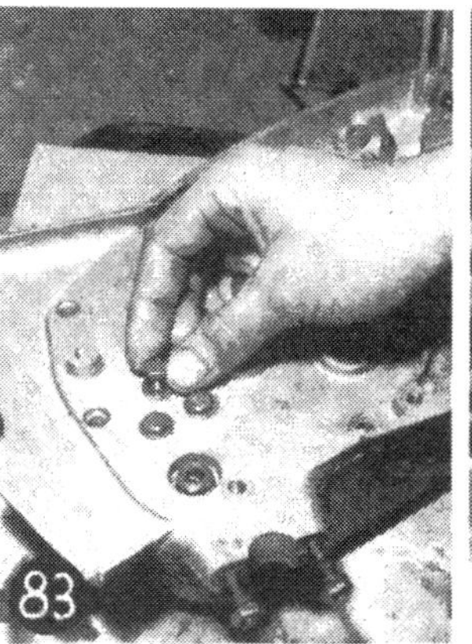
83

84

85

86

87

Alle Zahnräder wollen wir noch nicht auf die Getriebehauptwelle schieben. Das sparen wir uns für den gemeinsamen Zusammenbau mit der Schaltwalze und der Vorgelegewelle auf. Dafür nehmen wir jetzt die Anlaufscheibe der Vorgelegewelle, legen sie auf die zugehörige Buchse im Gehäuse und setzen das große Zahnrad der Vorgelegewelle auf (Bild 81, linke Zahnradwelle, großes Rad, 28 Zähne, 1. Gang). Die Stollen müssen nach oben zeigen (Bild 88).

Auf die Schaltwalze setzen wir die Schleiffeder auf. Die Federöse muß über der einzelstehenden Raste liegen (Bild 89). In die untere Schaltgabel wird das Schieberad der Vorgelegewelle (24 Zähne) so eingeführt, daß die angeschrägten Stollen nach oben zeigen. In die obere Schaltgabel führen wir das Schieberad der Getriebehauptwelle ein, deren schräge Stollen nach unten zeigen müssen. Dieses Gebilde setzen wir jetzt so ein, daß das Schieberad der Getriebewelle über die Welle und die Schaltwalze in die Gehäusebuchse und die Schleiffeder paßt (Bild 90). Das Schieberad der Vorgelegewelle hängt dabei frei in der unteren Schaltgabel. Da setzen wir jetzt die Vorgelegewelle ein (Bild 91). – Pause, tiefes Aufatmen!

Besonders aufpassen muß man beim Einsetzen der Scheiben für die Schleiffeder, dabei darf man den Anlaufring für die Vorgelegewelle nicht verschieben, weil das Ganze dann nicht zusammenpaßt.

Die Sicherungsschraube des Arretierbolzens wird nach Einführen von Feder und Bolzen gut festgezogen (Bild 92). Die Schaltwalze ist so zu drehen (nach rechts), daß die einzelstehende Raste nach oben zur Schleiffederöse zeigt (Bild 89). Jetzt setzen wir die noch fehlenden Räder in der Anordnung (Bild 81), wie wir sie weggelegt haben, sauber ein.

Das kleinste Rad der Vorgelegewelle muß mit dem Bund nach unten zeigen. Drauf kommt eine Scheibe. Auf die Getriebewelle legen wir die Messingscheibe, schieben die beiden kleinen Nadellager auf (Bild 93). Die Schaltwelle mit der angesplinteten Schaltstange muß man so stellen, daß die Bohrung der Schaltstange mit dem Stift im Gehäuserand und der Bohrung für die innere Schaltwelle in einer Linie liegt (Bild 93, Linie).

33. Handgriff: (Bild 94 und Bild 95)

Jetzt nehmen wir uns die rechte Gehäusehälfte vor. Die Abtriebswelle mit aufgepaßtem Lager (Bild 94, „Zahnrad“) wird in die Lagerbuchse eingesetzt und vorsichtig mit dem Gummihammer festgeklopft. Wenn wir das Schaltsegment (nach innen verzahnter Zahnkranz) mit dem Schaltarm verschraubt haben (falls es auseinander genommen wurde), setzen wir das Klinkengehäuse mit zwei Federn, Klinken und Federbolzen in den Schaltarm ein und setzen das Ganze dann auf die Lagerung für die Schaltwalze. Die Schaltklinken werden so eingestellt, daß die links von der mittleren und oberen Bohrung liegende Klinke auf der Scheibe für den inneren Schalthebel in die oberste Raste innen im Schaltarm greift. (Alles nur für den Fall erklärt, wo jemand diese Teile zerlegt hat!) Ausklinkplatte, Exzenterbolzen für die Feineinstellung der Schaltung einführen, Fiberscheibe, Unterlagscheibe und Federscheibe einlegen. Dann die Mutter leicht anziehen. Dann legt man die Scheibe für den inneren Schalthebel auf das Klinkengehäuse und setzt die innere Schaltwelle ein.

Da ich diese Teile nicht demontierte – wer das nicht nötig hat, soll auch aus Neugier die Finger davon lassen –, habe ich beim Zusammenbau die ganze Schaltung geschlossen wieder in die rechte Gehäusehälfte eingesetzt (Bild 94 und 95). Dabei muß die auf dem Schaltsegment aufgestanzte „0“ genau auf die Mitte der Buchse für die Schaltwalze zeigen. (Bild 81, 2. Welle von links mit den Schaltgabeln.) Die Enden der Rückholfeder für die Schaltung müssen am inneren Schalthebel liegen und beim Schieben über die innere Schaltwelle müssen sie dann am Exzenterbolzen abgestützt werden. Mit einem leichten Druck auf den inneren Schalthebel, Ausklinken und einer Drehung nach rechts bringen wir den inneren Schalthebel auf die Leerlaufstellung. Zumindest ist dies eine Kontrollmöglichkeit. Ist der Motor jedoch ohne Zerlegen der Schaltung demontiert worden, muß die Leerlaufstellung vorhanden sein, wenn das auf dem Schaltsegment eingestanzte „0“ auf die Mitte der Schaltwalzenbuchse im Gehäusedeckel zeigt (Bild 95, Pfeil). Mit einer Schraube M 6 (ca. 35 mm lang) können wir zum Zusammenbau der Schaltung

92

93

94

95

das Schaltsegment fixieren. Dazu muß die vorhandene Schraube zunächst entfernt werden (Bild 100, Pfeil). An deren Stelle wird die längere mit Spitze versehene M 6-Schraube eingedreht (Bild 95, angedeutet). Nach Beendigung des Zusammenbaus werden beide Schrauben wieder ausgetauscht.

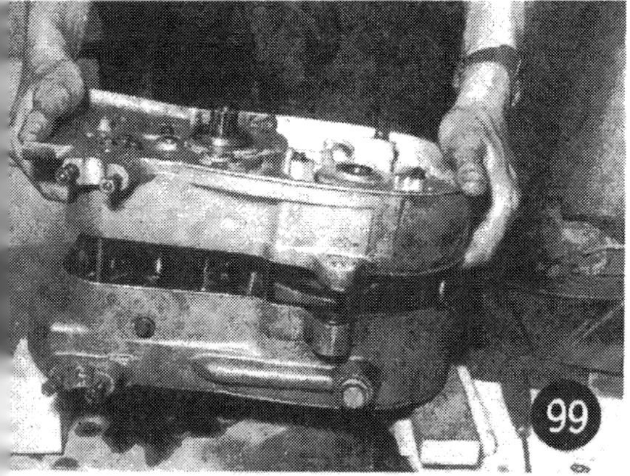

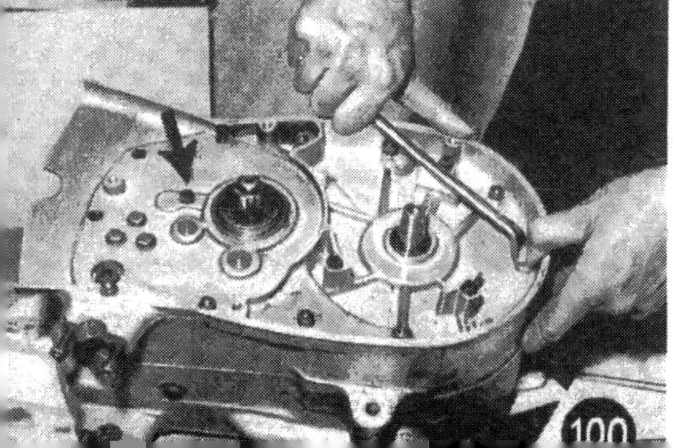

34. Handgriff: (Bild 96 und 97)

In die linke Gehäusehälfte wollen wir jetzt den Kurbeltrieb einsetzen. Aber Vorsicht! Bei der Supermax befinden sich auf der Kurbelachse zwei Federringe in dafür vorgesehenen Nuten (Bild 96, Pfeile) (sehen aus wie zwei Miniaturkolbenringe), die eine zusätzliche Abdichtung darstellen. Beim Einsetzen der Achse aufpassen, daß die Ringe nicht abgestoßen werden, sondern sauber in die Nuten rutschen. Nicht mit Gewalt drauflos hämmern! Der Kurbeltrieb muß natürlich leicht hineinrutschen. Bevor wir die rechte Gehäusehälfte aufsetzen, sehen wir nach, ob Schaltwalze, Getriebewelle, Vorgelegewelle noch ordentlich an ihren Plätzen sind und nicht inzwischen irgendeine unbefugte Hand interessehalber ein großes Durcheinander angestellt hat (Bild 97).

35. Handgriff: (Bild 98 bis 103)

Beim Demontieren haben wir insofern Glück gehabt, als die Dichtung zwischen den beiden Gehäusehälften nicht zerstört worden ist, sondern an der linken Gehäusehälfte sitzenblieb. Wir wischen die Dichtfläche schön mit einem sauberen Lappen ab und tragen dann etwas Fett auf (Bild 98). Dann nehmen wir die rechte Gehäusehälfte und setzen sie von oben auf (Bild 99). Jetzt müssen wir zuerst darauf achten, daß der Mitnehmerzapfen an der inneren Schaltwelle genau in die dafür vorgesehene Bohrung der Schaltstange faßt. Sind die Gehäusehälften noch eine Daumenbreite auseinander, kann man durch die noch offene Ritze sehen und die Schaltwelle von unten nach oben führen, bis der Zapfen in die Bohrung eingeführt wird. Die Gehäusehälfte wird dann weiter nach unten gedrückt, wobei wir die Schaltwelle mit der anderen Hand ausrichten. Bis zum endgültigen Aufliegen der rechten Hälfte können wir das Kettenritzel bewegen, falls sich noch ein Widerstand zeigt, wenn einige Zähne aufeinanderliegen. Nun drehen wir einige Gehäusemuttern lose fest, damit uns beim Überprüfen der Schaltung die Gehäusehälften nicht wieder auseinanderfallen (Bild 100). Das Kettenritzel setzen wir wieder auf, legen die Sicherungsscheibe unter und ziehen die Mutter fest. Die Sicherungsscheibe wird dann wieder angebogen und festgehämmert (Bild 101 und 102). Den Fußschalthebel setzen wir lose auf und versuchen nun, das Getriebe in allen Gängen zu schalten, wobei wir am Kettenritzel drehen (Bild 103).

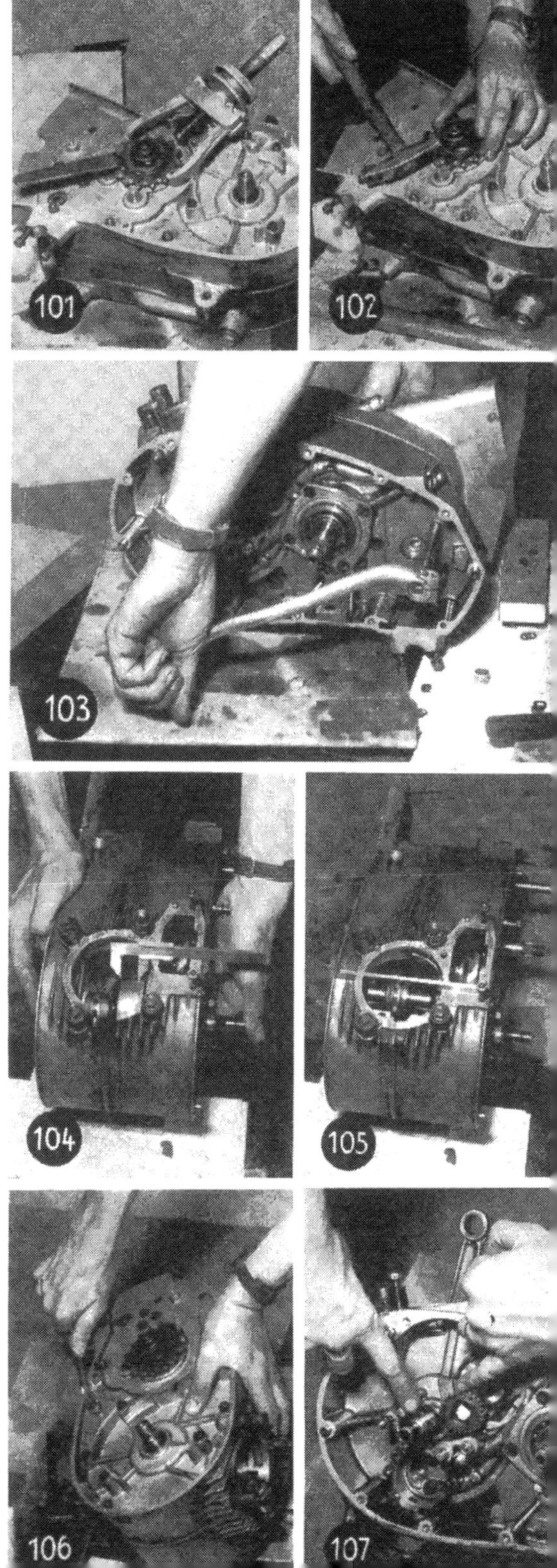

36. Handgriff: (Bild 104 bis 106)

Der Kurbeltrieb muß ein Axialspiel zwischen 0,3 und 0,6 mm haben. Mit einem Tiefenmaß oder einer einfachen Schublehre kann man dieses Spiel ausmessen. Wenn der Kurbeltrieb nach links gedrückt wird (Bild 104), mißt man den Abstand vom Ende der rechten Achshälfte bis zum Gehäuse. Danach wird erneut gemessen, wenn das Ganze nach rechts gedrückt wird. Der Unterschied ergibt das Axialspiel. Ist das Spiel größer als 0,6 mm, haben wir Pech gehabt, denn nun müssen die Hälften wieder getrennt werden und unter den Innenring des Lagers der linken Achshälfte müssen Ausgleichsscheiben eingelegt werden, bis das Spiel stimmt. (Wenn man bei der Demontage alle Teile genau in Reihenfolge sauber weggelegt hat, dürfte man eine Verbesserung nicht nötig haben). In das Pleuelauge schieben wir den Kolbenbolzen, drehen das Pleuel bis zum unteren Totpunkt und legen über die Zylinderöffnung unsere Schublehre. Auf diese Weise können wir grob nachprüfen, ob unser Pleuel nicht schief ist, wenn wir sehen, ob Kolbenbolzen und Schublehre parallel liegen (Bild 105). Danach werden alle Schrauben und Muttern festgezogen (Bild 106).

37. Handgriff: (Bild 107 bis 108)

Der Kurbeltrieb wird nun auf den oberen Totpunkt gestellt, damit man das Ritzel des Kurbeltriebes aufsetzen kann. Der Einstellpunkt über der Nute des Ritzels (der sich rechts davon befindende Einstell-Punkt gilt für das Zwischenrad) muß genau über dem Stollen auf der Kurbelachse liegen, so daß diese Nute nach oben zeigt (Bild 107). Mit-

108

109

tels des Zündkerzenschlüssels und des Gummihammers wird das Ritzel auf die Kurbelachse gebracht, wobei die Achse auf der anderen Gehäuseseite abgestützt wird. *(Holzklotz unterlegen!)* (Bild 108). Anschließend können wir den Kurbeltrieb am Ritzel ausgleichen, indem wir den Abstand von Ritzel zum Kurbelgehäuse messen, nachdem der Kurbeltrieb nach links gedrückt wird. Zu dem gemessenen Abstand zählen wir die Hälfte des Axialspieles und erhalten so die Stärke der Ausgleichsscheiben, die wir später unterlegen müssen. (Da ich aber denselben Kurbeltrieb, dieselben Gehäuseteile und dasselbe Ritzel wieder verwendete, brauchte ich später nur die Ausgleichsscheiben ohne nachzumessen unterlegen, die ich bei der Demontage gut weggelegt hatte.)

110

38. Handgriff: (Bild 109 bis 111)

Über die Rohre an der Ölpumpe (Bild 109) legt man zwei neue Gummiringe. Die komplette Ölpumpe wird dann ins Gehäuse eingeführt und mit drei Schrauben befestigt (Bild 110). Anschließend wird das Ölpumpenantriebsrad aufgesetzt und durch die Mitnehmerscheibe und eine Mutter mit zwei Federscheiben befestigt (Bild 111).

111

39. Handgriff: (Bild 112)

Nun sind wir wieder beim Nockenwellenantrieb gelandet. Zuerst setzen wir das Abstandspleuel wieder ein (Bild 112), und zwar die abgeschrägte Seite der Bohrung zum Kurbeltrieb hin. Mit dem Gummihammer klopfen wir ganz leicht beim Aufsetzen nach. Sodann holen wir uns den unteren Exzenter mit beiden Pleuelstangen aus der Kiste und drehen das ganze Gebilde geschlossen so, daß die Aufschrift „INNEN“ auf den Pleuelstangen zum Gehäuse hin zeigt. (Wo die Aufschrift zu finden ist, zeigt Bild 113. Hier sehen wir auch das Nadellager, das natürlich auch zum Gehäuse hin liegen muß, weil es in die Lagerbüchse des Exzenters gehört.)

112

113

40. Handgriff: (Bild 114 bis 115)

Nachdem der untere Exzenter mit einem Steuerpleuel mit Nadellager in die Lagerbüchse der Exzenterwelle eingebaut wurde (38. Handgriff), setzten wir jetzt das vordere Steuerpleuel auf (Bild 114 und 115). Das Pleuel wird von oben eingeschoben und über den Exzenter gebracht.

114

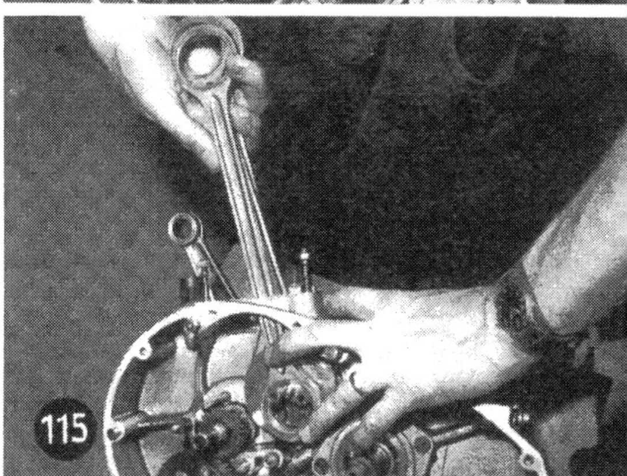

115

41. Handgriff: (Bild 116 bis 117)

Das Zwischenrad wird jetzt auf die Exzenterwelle gebracht (Bild 116), und zwar so, daß die beiden Einstellstriche genau zwischen dem markierten Zahn des Kurbeltriebritzels stehen (Bild 117). Da der Mitnehmerbolzen jetzt eingeschoben werden muß, wird der Kurbeltrieb so gedreht, daß beide Stiftlöcher sich genau decken, dann wird der Bolzen eingeschoben. Das Zwischenrad muß nach dem fertigen Zusammenbau völlig frei drehbar sein und darf nirgendwo streifen. Deswegen messen wir den Abstand vom Bund des Zwischenrades zum Gehäuse (Bild 117, Auflagerichtung der Schublehre) und im Lagerschild den Abstand des Lagers zum Auflageflansch. (Dazu muß das Lager vom Zwischenrad noch einmal abgenommen werden, falls wir es schon voreilig aufgesetzt hatten.) Die Differenz beider Werte muß durch Einlegen von Ausgleichsscheiben bis auf 0,2 mm verringert werden. (Da bei meinem Motor alle Scheiben und Teile in genauer Reihenfolge weggelegt waren, war ein Ausmessen nicht nötig, die Sache paßte beim Zusammenbau wieder genau.)

116

117

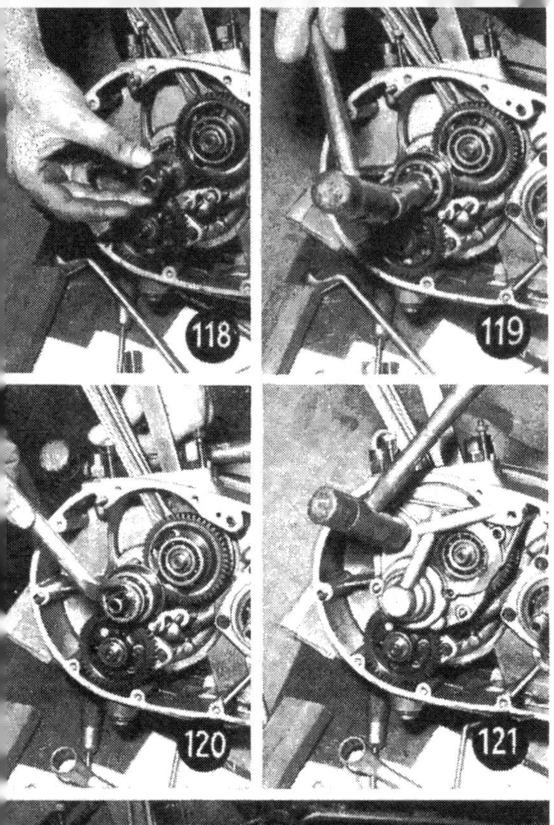

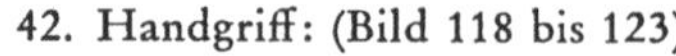

42. Handgriff: (Bild 118 bis 123)

Nachdem wir am Kurbeltriebritzel (Bild 118) die von der Demontage her sorgfältig weggelegten beiden Ausgleichsscheiben aufgelegt haben, können wir auch das Kugellager auf die Kurbelwellenachse setzen (Bild 119), die Federscheibe unterlegen und die Mutter festziehen. Zum Gegenhalten legen wir das Pleuel wie üblich fest (Bild 120). Das Lagerschild wird nun gleichmäßig mit leichten „Tupfern“ des Gummihammers montiert, wobei darauf geachtet werden muß, daß die Lippe des Abdichtringes im Lagerschild gegen das Kurbelgehäuse zeigen muß (Bild 121).

Anschließend wird die Federscheibe auf die Exzenterwelle gesetzt, die Mutter aufgedreht und festgezogen. Dann wird das Lagerschild gleichmäßig über Kreuz mit den Haltemuttern festgezogen (Bild 122). Zum Schluß setzen wir die komplette Starterwelle mit Feder und Zahnkranz ein und probieren, ob das Startsegment das Startrad faßt und der Motor sich leicht durchdrehen läßt (Bild 123).

123

Sollte irgendwo eine Steuerstelle beim Bewegen des Kurbeltriebes auftreten (1. Gang einschalten), ist der Fehler zuerst beim Ausgleich des Zwischenrades am unteren Exzenter des Nockenwellenantriebes zu suchen. Abstand stimmt nicht. (Siehe 40. Handgriff, Bild 116 bis 117.)

43. Handgriff: (Bild 124 bis 128)

Das hintere Lagerschild wurde nicht demontiert, man bekommt das Startsegment in die Zähne des Startrades auch unter dem Lagerschild. Wichtig ist, daß die Feder der Starterwelle gut in die Gehäuseaussparung faßt. Die Dichtfläche des Gehäuses streichen wir mit Fett ein und kleben eine *neue* Dichtung darauf (Bild 124). Das Kupplungsrad haben wir vom äußeren Kupplungskorb nicht abgezogen, es wird zusammen mit dem linken Gehäusedeckel aufgesetzt (Bild 125). Wir müssen beim Aufsetzen natürlich darauf achten, daß die Zähne vom Kupplungsrad und vom Zwischenrad zusammenpassen (Bild 126).

124

125

Zum Schluß wird das Kupplungsrad auf die Welle mitsamt dem Gehäusedeckel durch gleichmäßige leichte Schläge mit dem Gummihammer rund um die Wellenachse getrieben (Bild 127), und schließlich alle Schraubenbolzen eingedreht und der Deckel festgezogen (Bild 128).

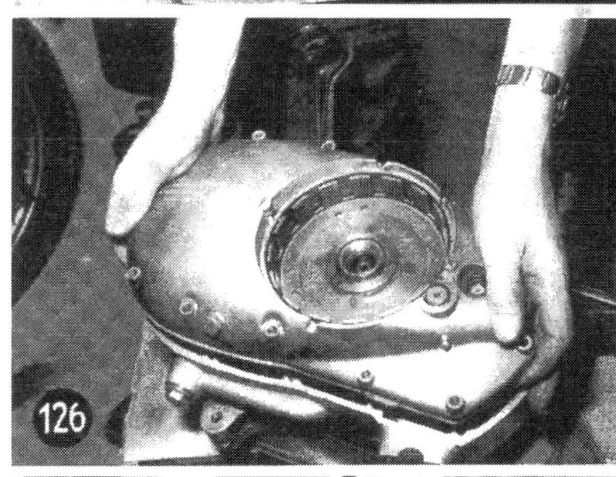

126

127 128

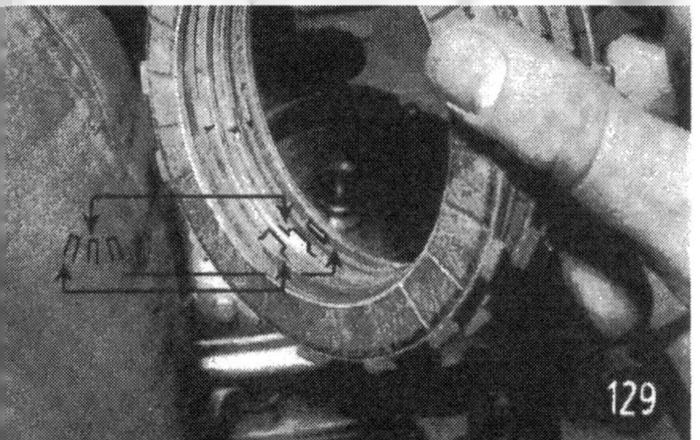
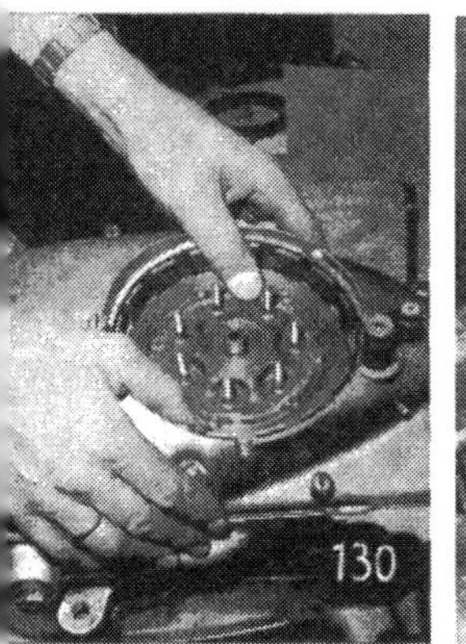

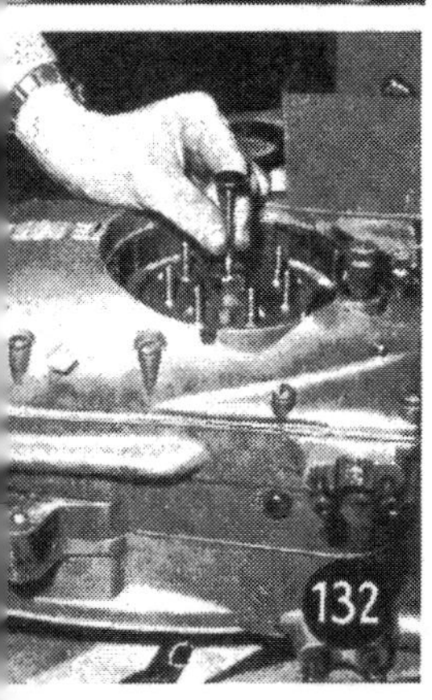

44. Handgriff: (Bild 129 bis 134)

Da wir gerade bei der Kupplung sind, können wir diese gleich fertig zusammenbauen. Es spielt keine Rolle, ob wir das vor dem Aufsetzen des Zylinders oder nachher machen. Wichtig ist dabei, daß die Stollen der Juridlamellen beim Einlegen mit den abgekröpften Stollen auf die innere Lamelle zeigen, deren Stollen nicht abgekröpft sind (Bild 129). Vorerst setzen wir die Kupplungsnabe mit Bolzen auf die Kerbverzahnung der Welle auf (Bild 130), schalten den ersten Gang ein und setzen das Getrieberitzel auf der anderen Gehäuseseite fest. Dann können wir die Federscheibe und die Mutter auflegen und festsetzen (Bild 131). Anschließend schieben wir das Kupplungsdruckstück ein (Bild 132) und setzen die ersten Lamellen auf. (Reihenfolge: Juridlamelle – Kröpfung nach oben / Stahllamelle / Juridlamelle – keine Kröpfung / Stahllamelle / Juridlamelle – Kröpfung nach unten – Bild 129.) Die Stollen der Juridlamellen müssen für sich genau übereinanderliegen, die Stollen der Stahllamellen ebenfalls. Und zwar müssen die Stollen der Juridlamellen in einer Linie untereinander genau in der Mitte zwischen den Stahllamellen-Stollen stehen (Bild 134).

Wer sich nach diesem Handgriff eine Zigarettenpause gönnen will – hat er ja schon die Schwierigkeit des Ausgleichens am Zwischenrad hinter sich –, soll das ruhig tun, denn da warten noch einige andere Dinge auf ihn, deren Lösung ohne Spezialwerkzeug und ohne Spezialmeßwerkzeuge nicht einfach ist. Zwischendurch sollte man einmal in den großen Pappkarton schauen, in dem die noch übrigen Teile versammelt sind, und feststellen, ob irgendein Teilchen in der langen Wartezeit vielleicht rot angelaufen ist. Zum Beispiel der Keil für den Anker der Lichtmaschine oder wichtige andere Kleinteile, die beiden Kugeln und die Kupplungsdruckstangen.

45. Handgriff: (Bild 135 bis 138)

Nachdem der innere Kupplungskorb aufgesetzt worden ist (Bild 135), montieren wir die Federtassen und stülpen die Federn über (Bild 136). Die Schlitzmuttern drehen wir so weit ein, daß der Abstand der Mutteroberkante zum inneren Kupplungskorb zwischen 5,5 und 5,7 mm beträgt. *Wichtig:* Der Abstand muß bei jeder Schraube gleich sein. Wer sich dafür die Einstell-Lehre in Neckarsulm besorgen kann, ist fein raus. Bestellnummer: 088 891 911. Im anderen Fall muß man sich mit einem Zentimetermaß begnügen (Bild 137). Am besten macht man sich auf dem Meßstab eine genaue Markierung zwischen 5 und 6 mm.

Hier muß nun eine Zwischenbemerkung gemacht werden. Bislang sind wir ja ohne besonderes Spezialwerkzeug ausgekommen, selbst beim Ausmessen. Jetzt aber stoßen wir auf eine äußerste Schwierigkeit: Wir brauchen für den weiteren Zusammenbau – z. B. Ausmessen des Nockenwellengehäuses u. a. – Meßinstrumente. Man kann sich natürlich einiges davon als feststehende Maßstäbe selber machen, besser aber ist es, sich in einer Werkzeughandlung für einen halben Fünfziger eine einfache Meßuhr zu kaufen. – Trotzdem habe ich versucht, die weitere Arbeit ohne derartige Sonderwerkzeuge weiter zu machen, um wenigstens für ganz schlimme Fälle, in denen sich ein Max-Fahrer weitab jeglicher Hilfsmöglichkeit befindet und sich einfach selber helfen *muß*, einen Weg zu finden.

Anschließend schrauben wir den Gehäusedeckel der Kupplung auf (Bild 138).

135

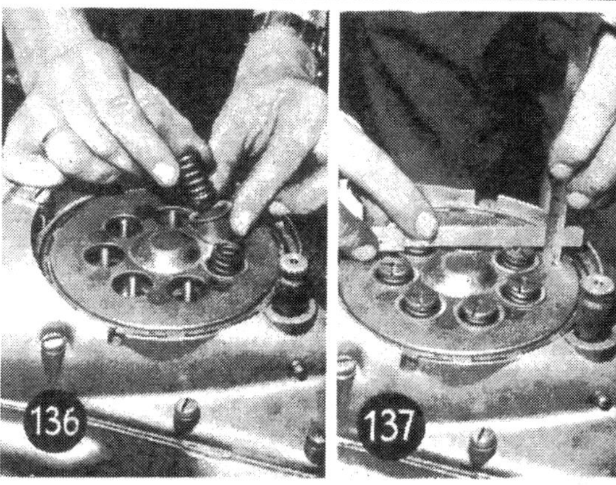
136 137

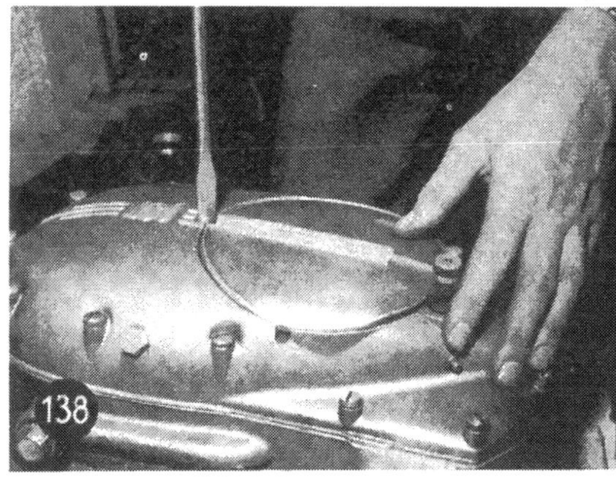
138

46. Handgriff: (Bild 139 bis 144)

Wer zum Einbau des Kolbens die Einbaurichtung nicht weiß (weil der Richtungspfeil unter Ölkohle verschwunden ist), braucht nur die Seite nach hinten zu nehmen, die die Aussparung für das Ventil mit dem größeren Durchmesser hat (Bild 139). Das Einlaßventil hat nämlich den größeren Durchmesser. Damit ist einwandfrei die Richtung bestimmt. Der Kolbenbolzen muß in den angewärmten Kolben eingeschoben werden. Nicht die beiden Sicherungsringe für den Bolzen

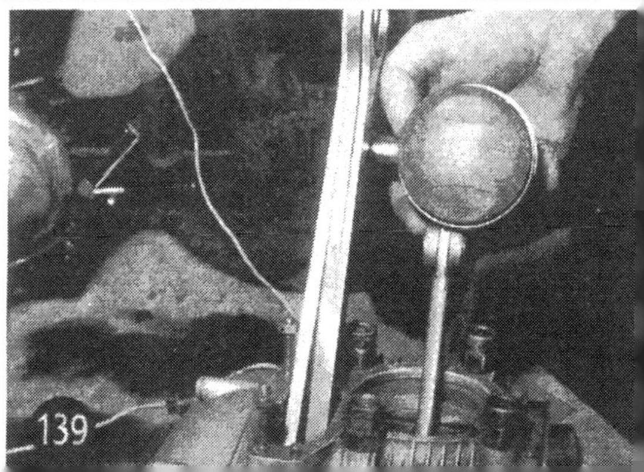
139

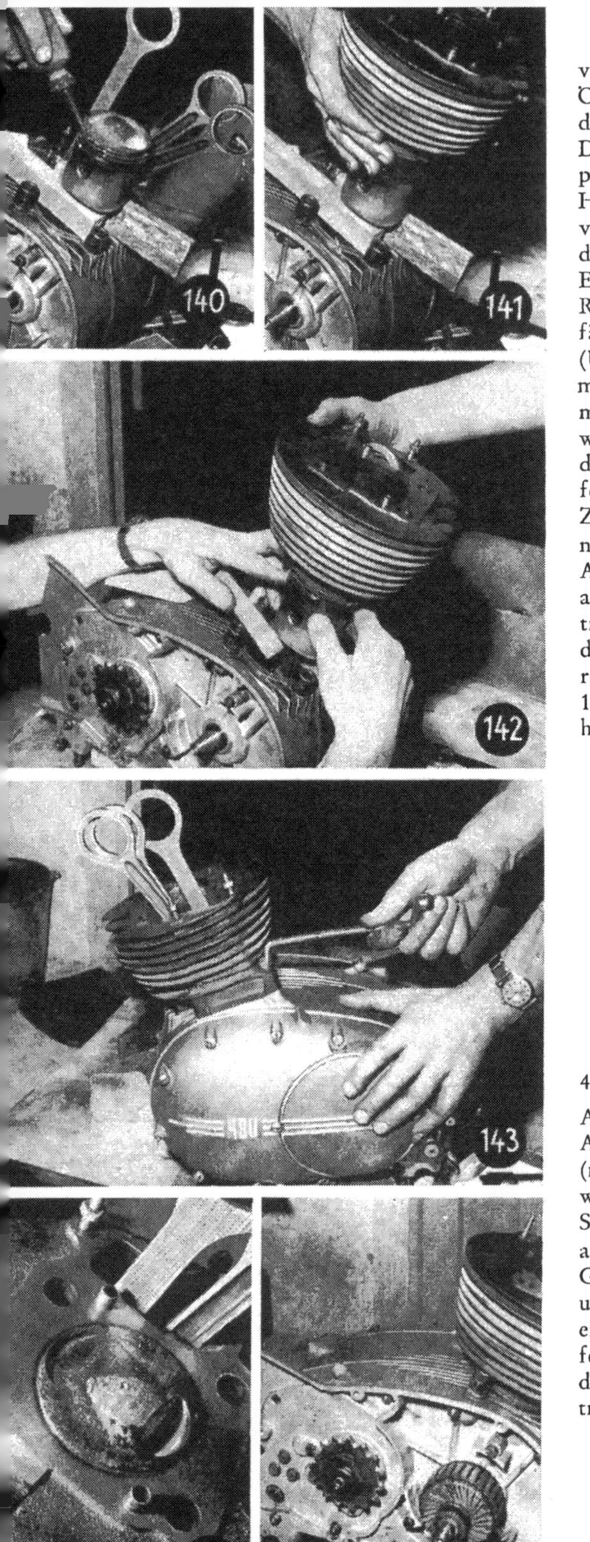

vergessen! Anschließend nehmen wir unser Ölkännchen und ölen den Kolben, vor allem die Ringpartien, ausreichend ein (Bild 140). Der Kolben wird dann auf dem oberen Totpunkt durch Unterlegen von zwei gleichen Holzstückchen festgelegt und der Zylinder vorsichtig aufgesetzt (Bild 141). Bitte, nicht den Zylinder auf den Ringen abstützen! – Ein zweiter Mann läßt den Zylinder über die Ringe gleiten, wenn der andere diese sorgfältig zusammengedrückt hat (Bild 142). (Über Kolben- und Zylinderfragen findet man im übrigen alles in dem Buch „Besser machen – Arbeiten an Motorrädern".) Jetzt wird der Zylinder auf der linken Seite, der „Steuerseite", mit den beiden Muttern festgezogen. Ich nehme an, daß man die Zylinder-Fußdichtung bei der Demontage nicht beschädigte. Sonst legen wir vor dem Aufsetzen des Zylinders eine neue Dichtung auf (Bild 143). Wer sich jetzt sein Werk betrachtet, wird vielleicht erschrocken sein, daß der Kolbenboden über den Zylinder hinausragt. Keine Angst – das muß so sein! (Bild 144). Und nun, bitte, nicht die beiden Paßhülsen für den Kopf vergessen! (Bild 144).

47. Handgriff: (Bild 145 bis 146)

Aus unserer Teilekiste holen wir jetzt den Anker. Zuerst setzen wir den winzigen Keil (nicht verloren?) in die Keilnut der Kurbelwellenachse, dann setzen wir die Anker-Scheibenfeder ein und schieben den Anker auf (Bild 145). Sodann nehmen wir das Gehäuse mit Erregerwicklung und Polschuh und bauen es zusammen mit dem Zündkabel ein. Mit den drei Schrauben wird es leicht festgezogen. Die Kolben werden wieder auf den Kollektor aufgesetzt, und außerdem kontrollieren wir den Unterbrecherabstand, nachdem wir den Fliehkraftregler festgeschraubt haben. Dafür muß der Kolben auf dem oberen Totpunkt stehen. Der Abstand ist 0,4 mm. (Mit Lehre kontrollieren) (Bild 146).

48. Handgriff: (Bild 147 bis 149)

Die Zündung muß so eingestellt werden, daß der Kolben bei voll ausgespreizten Fliehgewichten (das Gewicht ohne Anschlag ist maßgebend!), 7,6 mm vor dem oberen Totpunkt steht.

Uff! – Was und wie nun? – Die Fliehgewichte drücken wir mit Hölzchen auseinander (Bild 147). Jetzt verbinden wir die Klemme 15 der Lichtmaschine durch einen Draht mit dem + Pol der Batterie (Bild 147, a). Mit einem zweiten Draht verbinden wir den — Pol der Batterie mit der Masse (Bild 147, b). Dann nehmen wir unsere Prüflampe und schließen ein Kabel am Motorgehäuse an (Masse, Bild 147, c). Das andere Kabel wird am Unterbrecher angeklemmt (Bild 147, d). Wird die Kurbelwelle jetzt im Drehsinn des Motors gedreht (Pfeil), dann leuchtet unsere Lampe bei Erreichen des Zündzeitpunktes auf. Gelten tut dabei nur der erste Moment des Aufleuchtens.

Wenn wir eine absolut gerade Schiene (Schublehre z. B.) über die Paßhülsen des Zylinders für den Zylinderkopf legen (Bild 148), erhalten wir den oberen Totpunkt des Kolbens. Legen wir die Schiene jetzt quer über den Zylinder, bekommen wir ungefähr die Stelle, die für den Zündzeitpunkt (7,6 mm vor oberem Totpunkt) maßgebend ist. Dort, wo der Kolbenboden die Schiene berührt (Bild 149). Der Kolbenboden ragt also etwa um den Abstand der Vorzündung in den Zylinder hinein. So kann man sich etwa helfen, wenn man auf keine andere Art den genauen Abstand messen kann. Genau ist es aber nicht. Zum genauen Messen braucht man selbstverständlich eine entsprechende Schublehre, die man in jeder Werkzeughandlung bekommt.

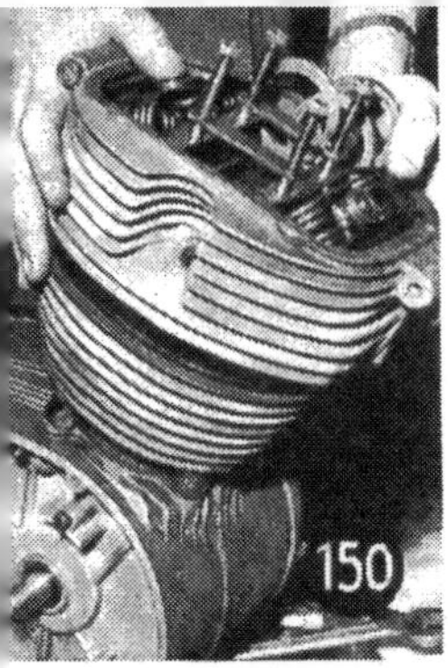

49. Handgriff: (Bild 150 bis 152)

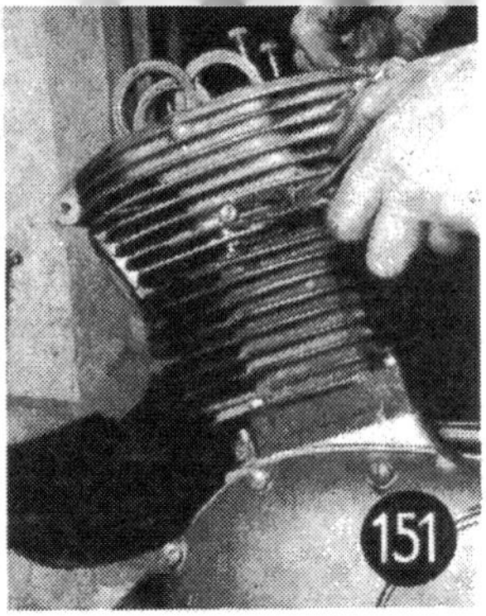

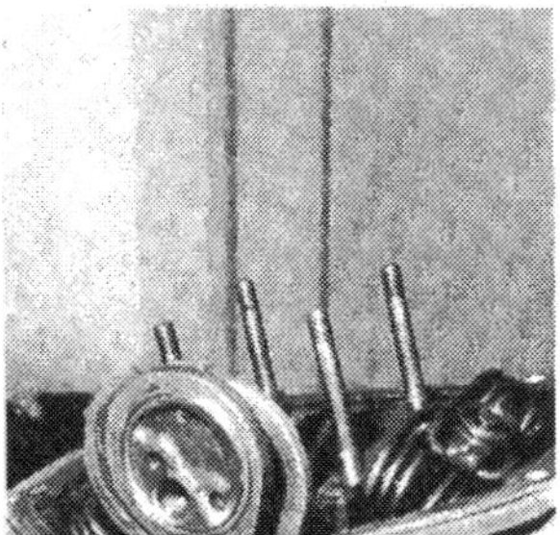

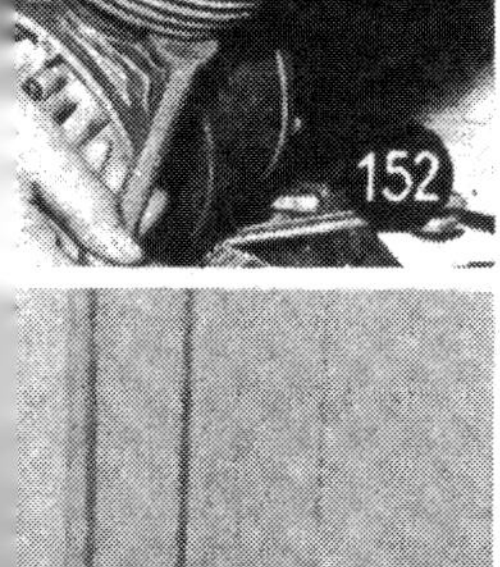

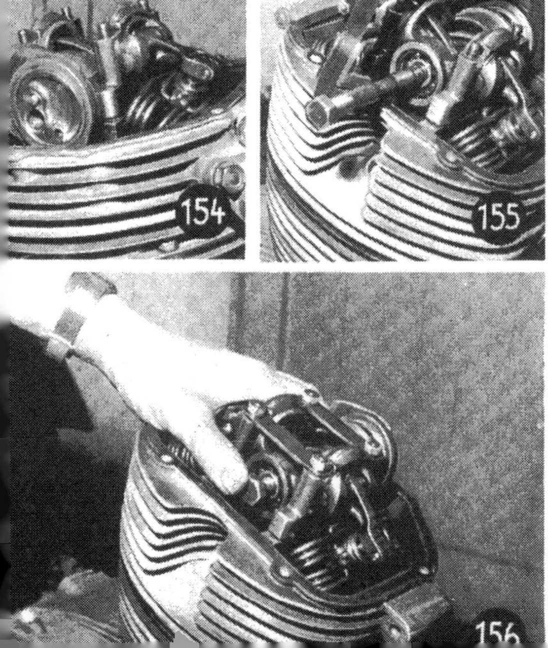

Die Zylinderkopfdichtung wird nun auf den Zylinder aufgelegt und der Kopf aufgesetzt (Bild 150). Dabei müssen die beiden Muttern M 6 zur Zylinderkopfbefestigung am Zylinder in die Kühlrippen zum Aufschrauben auf die Bolzen gebracht werden (Bild 151). Anschließend ziehen wir die 4 Muttern wechselseitig fest, die die Bolzen des Zylinderkopfes anziehen und den Kopf auf dem Zylinder festziehen. Es sind 3 Muttern für 19er und 1 Mutter für 17er Schlüsselweite. Achtung! Linksgewinde! (Bild 152).

50. Handgriff: (Bild 153 bis 154)

Jetzt machen wir uns an den Nockenwellenantrieb. Zuerst wird der Motor so lange durchgedreht, bis beide Steuerpleuel auf dem höchsten Punkt stehen. Die Pleuellagerbuchsen ölen wir kräftig ein. Das Abstandspleuel schieben wir in die vorgesehene Nute und setzen dann den oberen Exzenter ein. Dazu wird das hintere Pleuel zunächst zur rechten Seite geschoben und darauf der Exzenter gesetzt. Erinnern Sie sich noch, daß wir zu Anfang bei der Demontage die äußere Seite des Exzenters markiert haben? – Natürlich muß diese Seite jetzt auch wieder nach außen liegen. Der Exzenter wird dann nach links gedreht, bis das ebenfalls nach links geschobene vordere Pleuel sauber über den Exzenter paßt (Bild 153). Bitte nichts verkanten!
Das Nockenwellengehäuse bauen wir anschließend ein. Zuerst die Ausgleichsplatten in derselben Reihenfolge rechts und links auflegen, wie sie bei der Demontage abgenommen wurden. (Ölloch im Zylinderkopf auf der Einlaßseite nicht verdecken!) Dann wird das Gehäuse mit den Lagerböcken eingesetzt (Bild 154).

51. Handgriff: (Bild 155 bis 161)

Die Nocken der Welle müssen nach unten gedreht werden, bevor wir weitermachen. Das Nockenwellengehäuse selbst muß so gedreht werden (am besten durch einen genau im Durchmesser passenden Einstelldorn, wer den nicht hat, kann sich der Nockenwellen bedienen), daß das Abstandspleuel auf der Steuerseite auf den Büchsenbund aufgeschoben werden kann (Bild 155). Danach legen wir die Verbindungslaschen der beiden Lagerböcke auf und ziehen sie fest (Bild 156). Das Abstandspleuel wird dann mit einem Weichmetalldorn festgeschlagen.

An der Schraube der rechten Achse oder am unteren Exzenterbolzen wird so lange gedreht, bis die Bohrung des Exzenters mit der Bohrung für die Nockenwelle im Gehäuse fluchtet. Da schieben wir dann den Einstelldorn durch oder, falls ein solcher nicht vorhanden, den Nockenwellenbolzen (Bild 156). Mit einem Blattmaß oder einer Schublehre muß der Abstand zwischen der Dichtfläche des Zylinderkopfes (Dichtung noch nicht auflegen!) und dem Einstelldorn gemessen werden. Der Abstand muß auf beiden Seiten gleich sein. Das Werk hält einen Minuswert auf der Zündkerzenseite von 0,05 mm für zulässig. Ist der Abstand an dieser Seite aber größer oder kleiner, so muß man dies durch Beilegen von Ausgleichsplatten ausgleichen. Aber nur um ⅓ der gemessenen Differenz (Bild 155).

Wir drehen nun wieder so lange, bis sich der Mitnehmerbolzen am Exzenter in die Bohrung an der Nockenwelle einschieben läßt (Bild 157). Mit dem Gummihammer klopfen wir den Nockenwellenbolzen wieder etwas zurück, der vom Messen her völlig eingeschoben war (Bild 158). Die Kurbelwelle wird dann so gedreht, daß der Mitnehmerbolzen unten steht, und dann setzen wir das Ausgleichsgewicht ein, wobei der Nockenwellenbolzen wieder eingeklopft wird (Bild 159).

Mit alten Lappen decken wir den Tunnel völlig ab, durch den die Pleuelstangen führen, damit uns im folgenden keine Federscheibe und Mutter hineinfällt (Bild 160). Nachdem die Federscheibe aufgelegt und die Mutter aufgedreht wurde, entfernen wir die Lappen, drehen den Motor so, daß das Ausgleichsgewicht nach unten zeigt und ziehen die Mutter fest (Bild 161).

52. Handgriff: (Bild 162 bis 163)

Der Kolben wird auf den oberen Totpunkt gestellt, wobei beide Ventile geschlossen sein müssen. Das Ventilspiel wird dann wie folgt eingestellt: Einlaßventil 0,05 mm Spiel, Auslaßventil 0,10 mm Spiel (Bild 162). Die Klemmschrauben ziehen wir gut an und messen zur Kontrolle noch einmal nach. Anschließend legen wir die Dichtung auf und

157

158

159

160

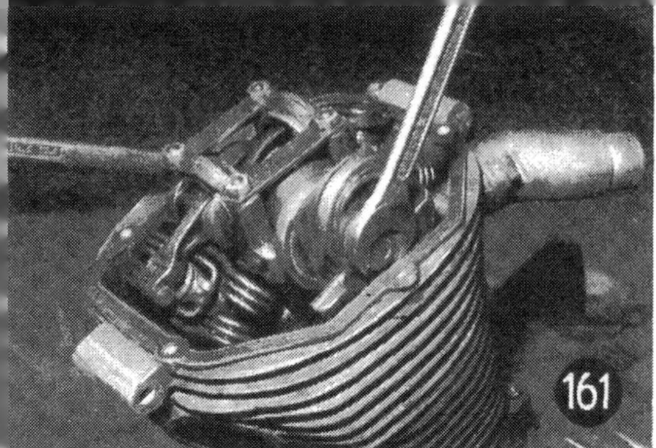

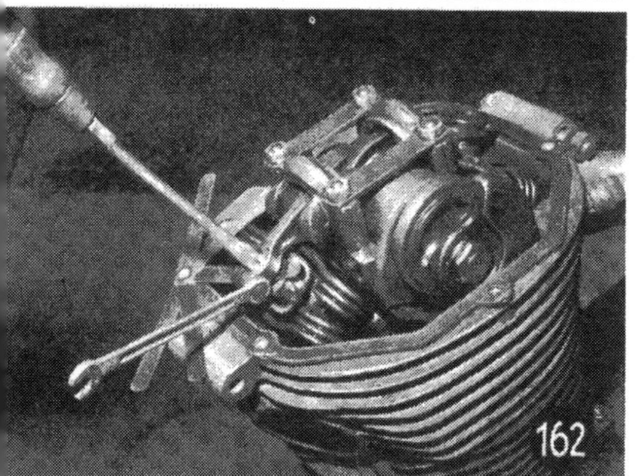

setzen den Zylinderdeckel auf den Kopf. Die Schrauben ziehen wir über Kreuz wechselweise fest (Bild 163).

53. Handgriff: (Bild 164)

Bevor wir den rechten Gehäusedeckel über das Ritzel und die elektrische Anlage schrauben, wird die Kupplungsdruckstange eingesetzt (Bild 164) und die Fußschaltung noch einmal kontrolliert. Beim Schalten auf den 2. Gang, vom 2. auf den 3. Gang, vom 4. auf den 3. und vom 3. auf den 2. Gang muß beim langsamen Zurücklassen des Fußschalthebels ein deutliches Knacken zu hören sein. Sollte das nicht der Fall sein, dann muß man an der Stellschraube, die sich in der Ecke am Gehäuse unter dem Motorritzel bei den Motorbefestigungslaschen befindet (Bild 164, Pfeil) so lange entweder nach links oder rechts drehen, bis das Knacken beim Schalten zu hören ist. Die Stellschraube muß anschließend wieder durch die Kontermutter festgesetzt werden. Nachdem wir den Deckel aufgesetzt haben (ist die 6-mm-Kugel mit Fett in die Druckspindel für die Kupplung eingesetzt worden?) und mit 4 Schrauben befestigten, drehen wir den Verschlußstopfen am Gehäusedeckel auf und entfernen die Druckschraube mit der Kontermutter. Die 5. Gehäuseschraube wird dort eingesetzt, bis die Kupplung ca. 1,5 bis 2 mm abgehoben hat. (Auf der Kupplungsseite des Motors kontrollieren.) Die Startkurbel wird aufgesetzt und bewegt. Hört man ein Schlagen, so müssen die Schlitzmuttern an der Kupplung etwas gelöst oder angezogen werden. Dann ziehen wir die 5. Gehäuseschraube wieder aus der Spindel und drehen sie am Deckel ein. Die Druckschraube wird mit der Kontermutter eingedreht bis auf etwa 1,5 mm Spiel innen am Kupplungshebel. Dann wird der Verschlußstopfen aufgeschraubt, auf der linken Motorseite der Kupplungsdeckel angebracht und der Fußschalthebel und der Starthebel endgültig montiert. Zuletzt wird die Zündkerze eingesetzt und die Ölschläuche ins Gehäuse gesteckt (der stärkere in die hintere Bohrung). Der Motor ist nun fertig zum Einbau in den Rahmen. Das Motor-Abstützblech wird erst montiert, wenn der Motor im Stand einen Probelauf gemacht hat und der Deckel des Zylinders nach der Kontrolle des Ölkreislaufes wieder festgezogen wurde.

Nebenstehend: Walter Reichert, Ingelheim, bester deutscher Privatfahrer 1954 (offizieller Titel), mit einer der ersten Sportmäxe.

DAS NÄCHSTE KAPITEL:

Wichtiges vom Fahren und von besonderen Maschinen

Ein Sturz ist eine Schande!

Dieser Satz ist ein geflügeltes Wort geworden – von vielen Motorradfahrern nicht verstanden, von alten Hasen aber mit Bedacht ausgesprochen: „Ein Sturz ist eine Schande!“ Ja, es gibt sogar Kerle, die behaupten, daß es für *keinen* Sturz eine Entschuldigung gibt. Selbst dann nicht, wenn dem Betroffenen der berühmte Ziegelstein auf den Kopf fällt. Wir wollen jetzt keine Polizeiberichte hervorkramen, in denen man bei rätselhaften Unfällen doch den berühmten Satz mit der „überhöhten Geschwindigkeit“ findet. (Bei einem Unfall ist jede Geschwindigkeit „überhöht“ – auch 0,5 km/st!) Aber ich will Euch vor Augen führen, daß fast jeder Sturz, fast jeder Unfall hätte vermieden werden können, wenn wenigstens einer der Beteiligten nicht gepennt hätte, oder vielleicht seine fünf Sinne beisammen gehabt, vielleicht besser seine Maschine beherrscht, mehr vorausgesehen oder nicht den Kopf verloren hätte. Von Verkehrsregeln, Schildern, Vorfahrten usw. ist hier nicht die Rede, aber von jenen üblen Fallen, in die jeder einmal gerät, wenn er sie nicht kennt. Von denen er nachher bestimmt seine Unschuld ableitet. Und deren Übersehen ihn ins Unglück stürzen ließ und alte Hasen zur Behauptung bringt, daß er eben doch ein Anfänger, ein Würstchen und sein Sturz eine Schande sei. Nach Lesen dieses Kapitels werdet Ihr mir darin wohl auch zustimmen und hoffentlich auf Eurer Max die Augen offen, den Verstand klar und die Gashand in der Gewalt behalten! Denn diese Kapitel gehen uns schnelle Leute an!

Die unheimlichen Kurven

Im Bimmelburger Boten hat es wieder gestanden: „.... wurde wegen zu hoher Geschwindigkeit aus der Kurve getragen ....!“ Was aber wirklich geschah, das weiß der Mann nicht, der in diesem Zeitungsdeutsch spricht. Das wissen allenfalls wir, die wir uns mit Motorrädern auskennen und den Gestürzten ein Würstchen nennen. Grundsätzlich muß man sich beim Fahren, ob schnell oder langsam, angewöhnen darüber nachzudenken, was wohl 200 Meter weiter passiert, wenn man die Stelle durchfährt. Das ist so eine Art Detektiv-Spiel, bei dem man aus zum Teil winzigen und harmlos anmutenden Kleinigkeiten *blitzschnell* eine gefährliche Situation erkennen und *sofort* Abhilfe wissen muß, wie man ihr entgehen kann. Die hohen Reiseschnitte, das schnelle Fahren ist nämlich eine Intelligenzsache, wer nicht 100 Prozent auf Draht ist, fällt eines Tages irgendeiner ganz dummen Teufelei zum Opfer. Dazu ein kleines Beispiel: Wenn sich ein alter Fahrensmann auf einer Hauptstraße einer unübersichtlichen Straßenecke, einer Tor- oder Hofausfahrt oder dergleichen nähert, kann es geschehen, daß er urplötzlich in beide Bremsen steigt und so einen Zusammenprall mit einem achtlos auf seine Bahn hinausfahrenden Pkw vermeidet, obwohl er den überhaupt nicht gesehen hat. Sechster Sinn, meinen die einen.

Aber die anderen wissen es besser. An solchen Ecken muß man *immer* mit der Blödheit der anderen Fahrer rechnen. Das tat auch unser Mann. Er war also auf irgendetwas gefaßt. Da sah er plötzlich, wie sich aus einer gegenüber der Kreuzung oder Ausfahrt stehenden Fußgängergruppe einige Köpfe schnell umdrehten und in die Richtung blickten, die er nicht einsehen konnte. Da würde also irgendetwas geschehen, vielleicht sogar angebraust kommen! Und richtig –! Ein anderer wäre vielleicht pieplings auf den Pkw aufgerannt, wäre sogar vom Gericht freigesprochen worden, weil er sich auf einer Hauptstraße befand. Aber wir würden auch zu diesem Fall sagen, daß sein Sturz eine Schande war. Weil er die Spielregeln nicht beherrschte und zeigte, daß er viel zu wenig Erfahrung zum schnellen Fahren hat. Der soll sich einen Dornröschensarg kaufen, aber kein Motorrad, dazu noch eine Max fahren.

Die meisten unsichtbaren und höchstens harmlos aussehenden Fallen gibt es aber in Kurven – und gerade in den Kurven, die über-

sichtlich erscheinen. Deswegen reden wir besonders jetzt einmal davon. Ist diese hier abgebildete Kurve nicht völlig harmlos? – Sogar ganz rauher Straßenbelag, schön eben und die Gegenrichtung weit zu überblicken. Da kann man ja getrost das Gas stehen lassen. Ob sie wohl 100 km/st verträgt? –

Lieber Freund, wenn Dir hier etwas passieren würde, dann würdest Du von mir als ganz großes Würstchen bezeichnet. Als Schützenfest-Dorfmatador auf NSU-Max, aber nicht als wirklicher Motorradfahrer! Schau Dir mal

die Pfeilkombination 1 an. Da kommt – so meinst Du vielleicht – ja nur aus der Obstwiese eine Ausfahrt heraus. Sonst nichts. Sonst nichts? – Hast Du nicht gesehen, daß sich diese Ausfahrt *senkt*? Daß sie hinter dem leichten Buckel der davor liegenden Wiese verschwindet und die Bäume der dazu gehörenden Obstwiese auch bis zum Beginn der ersten Astgabeln hinter dem Buckel versteckt sind? Das ist gerade die Höhe eines kleinen Treckers, wie er von Obstbauern häufig verwendet wird. Wer mit diesem Trecker auf die Straße fahren will, tut das aber mit einem leichten Schwung. Und nun stell Dir vor, Du schneidest diese Kurve tatsächlich mit 100 km/st an. Das wolltest Du doch – oder nicht? Wer die Schuld vor Gericht bekommen würde, ist dabei übrigens egal – denn Deine Knochen sind garantiert hin. Ja, und dann der Pfeil 2. Da ist auch so eine Falle. Denn Du fährst gegen das Licht, 100 km/st ist auf dieser schmalen Piste ein Mordstorf und da kannst Du glatt gegen den dunklen Busch die Ausfahrt des Feldweges und einen womöglich grünlich angestrichenen Trecker, einen Radfahrer oder sonst was übersehen, was da plötzlich rauskommt. Die Obstbäume in der etwas niedriger liegenden Wiese verdecken im übrigen auch ein kleines Stückchen der Straße hinter der Kurve. Pfeil 3. Und ausgerechnet da steht ein Heuwagen! – Lächle nicht überlegen, lieber Freund und Kupferstecher! Teufeleien haben leider immer die Angewohnheit, sich „ausgerechnet“ da zu verstecken, wo jeder vernünftige Mensch es für unmöglich hält. Und deswegen schießen so viele sonst vernünftige Menschen im Verkehr Purzelbäume. Das Fahren ist nämlich eine Beschäftigung, die einen genauso in Anspruch nimmt wie die anstrengendste berufliche Tätigkeit, bei der man sich keinen Schnitzer erlauben darf. Viele aber verkennen diese Tatsache und nehmen das Fahren nicht ernst. Viele aber – die meisten – haben noch nicht gewußt, daß sicheres Fahren nichts mit Glück, sondern einzig und allein mit einem klaren Verstand, scharfen Augen und bester Reaktionsmöglichkeit möglich ist. Wir leben heute mit Kraftfahrzeugen wie früher unsere Urväter mit den Pferden lebten. Nur ist da ein Unterschied: Die wußten alle über Pferde, Reiten und Fahren alles, und wer nicht damit zu-

rechtkam, der blieb sein Leben ein Stümper und kam nicht nach oben. Und bei uns –? Wahrt Euch also vor allen anderen, die da ahnungslos auf den Straßen herumbummeln – die Bummler, das sind die Gefährlichsten!

Fahren wir zur nächsten Kurve. Sicher hat es bei Dir geklingelt: Leichte Rechtskurve über Kuppe, ungefährlich, rechts bleiben, Gas stehen lassen, kann nichts passieren! – Na, Prost Mahlzeit, fröhliche Himmelfahrt! – Denn da stimmt einiges nicht ganz. Der erste Pfeil zeigt Dir wieder eine Feldausfahrt durch die Böschung verdeckt, der zweite Pfeil aber weist Dich auf den dunklen Fleck hin, den Du für einen Busch am Straßenrand hältst. Es ist kein Busch – es ist ein dort im Schatten eines Baumes hingestellter Heuwagen! (Das obere Foto zeigt, wie der Heuwagen dorthin gefahren wird!) Und den erkennst Du erst voll, wenn Du an dem Punkt angelangt bist, wo der 2. Pfeil beginnt. Sind 100 km/st am Tacho, dann hilft nur noch auf gut Glück links am Heuwagen vorbei über die Kuppe ins Ungewisse stechen. Hoffentlich kommt Dir dann nichts entgegen! –

Und jetzt kommst Du an eine Dorfeinfahrt mit anschließender Linkskurve. Und gleich lernst Du eine neue Teufelei kennen: Die Ablenkung. Inzwischen ist Dir aufgegangen, daß man auf tausend Sachen auf einmal achten muß und so schaust Du zuerst auf die beiden Heuwagen mit den Treckern links. Haben die Leute Dich und Deine schnelle Fahrt bemerkt? Gas weg, dritten Gang rein, Fuß auf die Bremse setzen und aufpassen, was sie machen. Der Trecker auf der Straße läuft im

Leerlauf, also Hupen hören die nicht. Die diskutieren über irgendetwas sehr Wichtiges. Der Radfahrer betrachtet links das abgestellte Motorrad, hat der Dich auch gesehen? – Wenn Du da vorbei bist, atmest Du unwillkürlich auf, schaust wieder gesammelt nach vorn und entdeckst diese Linkskurve da – nein, neiiin – das ist ja eine Hofeinfahrt, die Straße geht ja *rechts* rum –! Und grade kannst Du den Hobel noch an der links abbrechenden Straßenkante entlang kriegen und um die Ecke zaubern! Mönsch, wenn da jetzt etwas entgegengekommen wäre –! Schwitzt

Du? Dann hast Du erfaßt, was das für eine gemeine Teufelei war! –
Nach dem Lesen dieses Abschnittes – der kein Heilmittel gegen Unfälle ist – wird einen vielleicht bewußt, daß man bislang doch ziemlich gleichgültig gewesen ist. Man kann es sich nun auch denken, warum gerade alte Hasen und Windgesichter nach vielen tausenden Motorradkilometern oft so viele Falten in den Augenwinkeln haben und so wenig von sich und ihrer Fahrerei sprechen. – Aber wir sind ja noch mitten in den Kurven. Aufpassen, Freund, jetzt kommst Du um die letzte Ecke und schießt mit 80 Sachen in einen dunklen Schacht zwischen zwei Häuser hinein. Das Ortsschild kommt noch lange nicht, denn diese beiden Häuser liegen noch vor der Ortschaft. Auf der Ecke eine Wirtschaft „Die goldene Traube". Und da kommst Du eben jetzt mit Schräglage wie der leibhaftige McIntyre herumgestochen. Hast Du geahnt, daß da ein Heuwagen stand und daß dieser Heuwagen gerade von einem anderen Fuhrwerk überholt wird, daß nun die ganze Straße versperrt ist? – Was tun? – Viele von den Anfängern würden jetzt vor Schreck buchstäblich erstarren, zu Eis werden, nichts mehr tun, nicht mal mehr bremsen und mit vollem Dampf irgendwo da drauf krachen. Aus. (1 = das bist Du selbst, just wie Du um die Ecke kommst. 2 = das ist der Wagen, der an dem abgestellten Heuwagen gerade vorbeifährt. Die Straße ist, vom Beschauer nicht zu sehen, völlig zu. Die Aufnahme entstand aus Zufall übrigens, der Max-Fahrer sauste geradeaus auf den Vorplatz des gegenüberliegenden Hauses!)
Dazu ist zu sagen, daß man niemals, nie, nie, nie – selbst wenn man gerade die große 500er kurz vorm Ort „geputzt" hat – so blöd und blind um eine unübersichtliche Ecke sausen darf. Wirtshaus-Schild, Häuser, scharfe Ecke – wer da das Gas nicht wegnimmt, dem ist nicht zu helfen. Und das muß jeder von uns wissen, daß in den kleinen und größeren Kuhdörfern *immer* irgendetwas auf der Straße herumsteht, herumwatschelt, gackert oder kollert! Daß die Fahrer vieler ländlicher Fuhrwerke die gefährlichsten Menschen auf den Straßen sind, zu jedem Blödsinn fähig, so dumm wie die kann kein anderer Mensch mit Kraftfahrzeugen umgehen, nicht mal ein Fahrschüler, der gerade die Führerscheinprüfung bestanden hat. Dagegen sind selbst die jugendlichen Fahrer von Baulastwagen Waisenknaben.
Ja, Thema Baulastwagen: Vorsicht, da sitzen sehr oft ganz, ganz tollwütige junge Bürschlein drin. Weil sie billiger sind als ausgebildete und eingefleischte Lkw-Fahrer! – Unter meinen Motorradfreunden ist *keiner,* der nicht schon mit so einem 3½ Tonner voll Steine, Sand, Kies o. ä. irgendeine üble Geschichte erlebte. Also ganz großen Bogen drum oder schnell überholen oder ganz großen Abstand halten!
Und was machst Du, wenn es in so einer Kurve nicht mehr langt? Tja – da gibt's so einige Rezepte, die aber alle nicht Kratzer, Schrammen und krummes Blech verhindern können, sie sind höchstens zur Linderung anzuwenden. Das erste Rezept: In *Schräglage beide Bremsen* ziehen. Kräftig. Die Karre rutscht dann in voller Breite davon. Aber *vor* uns her, wir kriegen sie nicht ins Kreuz und vielleicht haben wir dadurch die Chance, purzelbaumschießend noch an dem Hindernis vorbeizukommen. Das ist aber immer besser, als vollstock mittendrauf zu knallen. Das zweite Rezept: Geradeaus über den Straßengraben sausen, Vorderrad hochreißen dabei – aber bitte am Baum vorbei. Vielleicht ist das Schicksal gnädig und läßt uns im Acker nicht allzu hart durch die Gegend kobolzen. Jede

Lücke zum Durchschlüpfen ist dann ein Geschenk des Himmels. (Mit einem vierrädrigen Glaskasten wärest Du übrigens geliefert!) Das dritte Rezept: Lieber mit Vollgas versuchen, noch um den Heuwagen (2) vorbeizuzischen und zwischen Mauer (rechts) und Vorplatz des schattigen Hauses vorbeizukommen, als hilflos auf den Wagen krachen. Und nicht den Verstand verlieren! – Tja, das sagt man so –! Das vierte Rezept: Durch das Wissen um diese Gemeinheiten gar nicht erst zur gefährlichen Gänsehaut kommen! Sherlock Holmes spielen und *vorher* wissen, was einen hinter einer Kurve oder mitten in einer Straßenbiegung erwarten kann.

Eine Maschine in dieser Art um eine Ecke „drücken" ist weit weniger elegant und stilvoll als sie um die Ecke zu „legen". Beim Legen der Maschine bilden Fahrer und Maschine eine Linie, auch in größter Schräglage. Es sieht weniger nach Schau, viel eher nach größter Konzentration und Ruhe aus. Meistens sind die ruhigeren Leute auch die schnelleren. Siehe das Bild von Roberto Colombo auf Seite 67!

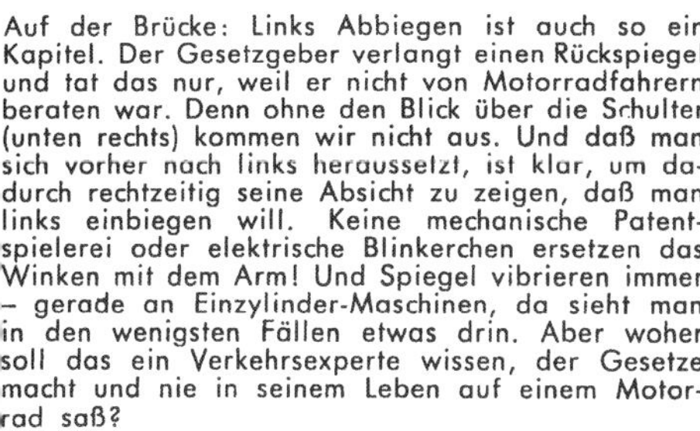

Auf der Brücke: Links Abbiegen ist auch so ein Kapitel. Der Gesetzgeber verlangt einen Rückspiegel und tat das nur, weil er nicht von Motorradfahrern beraten war. Denn ohne den Blick über die Schulter (unten rechts) kommen wir nicht aus. Und daß man sich vorher nach links herausselzt, ist klar, um dadurch rechtzeitig seine Absicht zu zeigen, daß man links einbiegen will. Keine mechanische Patentspielerei oder elektrische Blinkerchen ersetzen das Winken mit dem Arm! Und Spiegel vibrieren immer – gerade an Einzylinder-Maschinen, da sieht man in den wenigsten Fällen etwas drin. Aber woher soll das ein Verkehrsexperte wissen, der Gesetze macht und nie in seinem Leben auf einem Motorrad saß?

Mancher hält bei Regenwetter Asphalt für sicher. Wehe ihm, wenn er das glaubt! Denn auf dem dunklen Asphalt verbergen sich bei Nässe die gemeinsten Fallen, z. B. Ölflecken. Wo man aber viele Lastwagen fahren sieht, da muß man ganz besonders aufpassen, denn aus den Baustellen heraus schleppen sie immer schmierigen Lehm mit. Lehm auf Asphalt bei Nässe = beinahe Glatteis.
Unteres Bild: Grober Basalt – leicht „angeregnet"! Hütet Euch davor!

Wenn rauhe Straßen glitschig sind

In den Köpfen der kleinen Fritzchens und Moritzens gibt es als Straßenbelag nur eine Gefahr: Blaubasalt bei Regen. Damit ist deren Weisheit vorbei und alles andere ist völlig ungefährlich. Hustekuchen – auch die sogenannten rauhen Straßen können ganz schön glitschig sein und ein ahnungsloses Würstchen feuern. Der schaut dann aber dumm – wetten?! –

Da muß ich zu Anfang eine Geschichte erzählen, die ich einmal auf der linken Rheinuferstraße zwischen Bacharach und Boppard erlebte und die so typisch ist, daß man sie nicht unerwähnt lassen darf. Auch wenn ich sie schon hundertmal erzählt habe: Zwei Motorradfahrer gerieten dort einmal auf der zum Teil recht gewölbten Straßendecke bei eben beginnendem Regen auf Blaubasalt, der zudem vom übrigen Verkehr in den letzten Jahren ganz glatt poliert ist. Der eine der beiden hatte eine Maschine mit einer alten Parallelhinterrad-Federung und der andere fuhr eine Supermax. Die alte Maschine „schwamm" dann auch auf dem Blaubasalt unaufhaltsam nach rechts ab und das zum Glück feste Bankett bewahrte unseren Mann vor einem bösen Sturz. Der Maxfahrer hatte das beobachtet, merkte aber bei seinem Fahrwerk nichts. Mit glatten 90 km/st sauste er weiter – das Motorrad lag bombensicher. Ein paar Kilometer weiter aber geschah die Teufelei: Plötzlich war das Basaltstück beendet und vor ihm lag ein zwar naß schimmerndes, aber sicher scheinendes Asphaltstück, Und da drehte er den Hahn erst richtig auf – und im selben Augenblick drehte es ihm die Max buchstäblich unterm Sattel seitlich weg

und er flog im hohen Bogen raus. Der Fahrer mit dem alten Fahrwerk war inzwischen auch an die Stelle gekommen, sah aber rechtzeitig, daß an der Unfallstelle einige Wagen standen und die Max an der Seite lag, so daß er gewarnt war. Außerdem war er sowieso mit Alarmstimmung gefahren, weil sein Fahrwerk es nicht anders zuließ. Was war geschehen? – Unser Max-Freund fühlte sich auf der Supermax derart sicher, nachdem er merkte, wie reibungslos die Maschine über den nassen Basalt sauste, daß er tatsächlich an nichts Böses dachte und bei Beginn des Asphaltes, der für ihn Inbegriff der Sicherheit war, nicht die dunkle Ölspur sah. Beim Gasaufreißen schmierte das Hinterrad weg. Öl sieht man auf einer durch Nässe gedunkelten Straße nicht. Erst recht nicht, wenn das Tageslicht nachläßt. Selbst wenn wir 50-Watt-Lampen verwenden. Man kann bei Regen nur größtes Mißtrauen auch gegen „sicher" aussehenden Straßenbelag walten lassen und das Schlimmste durch Ruhe und einige kleine Tricks zu verhindern suchen. **Zuerst:** Knie an den Tank, Arme locker, nicht verkrampft sitzen. **Dann:** Mit den vier Buchstaben und durch die Handgelenke muß man jedes verdächtige seitliche Wegschwimmen erspüren können. **Wenn es brenzlich wird:** Jetzt ja die Ruhe bewahren! Wenn man anfängt, verkrampfte Rettungsversuche zu machen oder gar mit den Beinen von den Fußrasten geht, um mit ruderartigen Bewegungen Halt zu suchen, ist man rettungslos verloren! Wer das so macht, fliegt zuerst. Wir müssen bis zum letzten Augenblick die Füße auf den Rasten lassen, die Knie an den Tank drücken und Kontakt mit dem Motorrad behalten, sonst können wir dessen Bewegungen nicht kontrollieren. Und nicht denken, daß alle Gefahr vorbei ist, wenn man glücklich die Kupplung gezogen und den Karren wieder im Kurs hat. Wer schon öfters im Gelände gefahren ist, und vor allem Trial-Wettbewerbe (Stilfahren) mitgemacht hat, wird solche Dinge genau kennen und richtig reagieren. Rohes Gasaufreißen, Bremsen, plötzliches Verreißen der Lenkung, ist die sichere Garantie für eine Bauchlandung. **Was man außerdem vermeiden soll:** Bei Nässe und bei Schnee – von Glatteis ganz zu schweigen (da lassen übrigens alte Hasen die Solomaschine in der Garage. Das hat nichts mit Angst zu tun, sondern nur mit der Erfahrung, daß auf Eis *kein* Fahrzeug beherrschbar ist, selbst wenn ein Fangio drin sitzt oder ein Werner Haas drauf hockt –!) – fahrt bitte nicht so dicht auf Euren Vordermann auf, und sollte einer von hinten nachdrängen, dann laßt den vorbei! Denn wenn Ihr wegschmiert, kann der Hintermann meist nichts mehr dagegen tun, als Euch zu überwalzen, und auf einen kreiselnden Vordermann ist man selber schnell gekracht, wenn der Abstand nicht groß genug war. Denn das Bremsen bei Nässe ist nur „stufenweise" ohne Rutscher möglich. – **Und dies tut man als alter Motorradfahrer und Maxbesitzer sowieso:** Nur gute Reifen fahren! Das bessere, das tiefere Profil aufs Vorderrad! Nur Reifen mit einer Mittel*nut* im Profil montieren. Zum Beispiel Metzeler-C, Engelbert J 55, Continental LB, Dunlop-Universal (deutsches Fabrikat), Fulda „Rasant". Die härteste Gummimischung bedeutet zwar wenig Abnutzung, aber erhöhte

Ein sehr gutes Straßenprofil: Metzeler C.

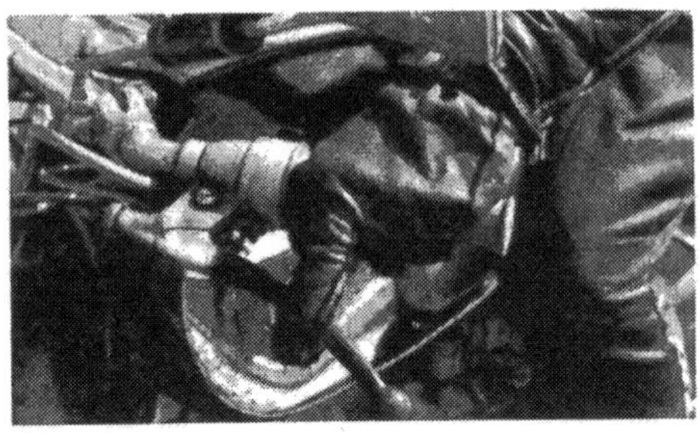

Das ist der vorsichtige Finger. Man muß sich angewöhnen, die Kupplung immer sofort blitzschnell ziehen zu können. Bevor man sich irgendeine andere Gewohnheit zulegt, gewöhne man sich den vorsichtigen Finger an! Alte Hasen wissen schon –!

Rutscheigenschaften – die weichere Gummimischung nutzt zwar schneller ab, diese Reifen haften jedoch besser. Manche Fahrer verringern bei Nässe den Luftdruck – wenn Ihr mich fragt, ich habe meine Reifen dafür mit dem Reifenhobel von H. Gilster, Oyle bei Nienburg/Weser (kostet so etwas um 8 DM herum), feinstprofiliert. Und zwar in *Längsrichtung*! Damit ist das seitliche Wegrutschen auf nassem Untergrund *völlig* beseitigt – die Lebensdauer des Reifens leidet *nicht* und eine größere Sicherheitsmaßnahme gibt es nicht. Dieser Reifenhobel gehört zur Maschine wie Gisenia-Hose und Marquardt-Mantel zum Fahrer. Außerdem kümmern wir uns um eine gründliche Fahrwerkskontrolle, wie sie auf Seite 82 beschrieben ist. Daß man eine einwandfreie Sicht zum Fahren auf schmierigen Straßen haben muß, leuchtet wohl jedem ein. Verkratzte Schutzbrillen sind da nicht das rechte Mittel – lieber eine Brille mit splitterfreiem Glas nehmen. Das Beschlagen kann man nicht immer verhindern, aber Glas läßt sich beim Fahren schneller und sauberer mit dem Handschuhrücken abwischen. (Z. B. die „Avus“-Brille von Philip Winter, Fürth i. B.) Auf längeren Strecken führe ich immer im Tankrucksack eine Reservebrille mit sauberen Gläsern mit, und wenn wir mit dem Gespann unterwegs sind, hat der Passagier die Aufgabe, die Brille bei jeder Pause sofort auszuwischen. Es gibt natürlich auch Mittel, die ein Beschlagen der Gläser verhindern sollen, aber so 100prozentig funktioniert das auch nicht immer. Zu haben ist so etwas bei Walter Dillenberg, Stuttgart-Vaihingen, Hauptstraße 106.

Die Kunst des Gasgebens

Manchmal kann man Motorradfahrer beobachten, die einen besonderen Spaß darin finden, an den Stellen Vollgas aufzuziehen, wo wir nicht im Leben daran denken würden. Zum Beispiel vor dem Kino oder vor der Eisdiele, in der gerade die Lisa und ihre Freundin Monika ein Eis zu 20 lutschen und über den aufreizenden Ton der Max erschauern sollen. Wir sagen zu diesen Figuren Würstchen und betrachten sie nicht als Motorradfahrer. Als Motorradfahrer betrachtet sie der Herr Lokalreporter, der dann eine Glosse über die „Knatterprotzen“ schreibt. Dann gibt es wieder eine Kategorie, die das Gas voll aufmachen, wenn wir gerade an ihnen vorbeifahren wollen. Oft habe ich mir den Spaß gemacht, solche Angeber zu jagen – meist haben sie nach drei Kilometern genug und schwenken plötzlich in eine Seitenstraße ab. Was sie aber alles auf diesen drei Kilometern für Kavalierstückchen vollbrachten, geht auf keine Kuhhaut. Und dann habe ich wieder Bürschlein getroffen, die sich an ihren Gasdrehgriff justament erinnerten, wenn es jemanden an einer unübersichtlichen Stelle zu überholen galt, und die die PS der Maschine vergaßen, wenn die Straße schön geradeaus ging und frei von jeglichem anderen Verkehr war. Und die meisten meinen, daß Fahrkunst nur aus Gasgeben besteht. Natürlich ist die Max nicht dazu da, daß wir uns sanft auf ihr zur Ruhe legen. Wir fahren dies Motorrad, weil es besondere Kraft und Schnelligkeit zusammen mit guter Straßen-

lage bietet. Es ist aber wie beim Schießen: Man muß den richtigen Moment abpassen, an dem es angebracht ist, abzudrücken. Mit anderen Worten, wir müssen diese Kraft von 18 PS im richtigen Augenblick einsetzen. Nur dann fahren wir sicher und sind schnelle Leute, und nur dann macht uns das Fahren richtig Spaß.

Vor kurzem habe ich an einer Vergleichsfahrt zwischen Straßenkreuzer, Motorroller, Moped, Kleinwagen und Motorrad mit meiner Supermax in Stuttgart teilgenommen. Es sollte festgestellt werden, welches Fahrzeug durch den dichtesten Stuttgarter Verkehr zur Zeit des Arbeitsschlusses der Betriebe 13,5 km am schnellsten zurücklegen würde. Das Ergebnis war wohl im voraus festzulegen, erst kam das Motorrad, dann der Roller, dann das Moped, schließlich der Kleinwagen und zum Schluß der Straßenkreuzer. Keiner hatte die Verkehrsregeln und die Geschwindigkeits-Beschränkung verletzt bzw. überschritten. Schön. Aber das Verblüffendste: Die Polizeibeamten, die uns überwachen sollten und mit Solomaschinen hinter uns herfuhren, kamen nicht mit! Bereits nach wenigen Kilometern hatten wir – auch das Moped! – alle abgeschüttelt. Es waren leider keine Beamten, die tagaus, tagein auf den Maschinen sitzen und sozusagen besonders gut trainiert sind, es waren also Fahrer mit ganz normalen Fahrfähigkeiten. Außerdem muß man ihnen zugute halten, daß manche Lücken, durch die ich mit der Max noch schlüpfen konnte, für meinen Verfolger zu waren, wenn der dort ankam. Trotzdem – es hat uns alle sehr gewundert und ich glaube, die wackeren Beamten am meisten. Heute weiß ich, daß diese Leute von der Kunst des Gasgebens nichts wußten.

Hat der Fahrlehrer nicht immer gesagt, daß Kavalierstarts Reifen und sonstiges Material kosten? Daß das nichts einbrächte? Das sind so uralte Regeln, die allgemein angewandt werden und natürlich als Grundbegriffe gelten. Und doch sind sie nicht immer richtig. Ich betrachte die PS meiner Max als wertvolle Möglichkeit, *jeder* undurchsichtigen Verkehrssituation blitzschnell *weg*laufen zu können! Die anderen betrachten die Bremsen als das Wichtigste! Und das ist der Unterschied – daher das Ergebnis unserer Vergleichsfahrt.

Glaubt Ihr denn, daß die 18 PS nur zum Protzen in den Max-Motor gezaubert worden sind? Die sind da, um der Maschine eine Beschleunigung zu geben, an die selbst 350-ccm-Motorräder nicht heranreichen, von normalen PKWs und anderen Fahrzeugen zu schweigen. Und es wäre geradezu dumm, wenn wir mit diesem Kapital nicht wuchern würden. Hier die markantesten Beispiele:

Schmale Straße – Einbahn. Vor mir ein VW, davor ein langsam fahrender Linienomnibus, hinter mir ein Porsche. Eben bin ich neben dem VW, mein Hintermann setzt auch zum Überholen an. Der VW-Mann pennt und fährt stur nach links, ich bin in Gefahr, abgedrängt und über den Bürgersteig geworfen zu werden. Soll ich bremsen? Dann muß das so scharf geschehen, daß der Porsche womöglich auf mich draufkracht; weiß ich, ob der Fahrer die Situation erfaßt hat? – Soll ich hupen? – Dann latscht der VW-Mann todsicher auf seine Bremse und der Porschefahrer kommt ebenfalls in Verdrückung. Was mache ich? – *Ich drücke den dritten Gang rein und reiße das Gas voll auf!* Weg, nur weg! Und die Max schießt nach vorn wie eine Rakete – ! – Der Fall ist erledigt.

Andere Sache: Lange Kolonne vor der Ampel, es ist reichlich Platz zwischen den Wagen nach vorn zu stoßen. Das ist nicht verkehrswidrig, solange man keine durchgehende weiße Linie berührt. Gerade wie ich noch drei Wagen in meiner Reihe vor mir habe, kommt Gelb – dann Grün. Wenn ich jetzt in die Kolonne einscheren würde, gäbe das viel Zeitverlust, ich würde mitten im Pulk stecken, womöglich Hupkonzert eines Superautofahrers oder sonstwas – so drehe ich das Gas auf – im zweiten bin ich schon mitten auf der Kreuzung, wenn der erste Wagen gerade anfährt. Und ehe ich mir's versehe, habe ich den ganzen nun folgenden dicken Pulk hinter mir und bin frei von allem Drum und Dran.

Und nun das Überholen: Wenn man überholt, gilt eine Regel: So schnell als es nur eben möglich ist, an dem vorherfahrenden Fahrzeug vorbei! Regel 2: Gegenverkehr im Auge haben! – Nicht an unübersichtlichen Stellen überholen! Jetzt kommt es darauf an, ob wir unsere Max genau kennen. Es hat nämlich keinen Zweck, das Leben zu riskieren, wenn einer vor uns ist, der uns auf keinen Fall vorbeilassen will. In einem solchen Falle fahre ich eine Weile hinter ihm her und beobachte seine Fahrtechnik ganz genau. Sehr schnell bekommt man seine Gewohnheiten und immer wiederkehrende Fehler heraus. Jetzt braucht man nur auf einen günstigen Moment zu warten, wo er sich vor einer Kurve verschaltet, eine Ecke falsch anbremst, durch andere Fahrzeuge in Bedrängnis gebracht wird. Im selben Moment dritten Gang rein, Vollgas – und ehe er sich's versieht, sind wir vorbei und haben den lästigen Kerl hinter uns. Wenn wir aber überholen, dann wollen wir uns unseren „Gegner" *wenigstens* einen Meter vom Leibe halten! Nur Idioten fegen auf Briefmarkenabstand vorbei. Wörtlich zu nehmen: Idioten!

Oft wird man schon im voraus sehen können, ob es an Kreuzungen, vor Überholmanövern oder anderswo zu Massierungen von Fahrzeugen, zur Bildung von Schlangen, Pulks und Kolonnen kommt. Dann sehe ich immer zu, daß ich möglichst schnell aus diesem Bereich entfliehen kann. In dem Fall steht immer Vollgas an. Ich benutze die Leistung des Maxmotors grundsätzlich dazu, immer für freien Raum um mich herum zu sorgen.

Hat man einen hartnäckigen „Gegner" vor sich, dann nicht mit Gewalt drauf los! Beobachten und Schwächen suchen und im Moment, wenn er nicht aufpaßt – dann Vollgas und schnell vorbei!

Der unvergessene Roberto Colombo (Italien) auf der 250 ccm NSU-Rennmaschine „Rennmax" im Ausgang des Karussells 1952 auf dem Nürburgring.

Nürburgring - die Hohe Schule

Es gibt bei uns in Europa eine „Hochschule" fürs Motorradfahren. Das ist der Nürburgring. Diese Anlage ist nämlich nicht in der hohen Eifel (60 km westlich von Koblenz) 1927 für große Straßenrennen *allein* eröffnet worden, sondern war vor allem auch als Versuchs- und Übungsstrecke außerhalb des öffentlichen Verkehrs gedacht, auf dem neue Fahrzeugtypen erprobt werden können und jede Art von Versuchen mit Kraftfahrzeugen ungestört durchführbar sind. Daneben aber bietet sich dem sportlichen Fahrer eine großartige Trainingsmöglichkeit. Hier kann er außerhalb einer behindernden Umwelt seiner Fahrleidenschaft in einer herrlichen Landschaft auf einer raffiniert ausgeklügelten bergigen Rundstrecke zwischen den Wäldern frönen. Einige Daten: Der ganze Ring ist beinahe 30 Kilometer lang, Höhenunterschied 300 m, Steigungen bis zu 18%, Gefälle bis zu 11%, 176 Rechts- und Linkskurven. Die Strecke ist Einbahnstraße und hat nur drei Zugänge, am Haupteingang in Nürburg ist ein großes Hotel, ein riesiger Garagenhof, Tankstelle, Werkstatt, Post usw.

Wer auf dem Nürburgring noch nicht gefahren ist, muß sich etwas merken:

1. Auf keinen Fall gleich die erste Runde aufdrehen und auf Zeit fahren! Das gibt in 85 von 100 Fällen Beulen an Maschine und Mann. Die ersten drei Runden fährt man erst mal gemütlich herum und schaut sich die Sache an. Erst später zaubert man mal die Stopuhr hervor. Wer aber vor Absolvierung von mindestens zehn Einführungsrunden den Hahn aufdreht, ist ein Knallkopf. Wenn er rausfliegt, geschieht ihm recht.
2. Abmontieren von Schalldämpfer bringt bei der Max nichts – nur Leistungs*verlust!* Am Ring macht's bloß Krach und beweist, daß der Kerl keine Ahnung hat. Wer probie-

ren will, soll sich mit seiner Übersetzung beschäftigen! *Das* bringt unter Umständen einige Sekunden! (15 Zähne statt 16 oder 17 am Getriebeausgang).

3. Im Gegensatz zu den üblichen Straßenkurven fährt man die Nürburgringkurven anders. Wenn man denkt, daß man jetzt zum Innenrand abkippen muß, dann ist es noch lange nicht so weit. Die Kurven so spät als möglich anschneiden! Die haben nämlich die Eigenschaft, nicht an der Stelle zu sein, bis wo man sie bei der Einfahrt überblicken kann.
4. Die gefährlichste Stelle *für die Maschine* ist die Fuchsröhre! Es kann ja sein, daß einer dies Gefälle mit Vollgas bis unten durchschießt. Es gibt Leute, denen dazu die bei anderen vorhandene Verriegelung fehlt. Wem da die Mühle auseinanderfliegt, soll sich nicht wundern. (Siehe Diagramm im Test!) Wenn Versuchsfahrer mit Testobjekten dort Motoren probieren, ist das etwas anderes. Wenn Rennfahrer da das Gas stehen lassen, weil es um die Wurscht geht und die Situation keine Schonung der Maschine mehr zuläßt – dann steht das auf einem anderen Blatt.
5. Die gefährlichste Stelle *für den Mann* kann man nicht näher bezeichnen. Wer seine fünf Sinne nicht zusammenhält, kann da überall raussegeln. Hecke auf – Motorrad durch – Hecke zu! sagen wir dann. Aber dieser Spruch ist gleichbedeutend mit dem Urteil einer Prüfungskommission: Du hast Deine Prüfung auf der Motorrad-Hochschule nicht bestanden! Leider können wir keine Entschuldigung gelten lassen. – Lieber langsamer an gute Durchschnitte herankommen, als mit Gewalt versuchen und dann durch die Hecke schießen. Für jeden gibt es da eine Grenze – wer versucht, sie zu überschreiten, muß mit vollständiger Niederlage rechnen. Der Nürburgring läßt nicht mit sich spaßen. Ein schlechter Durchschnitt auf dem Ring ist keine Schande – nur ein Leistungsbild. *Die Schande ist das Segeln durch die Hecke!*

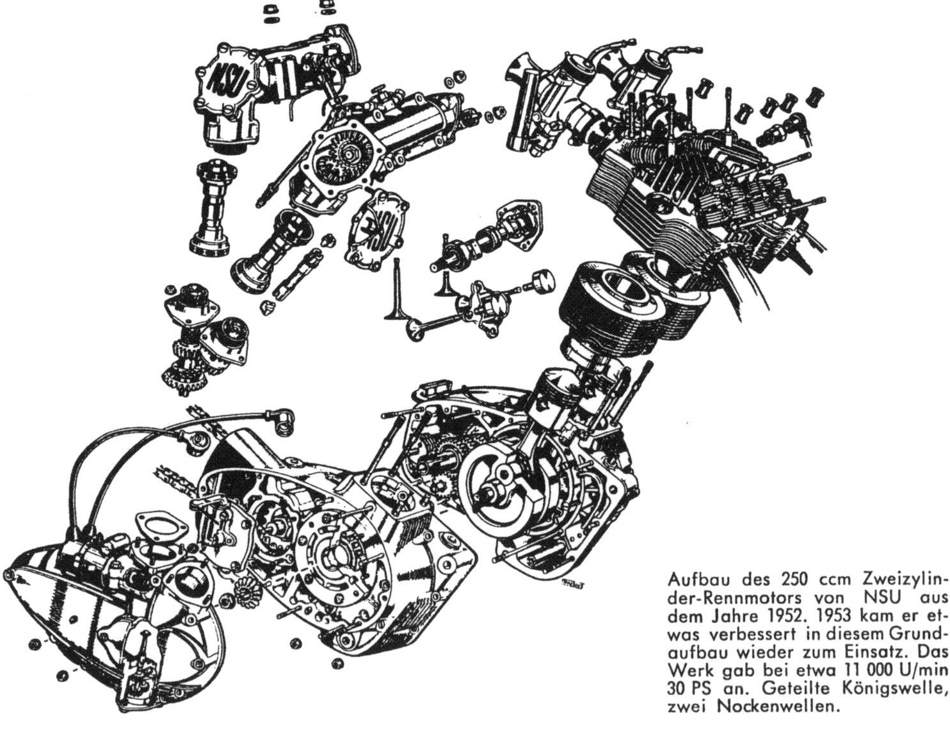

Aufbau des 250 ccm Zweizylinder-Rennmotors von NSU aus dem Jahre 1952. 1953 kam er etwas verbessert in diesem Grundaufbau wieder zum Einsatz. Das Werk gab bei etwa 11 000 U/min 30 PS an. Geteilte Königswelle, zwei Nockenwellen.

Die sagenhaften Durchschnitte

Wie oft hört man, daß dieser oder jener mit seiner Max einen 90er-Schnitt von irgendeiner Stadt über mehrere hundert Kilometer zu einem anderen Ort gefahren habe. Ich behaupte frank und frei, daß das glatte Aufschneiderei ist. Selbst, wenn einer *nur* auf der Autobahn dauernd mit Vollgas entlanggefegt ist, wird er einen solchen Schnitt mit einer Max selten erreichen. Auf den Autobahnen ist heute so viel los, da muß man immer wieder langsam fahren, da kommt man an Lastwagen nicht vorbei, die sich an Steigungen überholen, da sitzt einem irgendeiner mit einer lahmen Ente auf der linken Seite lange vor der Nase, da kommen Baustellen, dann muß man tanken, Nase putzen, hinter den nächsten Baum oder frühstücken – also es ist nicht drin. Von der Landstraße ganz zu schweigen. Schon die 50 km/st Ortsdurchfahrten verhindern solche sagenhaften Reisedurchschnitte. Selbst wenn einer von Köln nach Frankfurt einen 80er-Schnitt herausholt – natürlich alle Pausen eingerechnet – ist das eine gute Leistung. Alles was drüber ist, riecht nach Angabe. Und wenn nun einer trotzdem mit einwandfreien Beweisen kommt? Es gibt Kerle, die derartige Schnellfahrer sind. Aber sie sehen ganz anders aus und sie fahren ganz anders, als Fritzchen sich das vorstellt. Diese Leute fahren ganz unauffällig, man bemerkt sie kaum. Sie reden nicht von ihrer Fahrerei und sind Leute, die einen Grundsatz haben: Safety first – Sicherheit zuerst. Und ihr Geheimnis? Furchtbar einfach: Nirgendswo und nie, nie eine Pause einlegen, die nicht unbedingt nötig ist. Selbst nicht bei Regen und Nebel anhalten; überall, wo sich eine Lücke bietet, mit Gas durch (siehe die Kunst des Gasgebens), jede Gelegenheit wahrnehmen, fahrerische Vorteile herauszuschlagen, immer auf Draht bleiben, niemals vertrotteln und nichts ohne vorherige Überlegung unternehmen!

Auf den großen Langstreckenwettbewerben kann man solche Leute manchmal sehen. Bei der Fernfahrt Cannes – Genf – Cannes, Lüttich – Mailand – Lüttich, Brüssel – Prag – Brüssel und anderen, tauchen sie in Reinkultur auf. Zuerst einmal sind sie so angezogen, daß ihnen keine Witterung etwas anhaben kann, daß sie warm bleiben und trocken über die Strecke kommen. Gisenia-Hosen und Marquardt-Mäntel, Barbour-Anzüge (gibt es bei Detlev Louis, Hamburg, Grindelallee 41), Drax-Gummianzug und andere bekannte und praktische Kleidungsstücke herrschen vor. Gebrauchsgegenstände und wichtige Papiere sind

So sehen Langstreckenfahrer aus. Karl-Heinz Schweinle, Stuttgart, bei Brüssel – Prag – Brüssel 1958 an einer Kontrolle in Aschaffenburg. Gummistiefel, Barbourhose, Marquardt-Mantel.

so verstaut, daß man mit einem Handgriff das Zeug hervorholen kann. Die Maschinen sind mit vielen Finessen ausgerüstet (siehe Seite 76), damit ein eventuell nicht zu vermeidender Aufenthalt möglichst kurz ist.
Schon beim Start wird sich so angezogen, daß man bei einem auftretenden Regenguß unterwegs nicht anhalten und packen muß oder gar unter einer Autobahnbrücke verschwindet. Für eine Tankpause liegt das Geld griffbereit in einer äußeren Tasche, und auf dem Tankrucksack hat man sich die Strecke fein auf einer Karte markiert oder aufgeschrieben.
Ganz sorgfältige Leute betreiben dann Strecken-Strategie. Sie suchen sich die Tankstelle vorher aus. Etwa 250 Kilometer möchte ich mit der Max in einem Rutsch zurücklegen, dann ist eine Pause für Maschine und Mann fällig. In dieser Pause soll getankt werden, Öl kontrolliert und andere kleine Geschäfte erledigt werden können. Schnell ein Stück Schokolade zwischen die Zähne und weiter. Auf der Karte sehe ich mir also den beabsichtigten Kurs genau an, und wer zum Beispiel eine BV-Karte verwendet, kann gleich feststellen, ob und wo an der Strecke nach dieser Distanz eine geeignete BV-Tankstelle ist. Alle Anhaltebedürfnisse verschiebe ich eben bis zu dieser Pause, und nachher bis zum Ziel meiner Reise. (Unterwegs möglichst wenig trinken! Lieber nach der Ankunft den Bauch pflegen!)

Wer sich vorher gleich richtig anzieht, der braucht auch bei einem Gewitterguß nicht unter einer Brücke Schutz suchen. Das Lederzeug ist für mich auf dem Nürburgring richtig – auf Langstrecke habe ich einen Gummianzug drüber, auch im Sommer. Es ist nämlich ein Irrtum, daß Lederzeug vor Wasser schützt. Lederzeug ist ursprünglich „erfunden" worden, Windschutz zu geben und Wärme zu erhalten und erst später kam man drauf, daß man für Rennfahrer aus Leder „windschlüpfige" Anzüge herstellen kann. Das ist natürlich schon viele, viele Jahre – sagen wir Jahrzehnte – her, und heute ist das Lederzeug für Motorradfahrer vielfach mehr Modekram als nützlich. Wärme ja – Windschlüpfigkeit auch. Aber Regenschutz? Nein. Da hilft nur Gummi- oder Ölzeug. Man hat es heute nicht mehr nötig, auf dem Motorrad bis auf die Haut naß zu werden oder zu erfrieren. Wer das als Grund angibt, sein Motorrad in die Ecke zu stellen, war nie ein richtiger Motorradfahrer und hat von Tuten und Blasen keine Ahnung!
Natürlich gehört zum Erreichen eines hohen Reiseschnittes auch körperliche Ausdauer. Das aber verlangt jeder Sport. Und eine Langstreckenreise mit der Max – ist das etwas anderes als Sport? Zu dieser körperlichen Ausdauer ist aber unbedingt die richtige Sitzposition notwendig. Man kann bei der Max Lenker, Hand- und Fußhebel, Fuß-

rasten und Sattel so einrichten, daß man nicht mehr sitzt, sondern wie hingeflezt auf der Maschine hockt. Wichtig ist dabei vor allem, daß die Oberschenkel am Sattel abgestützt liegen können, damit man die Unterschenkel und Füße entlastet. Dazu gehört, daß man etwas weiter nach hinten rutscht. Man muß sich dann die Schorsch-Meier-Sattelverlängerung besorgen. Die nach hinten gerückte Position aber verlangt schon wieder einen nach hinten gerückten Lenker. Es gibt bei Magura einen schmalen Rennlenker (Fa. Magura, Urach/Württemberg), der keine vorgebogenen Enden wie der „Guzzi"-Lenker hat. Der ist für eine solche Sitzposition gut geeignet. Hochgebogene Lenkerenden und Handhebel bringen auf langer Strecke sehr bald Verkrampfungen und Gliederschmerzen. Wer glaubt, daß die schnellen Langstreckenfahrer vom ersten Kilometer an lang auf der Maschine liegen, der irrt sich doch gewaltig. Das kann man auf dem Nürburgring auf den Geraden und in den langen, schnellen Kurven oder beim Rennen machen – auf Langstrecke ist jeder Zwang, jede verkrampfte Haltung gleichbedeutend mit baldiger Aufgabe.

Zum Schluß ein typisches Beispiel aus der Schule der hohen Durchschnitte: Vor uns liegen 120 km normale Bundesstraße und anschließend 45 km kurvenreiches Bergland auf Straßen I. und II. Ordnung. Die Doktorarbeit unter den Schnellen ist das Einhalten des gedachten Durchschnittes. Wenn einer 15 km zwischen 80 und 100 km/st schwankt, braucht er dazu etwa 10 Minuten und erreicht dabei ungefähr einen 90er-Schnitt. Wenn unser Freund aber geschlafen hätte und so um 70 km/st herum getrödelt wäre, dann würde er für diesen Abschnitt 13 Minuten gebraucht haben. Bei fünf solchen Abschnitten würde er damit glatte 15 Minuten verlieren. Kann er das später auf den 45 km Bergstraßen wieder ausgleichen, wo er höchstens einen 50er-Schnitt halten kann? – Das geht nicht. Um nämlich den Verlust gut zu machen, müßte er einen Schnitt von etwa 70 km/st erreichen und das ist nicht mehr auf dem letzten Abschnitt möglich. Wenn die Max dauernd mit 120 km/st über eine völlig freie und gerade Strecke gehetzt würde, würde der Fahrer eine verlorene Viertelstunde in diesem Falle erst nach 45 Minuten eingeholt haben, wobei er 90 km zurücklegt. Auf diese Geschichte aber lassen wir uns gar nicht erst ein. Wo es geht, lassen wir das Mäxlein springen, um für langsamere Abschnitte Zeitreserven zu haben.

★

Wer sich mit Gisenia-Hose und Marquardt-Mantel zu verpackt vorkommt, nimmt zum Fahren in schlechter Witterung die Drax-Geländejacke oder den Barbouranzug. (Den Anzug – siehe Foto – gibt es bei Detlev Louis, Hamburg 13, Grindelallee 41 – alle sonstige praktische Bekleidung bei Walter Dillenberg, Stuttgart-Vaihingen, Hauptstraße 106.) Dieser Anzug ist das beste, was es für Motorradfahrer gibt. Nur einen guten Ausgehanzug kann man nicht unterziehen. Wer gepflegt ins Geschäft oder am Ziel seiner Reise sein muß, der ziehe die Gisenia-Hose und den Marquardt-Mantel an. Im übrigen ist das Gerede Unsinn „ich werde beim Motorradfahren naß und dreckig", denn es **gibt** Kleidung, die **wirklich** gut ist.

Sport- Maschinen

H. P. Müller mit der verkleideten Sportmax 1955 in der Stadtkurve von Hockenheim. 1954 Deutscher Meister der 350-ccm-Klasse auf NSU-Rennmax 288 ccm, 1955 Weltmeister der 250-ccm-Klasse auf der Sportmax. 25 Jahre fuhr H. P. Rennen – niemand kann an diesem Mann vorbeigehen, der über Motorsport spricht!

Die Rennmaschinen

Bevor die Sportmax auf den Rennstrecken Europas erschien, waren die Neckarsulmer auch mit 125-ccm- und 250-ccm-Rennmaschinen erfolgreich, die sie zwar „Rennfox“ und „Rennmax“ nannten, die aber höchstens im Rahmenaufbau irgendwie mit der Serienmax identisch waren. Wenn auch von diesen Maschinen und von den Rennerfahrungen kaum etwas in die Serie übernommen wurde, so war die Reklame und natürlich viele technische Erfahrungen wertvoll. Als eines Tages das Werk offiziell erklärte, man müßte den Rennsport aufgeben, denn er hätte seinen Zweck erfüllt und man habe mehrere Jahre wegen dieser Rennbeteiligung nicht an die Fortentwicklung der Serienmaschinen denken können (erst da kamen die ersten Werksgeländemäxe mit Federbeinen!), weil alle Mittel und Arbeitskräfte der entsprechenden Abteilungen für den Rennmaschinenbau eingesetzt waren, kam zutage, welcher gewaltige Aufwand selbst für eine Fabrik wie NSU nötig ist, um zu Weltrekorden, Weltmeisterschaften und zu großem Ruhm im Straßenrennsport zu kommen. Die Rennfox 125 ccm hatte zuletzt 1954 folgende Daten: Einzylinder-Viertaktmotor, Bohrung/Hub 58/47; Verdichtung 9,8; Leistung 18 PS bei 12 000 U/min; 6 Gänge. Die Maschine lief je nach Übersetzung mit Verkleidung bis weit über 170 km/st. Die Rennmax 1954, 250 ccm, hatte folgende Daten: Zwei Zylinder; Viertaktmotor; Bohrung/Hub 56/51; Verdichtung 9,8; Leistung 39 PS bei 11 500 U/min; höchste Geschwindigkeit je nach Übersetzung mit Verkleidung bis über 200 km/st; 5 Gänge. Die Rennmax hatte zwei obenliegende Nockenwellen. Ein Jahr zuvor, 1953, leistete der 125-ccm-Motor 15,5 PS und der 250-ccm-Motor 30 PS. Seit 1951 hatte man an diesen Maschinen gearbeitet. Ausfälle wegen Maschinenschäden gab es in den Rennen kaum!

Nachdem das Werk den Rennsport selbst aufgab, wurde es jedoch nicht still um die NSU-Rennmaschinen an den Rennstrecken. Aus dem normalen Maxmotor war der Sportmax-Motor entwickelt worden und eine kleine Serie für Privatrennfahrer aufgelegt. Das Motorrad kostete um 4000,– DM herum und man gab sie nur an besonders gute und bekannte Rennfahrer. Äußerlich ist der Sportmax-Motor vom normalen Maxmotor kaum zu unterscheiden. Seine Leistungsdaten: Bohrung/Hub 69/66; Verdichtung 9,8; Leistung 28 PS bei 9000 U/min; höchste Geschwindigkeit bei Versuchsfahrten auf dem Hockenheimring knappe 190 km/st. Das Gewicht beträgt etwa 112 kg. Auch die Innereien des Sportmax-Motors sind denen des normalen Motors im Aufbau gleich. Vergaser-⌀ 30,2 mm, die andere Nockenwelle hat bei 2 mm Ventilspiel folgende Steuerzeiten: Einlaß öffnet 7° v. o. T., Einlaß schließt 28° n. u. T., Auslaß öffnet 42° v. u. T., Auslaß schließt 3° v. o. T. Das Einlaßventil ist im Durchmesser 36,5 mm groß (Serienmotor und Geländesportmotor 35 mm), die Ventilfedern sind stärker. Die Übersetzung im Getriebe ist für den 1. Gang 1 :2,01 (Serie 1 : 3,15); 2. Gang 1 : 1,46 (Serie 1 : 2,03); 3. Gang 1 : 1,16 (Serie 1 : 1,41); 4. Gang 1 : 1 (Serie 1 : 1). Die Übersetzung vom Getriebe zum Hinterrad ist natürlich je nach Strecke verschieden. Vielleicht war der Bau der Sportmax nach der Außerdienststellung der Rennvorgänger, die heute im Neckarsulmer Zweiradmuseum vom Ruhm träumen, das klügste, was in Neckarsulm gemacht werden konnte. Neben den vie-

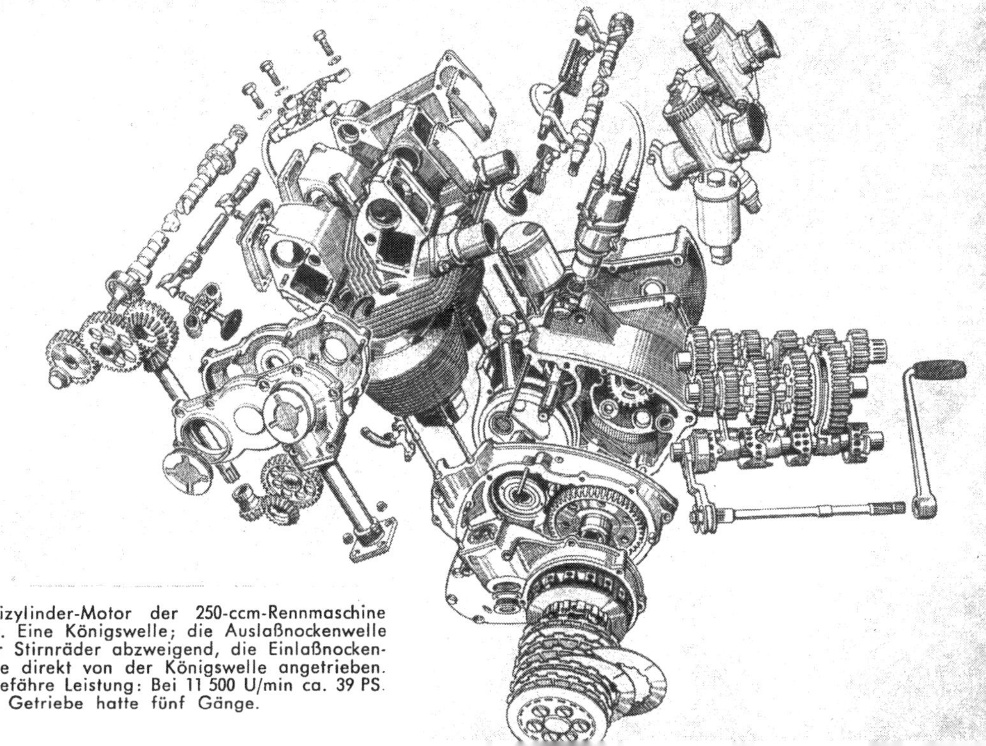

Zweizylinder-Motor der 250-ccm-Rennmaschine 1954. Eine Königswelle; die Auslaßnockenwelle über Stirnräder abzweigend, die Einlaßnockenwelle direkt von der Königswelle angetrieben. Ungefähre Leistung: Bei 11 500 U/min ca. 39 PS. Das Getriebe hatte fünf Gänge.

Die Rennmaschinen hatt 1954 zu Beginn der Saisc diese „Delphin-Verkleidung Gegen Ende des Spo sommers bekamen sie da die Blauwal-Verkleidur (siehe Bild Seite 5). D Rahmen entsprach in sein Anlage der Serienma

(Bild nächste Seite unte Der heutige Doppelwe meister (1958) der 350- u 500-ccm-Klasse, John Surtee England, fuhr 1955 als ein der besten Fahrer der W schon eine NSU-Sportma mit der er fast alle 250-ccr Rennen gewann, auf den er starte

len unbezahlbar wertvollen Erfahrungen und Werten, die NSU für seine besondere Forschungsabteilung aus den Rennmaschinen bis 1954 ziehen konnte, war jetzt ein Sportinstrument für den Privatfahrer geschaffen, der damit die Marke NSU immer wieder in den Vordergrund rückte. Noch heute ist die Sportmax die erfolgreichste Rennmaschine ihrer Klasse, nur wenige Fahrer waren zuletzt werksbetreut und in Zukunft wird es überhaupt keiner mehr sein. Aber immer noch wird die Sportmax die Rennstrecken beherrschen, weil der Aufbau des Motors nicht allein der Serie gleich ist, sondern so geplant wurde, daß ein versierter Handwerker damit fertig wird.

Im Jahre 1953 gab NSU eine Anleitung heraus, aus dem 17-PS-Serienmax-Motor etwas mehr Leistung für den Geländesport und Ausweisfahrer-Rennsport herauszuholen. 21 PS kann man gewinnen, ohne die Maschine nun überfrisiert zu haben. Allerdings – drauflos schlossern bringt nur Kummer – saubere und gute Arbeit allein ist für das Gelingen und das spätere Durchhalten des Motors Voraussetzung.

Einlaßkanal gleichmäßig nacharbeiten, dabei auf 28 mm ⌀ vergrößern und sorgfältig probieren. Den Ansaugstutzen sowie den Vergaser ebenfalls auf 28 mm ⌀ aufbohren, wobei darauf zu achten ist, daß im Misc kammergehäuse der Nadeldüsenaustritt nic beschädigt wird. Serienmäßigen Ansaugstu zen entfernen und durch einen Lufttricht lt. nebenstehenden Abmessungen ersetze (Seite 75.)

Bestgeeignete Hauptdüse unter Beobachtu des „Kerzengesichts" durch Versuche b stimmen.

Im Auslaßkanal alle scharfen Ecken abru den und die Oberfläche polieren, desgleich die Oberfläche im Verbrennungsraum.

Verdichtung auf ca. 1 : 8 erhöhen, und zw durch Abdrehen des Zylinders oben u 1,5 mm; bei der Montage dann zwisch Zylinderkopf und Nockenwellengehäu eine Unterlage legen, die dem abgedreht Betrag genau entspricht (als Ausgleich f den einzuhaltenden Abstand, der durch d Antriebspleuelstangen für die Nockenwel gegeben ist). Bei dieser Verdichtung muß e Benzin-Benzol-Gemisch als Brennstoff od ein Kraftstoff Oktan 80 Verwendung finde

Zur Erhöhung des Ventilfederdruckes Beil gen bis zu 3 mm Stärke unterlegen und dab beachten, daß zwischen unterem Federhalt und oberem Federende 8,5 mm Spiel blei wegen des 8 mm betragenden Ventilhub Ventilspiel für Ein- und Auslaß = 0,15 m Zündzeitpunkt soll wie beim Serienmot verbleiben oder im Höchstfalle bei voll ausgehobenem Fliehgewicht auf 8 mm Frühzündung eingestellt werden. Bestgeeignete Zündzeitpunkteinstellung kann nur durch Versuche ermittelt werden.

Zündkerzen im Wärmewert von 260 bis 280 verwenden je nach den Gegebenheiten.

Wenn die serienmäßige Auspuffanlage verbleibt, ist nach Durchführung obiger Maßnahmen eine Leistung von ca. 19,5 PS zu erwarten. Wird aber nur der Rohrbogen beibehalten, der Topf jedoch durch eine Tüte gemäß untenstehenden Abmessungen ersetzt, so ergibt sich eine weitere Steigerung der Leistung bis auf ca. 21 PS.

Richtige Übersetzung je nach dem beabsichtigten Vorhaben ausprobieren. Der Kolben bleibt serienmäßig, und irgendwelche Spezialteile stehen nicht zur Verfügung. Die Steuerzeiten werden nicht geändert. Der Lufttrichter, der innen poliert werden soll, und die Auspufftüte können in jeder gut eingerichteten Werkstätte nach diesen Abmessungen angefertigt werden.

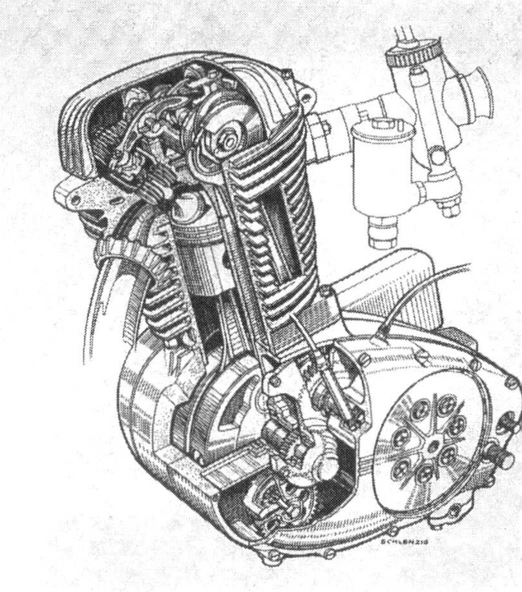

Der Sportmax-Motor unterscheidet sich im Äußeren und in seinem Grundaufbau nicht vom Serienmotor. Seine Leistung wird mit 28 PS bei 9000 U/min angegeben.

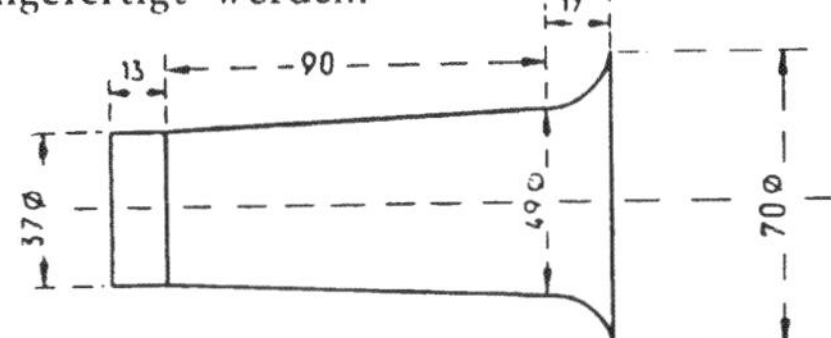

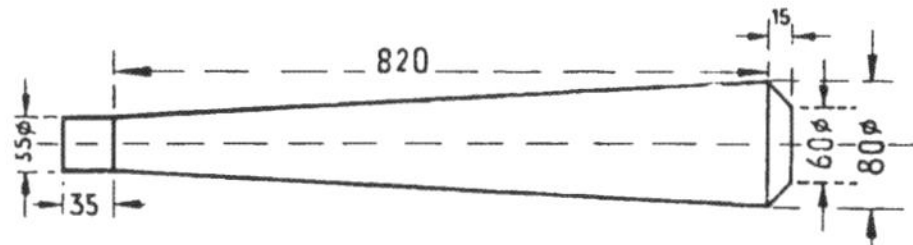

Die Straßen-Sport-Maschine

Ein Bastler baute sich diese Max. Zum Vergleich daneben eine normale Supermax. Mit dieser Maschine konkurrierte er 195[illegible] in den Läufen um den deutschen Juniorenpokal. (Robert Schaible, Stuttgart) Gefällt uns dieser Renner nicht ausnehmend gut?

Nicht nur bei den großen internationalen Marathon-Fahrten Lüttich - Mailand - Lüttich, Cannes - Genf - Cannes oder Brüssel - Prag - Brüssel, nicht nur bei Wettbewerben auf dem Nürburgring, der Solitude-Rennstrecke oder auf normalen Straßen kann man die Feinheiten ausnutzen, die zu einer Straßensportmaschine gehören. Alles was da wichtig ist, kann man für seinen eigenen Fahrer-Alltag gebrauchen, besonders in dieser Zeit, wo Werkstätten immer weniger Interesse am Motorradkunden zeigen und uns eine Panne womöglich kostbarste Zeit raubt oder sogar einen ganzen Urlaub verderben kann.

Nicht die Motorleistung ist in diesen Fällen wichtig, sondern das Durchstehvermögen. Und darüber brauchen wir wohl kein Wort mehr zu verlieren, was die Max betrifft. Am Motor wird also nicht viel gemacht. Vielleicht an der Übersetzung. Im Gangdiagramm der Serienmaschine (Seite 20) sehen wir, daß ein leichter Fahrer mit einem 16-Zähne-Ritzel am Getriebeausgang im vierten Gang die Fahrwiderstandslinie der Ebene gerade erreicht. Ist er selbst nur ein 100-Pfund-Kerlchen, kann er sich getrost ein Ritzel mit 17 Zähnen genehmigen. (Allerdings gibt es das nicht im Werk. Er wird es auch nicht über seinen NSU-Händler beziehen können, weil der sich mit derartigen Wünschen nicht mehr beschäftigt. Am besten er schreibt gleich an eine Zahnradfabrik wie Werkzeug- und Maschinenfabrik GmbH, (13b) Pfaffenhofen/Ilm, Telefon 453/454 – Fernschreiber 055/846!)

Diese knappere Übersetzung bedeutet schließlich nur, daß man die Maschine lange Autobahngefälle mit Vollgas hinunterjagen kann, ohne ein allzu hohes Überdrehen des Motors zu bekommen. Mit einem 15-Zähne-Ritzel wäre man unter Umständen günstiger dran, wenn man ein Gewicht um 180 Pfund herum in den Sattel bringt. Dafür ist aber die Beschleunigung besser und die Endgeschwindigkeit wird ohne Mühen erreicht. Bis 7500 U/min macht der Motor schon auf die Dauer mit, kritisch wird die Geschichte so ab 8000 U/min und es ist nicht zu empfehlen, bei einem 15-Zähne-Ritzel im Gefälle schneller als 130 km/st zu fahren, denn das geht dann schon auf 8500 U/min los. Ich habe das zwar auf dem Nürburgring über 40 Runden in der Fuchsröhre so gemacht, die Maschine quittierte diese Quälerei auch nicht mit üblen Folgen – aber das steht außerhalb der Diskussion und wirft nur ein Bild auf die Stabilität. Vielleicht wäre in der 41. Runde –! Also bitte, wer es nicht unbedingt nötig hat, der sollte bei einem kleineren Ritzel schon aufpassen. Übrigens hat man mit viel Geschick bei der Sportmax (Rennmaschine) die untere Exzenterwelle zum Antrieb eines Drehzahlmessers benutzt. Ich habe auch Bastler getroffen, die auf die gleiche Art an ihrer normalen Max einen Drehzahlmesser angetrieben haben. Es schadet aber nichts, wenn man sich auf dem Tachometerglas die zulässige Endgeschwindigkeit für die einzelnen Gänge aufmalt (s. Gangdiagramm Seite 20 u. Seite 80)

Sehr wichtig für eine Straßenmaschine ist die Sitzposition. Im Kapitel über die hohen Durchschnitte treffen wir dasselbe wieder. Wer verkrampft sitzen muß, wer nicht in der Lage ist, die Oberschenkel an der Sattelkante aufzulegen, um die Beine zu entlasten, wessen Position zum Schnellfahren unnatürlich gebeugt ist, der hält es nicht lange aus. Deswegen müssen Fußrasten, Handhebel und Fußhebel so bequem wie möglich erreichbar sein.

Alle Hebel müssen leicht zu bedienen sein. Bei der Max ist das große Problem der richtig verlegten Seilzüge zu lösen. Es sollen nämlich möglichst wenig scharfe Biegungen vorhanden sein. Wenn man die Lenkerenden ein wenig nach oben dreht, kommt man etwas günstiger hin, doch sind solche Hirschgeweihe nur für Anfänger glückliche Lenkerstellungen – bei der ersten Fernfahrt wird der Junge merken, wie das seinen Handgelenken bekommt. An meiner Max habe ich die Züge immer länger gehalten und sie um den Scheinwerfer herumgelegt. Damit wurde jeder Knick vermieden.

Ganz große Strategen haben am Lenker ein kleines Kartenbrettchen, für die Dunkelheit sogar mit Lämpchen. Außerdem tut eine Lenkeruhr gute Dienste. Doch muß man sie vor den Vibrationen des Motors durch Einlagern in Gummi schützen. Bei VDO gibt es eine Lenkeruhr für Motorräder, die besonders für Wettbewerbe gedacht ist. Von einem alten Schlauch schneiden wir uns zwei längere Stücke mit der Papierschere zurecht und ziehen sie über die Lenkerenden. Dadurch vermeiden wir das Eindringen von Wasser in die Seilzüge. Damit der Zündschlüssel nicht verloren geht, ist er mit einem Bindfaden am Lenker befestigt. Bei der Solomaschine kann man zusätzliches Bordwerkzeug – das serienmäßig mitgelieferte Werkzeug kann man nur als Notbehelf betrachten – in einer Tasche auf dem Tank unterbringen. Wenn man diese Tasche sehr flach hält, dann kann man darüber ruhig einen Tankrucksack schnallen, falls es auf eine längere Reise geht, zu der man Gepäck nötig hat.

Für lange Strecken möchte ich auf meiner Max keine Sitzbank haben. Denn unsere handelsüblichen Sitzbänke sind doch reichlich schmal. Mit der Zeit kann da selbst ein schmales Fahrerhinterteil nicht bequem drauf sitzen, zumal zwischen vorderer und hinterer Bankhälfte auch immer noch so ein harter Quersteg existiert. Auf dem Sattel sitzt man breiter, und zur Verlängerung nimmt man ein Sitzkissen, wie es passend von Georg Meier, München, hergestellt wird. Das ist dann die ideale Kombination, solange unsere Bankmacher sich nach modischen Gesichtspunkten richten und nicht auf alte Motorradwünsche und -erfahrungen eingefleischter Windgesichter hören.

Beleuchtetes Kartenbrett, aus einem alten Schlauch geschnittene Wasser- und Dreckschützer für die Seilzüge zu den Handhebeln.

Ein kritisches Detail bei Motorrädern ist und bleibt das E-Werk. Der elektrische „Gammelkram“ ist nur zu oft Quelle größter Ärgernisse und deswegen kamen alte Langstreckenhasen auf den Gedanken, die wichtigsten und empfindlichsten Teile (Wärme ist nicht immer gut!) aus dem Gehäuse am Motor herauszuholen und handlicher an der Maschine unterzubringen. Der Raum unter dem Sattel bietet sich dafür großartig an. Zündspule, Regler und Batterie haben da gut Platz und sind bequemer und schneller zugänglich und man

Gummi spielt eine große Rolle. Hinter einer Gummischürze sind empfindliche Teile des E-Werkes versteckt – sehr gut zugänglich und aus der Hitzezone des Motors entfernt.

Gummiringe halten den Kettenkasten zusammen!

Unterm Sattel hängt ein Ersatzschalthebel!

Dieser Blendschirm aus starkem Leder (!) sieht abenteuerlich aus und braucht längst nicht so gewaltig lang zu sein – aber im Nebel ist das senkrecht nach oben strahlende Licht-Gitter verschwunden!

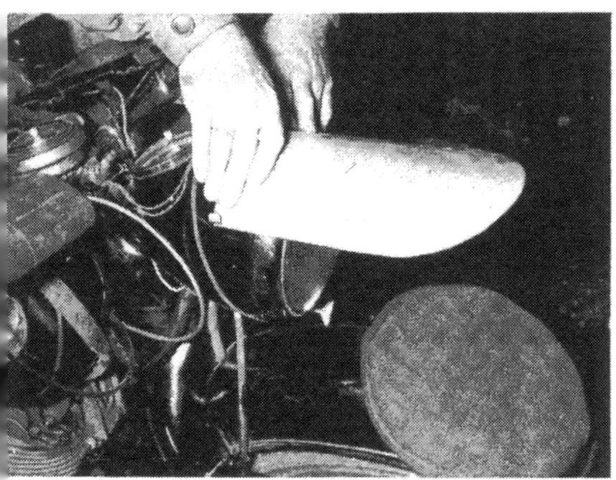

kann den Batteriekasten an der hinteren Kotflügelseite gut für andere Dinge gebrauchen. Dort kann man dann Ersatzkerzen, Ersatzkondensator, Unterbrecherfeder u. a. wichtige Kleinteile unterbringen. Zündspule und Regler verdeckt man dann mit einer Gummischürze.

Gummi spielt überhaupt eine große Rolle. Wir schneiden uns den alten Schlauch in lauter Ringe auf. Damit wird dann befestigt: Ersatzschalt- und Bremshebel unterm Sattel, Blendschirm bei Nebel am Scheinwerfer, Kettenkastenteile zusammen und am Gehäuse des Motors, besonders sperriges Werkzeug am Seitenwagen oder an der Maschine (Montiereisen, große Ringschlüssel, Verlängerungsstücke oder großer Gummihammer), Seitenwagenkofferklappe u. a. m. Außerdem bewahren wir eine Reihe dieser Ringe irgendwo auf. Wir können sie immer gut gebrauchen.

Im Gespann kann man natürlich noch viel mehr mitnehmen, Ersatzschläuche, Öl, Reservekanister, Stütze zum Aufbocken, Ersatzrad, Luftflasche, Taschenlampe usw. Bei Solomaschinen kann man natürlich auch den Lenker schmäler machen. Das hat aber zur Folge, daß man die Seilzüge unbedingt neu verlegen muß. Es gibt Max-Fahrer, die sich im Laufe der Zeit Maschinen zurecht gemacht haben, wie man sie in der äußeren Form nur in Italien antrifft.

Der Phantasie sind keine Grenzen gesetzt, nur sollte sich ein vernünftiger Mann beim Herrichten seiner Maschine vor unnötigem Krimskram hüten. Blech- und Chrompofel sagen wir dazu. Eine Maschine, an der Vögelchen aus Chrom, Pinupgirls als Abziehbilder, Totenköpfe oder Fähnchen, blödsinnig angebaute Sturzbügel oder Sechsklanghörner, bunte „Rennscheiben“ und anderer Unsinn zu sehen ist, läßt ja meistens auf das Geistesniveau des Fahrers schließen. Da es jedem freigestellt ist, sich seine Welt zu gestalten, wie sein Geschmack ist, möchte ich mich lediglich mit der Feststellung begnügen, daß ich derartigen Motorrädern weit aus dem Wege gehe und beim Näherhinsehen meist abgefahrene Reifen, verkommene Seilzüge und sonstige Zeichen größter Ahnungslosigkeit und Schlamperei entdecke. Richtige Motorradfahrer sind es meistens nicht.

Die Geländemax

In der ersten Zeit des offiziellen Auftritts der Werks-Geländemaxe im Zuverlässigkeitssport war über Motor und Übersetzung wenig zu erfahren. Allgemein wurde angenommen, daß es Motoren mit normaler Leistung waren. Erst später wurde dann offiziell bekannt, daß der Motor der Geländemax bei 6500 U/min und einer Verdichtung von 8,3 insgesamt 19,5 PS leisten würde. Wie wir später noch sehen werden, kann man den Max-Motor bei gutem handwerklichem Können ganz schön frisieren, und so möchte ich, behaupten, daß es eine Reihe Motoren im Geländesport zur Zeit der NSU-Werksbeteiligung gab, die mehr als diese 19,5 PS hergaben. Immer wieder kam dies auf Straßenwettbewerben zum Vorschein, bei denen Geländemäxe mit Straßenübersetzung teilnahmen. Ob das nun die Rheinlandfahrt auf dem Nürburgring oder eine Langstreckenfahrt wie Brüssel - Prag - Brüssel u. a. war. Entscheidend war immer, daß zur Erhöhung der Verdichtung die Einlaßseite – also Ansaugkanal, Einlaßventil und Vergaser-⌀ vergrößert wurde. So erlebte ich selbst auf dem Nürburgring bei der Rheinlandfahrt Mäxe, die auf Grund ihrer Rundenzeiten bis an 22 PS haben mußten. Diese Leistungssteigerung des Motors aber ist im Endeffekt nicht die Ursache der beinahe sagenhaften Erfolge im schweren Geländesport, ich vermute das Geheimnis anderswo, wenn man die großen Fahrkünstler, ohne die ein Werk ja sowieso im Sport nicht ausgekommen ist, außer acht läßt. Das Geheimnis ist nichts weiter als eine andere Übersetzung, die im Gelände eben doch immer wieder mehr Wichtigkeit zu haben scheint als ein paar PS mehr – solange es nicht um einen Sieg beim Moto-Cross geht. Besonders aber in der 250-ccm-Gespannklasse waren die Max-Gespanne beinahe unschlagbar, und deswegen habe ich mir damals ein Geländemax-Gespann genommen, um einmal hinter die Schliche und Kniffe zu kommen. Es war das Gespann, das Werner Sautter und sein Beifahrer Karl-Heinz Piwon gefahren hatten.

Werner Sautter/Karl-Heinz Piwon, Heilbronn, waren das erfolgreichste 250-ccm-Gespann im Gelände, das es bis heute gegeben hat. Dreimal unmittelbar hintereinander eroberten sie sich in einfach phantastischer Fahrweise die deutsche Geländemeisterschaft (1955, 1956, 1957), und blieben trotzdem als Menschen bescheiden und fair. Aus diesem Bild spricht alle Dramatik und Spannung, die der Geländesport zu bieten hat.

Die Steilstrecke des Nürburgringes zwischen der Rechtskurve zur Höhe des Karussells und dem höchsten Punkt der ganzen Strecke, der Hohen Acht, hat am steilsten Punkt eine Steigung von 27%. Dort muß man mit jedem Fahrzeug, das ernst genommen werden will, hinauf- und anfahren können. Eine 32%-Meßstrecke wie die Straße zur Turrach in Österreich steht uns leider in Westdeutschland nicht zur Verfügung, um einen noch strengeren Maßstab anlegen zu können. Aber 27% ist auch schon ganz nett. Mit einem Serienmax-Gespann konnte man da – besetzt mit zwei Personen – recht und schlecht anfahren. Mit Anfahr-Schwung blieb man da auf keinen Fall stecken. Auf dieser Steigung ist es nur nötig, beim Anfahren aus dem Stand mit 17 PS und Serien-Übersetzung die Kupplung so lange schleifen zu lassen, bis die Geschwindigkeit etwa

15 km/st beträgt. (Zur Berechnung des **Leistungsbedarfs** im untenstehenden Diagramm wurden folgende Daten vorausgesetzt: 450 kg Gesamtgewicht des Gespannes, 27% Steigung, 0,02 Rollwiderstandsbeiwert = Luftreifen auf gewalztem Schotter.) Das Geländemax-Gespann würde da sogar mit entsprechendem Kupplungsschleifen – was die Kupplung allerdings nur wenige Male verträgt – noch im zweiten Gang in Bewegung kommen! Und im ersten Gang ist das ein Berg, der für diese Maschine kaum erwähnenswert bleibt. Sogar die 32% der Turrach in Österreich (Rollwiderstandsbeiwert 0,05 = Luftreifen auf Erdweg) bleiben kein besonderes Problem!

Somit ist es wohl klar – siehe das Gangdiagramm, in dem die fetten Linien (1. G. bis 4. G.) die vier Gänge der Geländemax und die vier dünnen Linien (1. S. bis 4. S.) die Gänge des Serienmax-Gespannes bedeuten – daß die zähe Zugkraft der Geländemax-Gespanne in der geänderten Übersetzung zu suchen ist. Die Leistungssteigerung des Motors macht da gar nicht so viel aus. Schon im Getriebe ist der erste Gang geändert. Die Serienmax ist 1 : 3,15, die Geländemax 1 : 3,37 untersetzt. Weitere Übersetzungsänderung: 12er Ritzel am Getriebeausgang, 45er Zahnkranz am Hinterrad. Dieses 12er Ritzel geht natürlich durch den engen Kreisbogen ganz schön über die Kette her, aber es geht nicht anders, weil ein größerer Zahnkranz im Kettenkasten keinen Platz mehr hat. Es sei denn, man verzichtet auf den jetzigen Kettenschutz und baut sich eine Abdeckung, die die Kette höchstens gegen den Hinterradreifen abschirmt (also oben und Innenseite), wobei man für eventuelle Kettenpannen bessere Zugänglichkeit bekommt. So waren bei der letzten Internationalen Sechstagefahrt viele Maschinen ausgerüstet. Allerdings war der Kettenverschleiß beträchtlich – am Ende eines so schweren Tages war eine Kette nahezu wegschmeißreif.

Einen Nachteil hat die Geländemax gegenüber ihren Konkurrenten: Sie ist reichlich schwer, und wer mit Erfolg ein Trial bestreiten möchte, hat allerhand abzuwracken. Natürlich gilt das nur für die Solomaschine. Beim Trial sind die richtige Übersetzung und die Handlichkeit sowie das geringe Gewicht entscheidend. Zum Trialfahren würde ich mir schon Gedanken über leichtere Kotflügel, kleineren und schmaleren Tank machen, damit man mit den Knien möglichst eng zur Mittellinie des Fahrzeuges kommt und einen besseren Kontakt beim Anpressen der Knie an den Tank mit dem Fahrverhalten des Bockes bekommt. Ein Magura-Geländelenker ist natürlich von großem Vorteil, wenn auch die Fabrikfahrer jahrelang mit den schweren

Gangdiagramm der Geländemax mit Seitenwagen. Dicke Linien Geländemaschine, dünne Linien Seriengespann. Widerstandslinie 27% stammt von der Nürburg-Steilstrecke. 32% Turracher Höhe, Österreich.

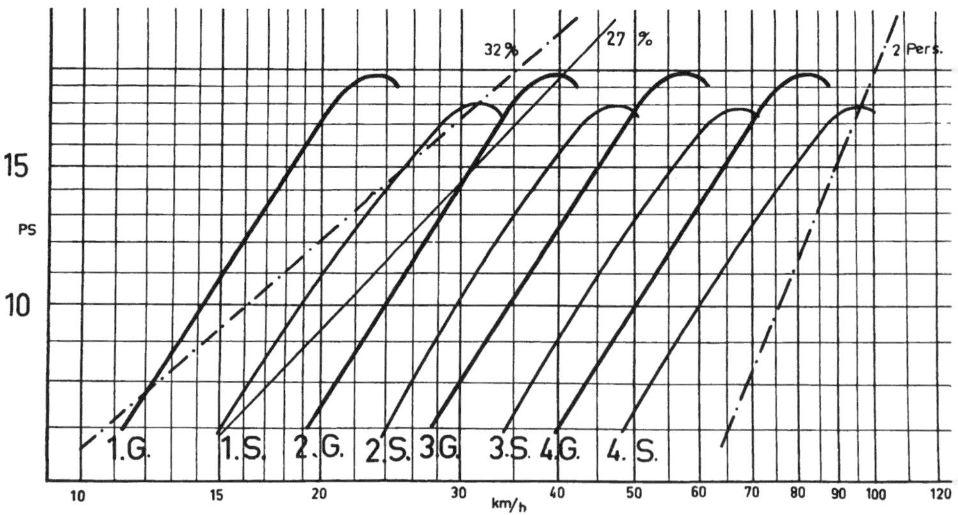

Die Geländemäxe hatten einige Zeit vorn ein 21'' Rad. Nachdem man Federbeine an der Schwinge hinten vorgesehen hatte, kam man erst später zu zusätzlichen Federbeinen für die Vorderradfederung.

Da ging man dann aber auf das normale 19'' Rad zurück.

Mäxen und normalen Lenkern im Gelände herumgetobt sind.

Für normalen Straßenbetrieb ist die Geländemax nur noch bedingt brauchbar, denn durch die größere Übersetzung reicht die Endgeschwindigkeit nicht mehr so hoch. Bei ca. 75 km/st ist das Gelände-Gespann ohne Überdrehen am Ende. Das normale Seriengespann kann bis 95 km/st ohne Überdrehen gefahren werden. Es ist nur gut, daß der Motor so gut erhöhte Drehzahlen verträgt!

Es hat natürlich verschiedene Ausführungen von Geländemäxen gegeben, entscheidend dabei aber ist wohl die Form der Hinterpartie gewesen, an der man einige Jahre hindurch die Schwingenfederung mit Federbeinen probierte, bevor man diese Federung in die Serie übernahm. Wir können aber für den Geländesport eine ganze Menge abgucken:

Gegen Steinschlag und Beschädigungen des Kurbelgehäuses schützt ein kräftiger Stahlblechunterzug, der zum Durchtritt nötiger Kühlluft Bohrungen besitzt. Alle wichtigen Seilzüge sind zum schnellen Auswechseln doppelt verlegt – Bremse, Kupplung, Ventilausheber, Gaszug. Der Vergaser ist gegen Wasser und Staub durch eine umgehängte Gummischürze geschützt. Das Auspuffrohr hat keine Chromblende mehr am vorderen Teil und ist nach hinten zu hochgezogen. Die Steckachsen der Räder haben Muttern mit Knebel, damit man sie ohne Werkzeug aufdrehen kann, außerdem kann man das Zwischenstück zwischen Bremsankerplatte und linkem hinterem Schwingenholm beim Hinterradausbau mit dem Fuß heruntertreten. Alles eben auf „Schnell-Reparatur" getrimmt. Die Spurweite des Gespannes beträgt 98 cm! Auf dem Hinterrad ist ein Reifen 4.00 – 19 (Conti GS, Metzeler, Dunlop), auf dem Vorderrad ein normaler 3.50 oder 3.25 – 19 montiert. Man hat auch einige Zeit Reifen 3.00 – 21 gefahren. Doch war der Aufwand nicht unbedingt für eine bessere Kursstabilität erforderlich und man kam wieder davon ab. Es ist aber in der Gabel unter dem Serienkotflügel für einen so großen Raddurchmesser Platz. Zuletzt wurden vom Werk für Amerika sogenannte „Max-Scrambler" hergestellt, Geländemaschinen, die durch wesentlich erhöhte Motorleistung zum Moto-Cross gedacht waren. (Siehe Abbildung.)

Die übrige Ausrüstung entspricht in vielen Details der Straßensportmaschine.

Für Amerika wurde dieser „Max-Scrambler" gebaut.

Fahrwerk-Kontrolle

Nebenstehend: Der Kontrollfaden für die Radspur muß vorn und hinten gleich hoch angelegt werden.

Unten links: Abgefahrenes Profil – reif zum Runderneuern bei Gespannen oder zum Wegwerfen bei Solomaschinen.

Unten rechts: Hier muß gleicher Abstand zur Felge sein!

Wenn die Max selbst bei trockenem Wetter auf normalen Straßen „schwimmt" oder in Kurven so merkwürdige Wellen fährt, dann ist's Zeit, sich um einige Dinge zu kümmern. Im übrigen schadet es nichts, wenn wir das nach Beendigung der Sommersaison oder zu Beginn des Urlaubs auch unternehmen. Es ist nichts Gefährliches, nur muß man sich eine Art Laufzettel machen und alles hübsch abhaken.

1. Reifen: Wenn die Decke schön glatt gefahren ist, dann weg damit. Ja, weg damit! Höchstens fürs Gespann ist er vielleicht noch zu brauchen, wenn das Gewebe noch einwandfrei intakt ist und eine Runderneuerung zuläßt. Einen runderneuerten Reifen verwende ich rein gefühlsmäßig schon nicht mehr auf einer so schnellen Solomaschine, wie die Max es ist. Und auf das Gespann kommen höchstens runderneuerte Decken, die *von Wulst zu Wulst* erneuert wurden. Selbst wenn an den Rändern noch Profil zu sehen ist, geht die Decke nicht mehr, denn das glatte Mittelstück läßt den Hobel schon wegrutschen, bevor er auf dem seitlichen Profil angelangt ist.

Beim Montieren eines neuen Reifens muß man darauf achten, daß die Linien an der Reifenwand ringsum den gleichen Abstand zur Felge haben. Nur dann ist er richtig montiert und das Rad bekommt keinen seitlichen Ausschlag. Der blaue oder rote Farbpunkt an der Reifenwand bezeichnet die Stelle, die genau am Ventil liegen muß. Dahin ist jede Decke in der Fabrik ausgewuchtet. Kontrolle: Max aufbocken, Rad

drehen und beobachten, ob es rund läuft oder auf eine Stelle einpendelt. Pendelt es ein, dann an die gegenüberliegende Seite ein Gegengewicht in Form ausgeglühten Kupferdrahtes mit Isolierband nach dem Wickeln um die Speiche befestigen. Allerdings braucht man dazu etwas Zeit, weil man die Größe des Gegengewichtes nur durch Pendelversuche am Rad bestimmen kann.

2. Räder: Mit einem Stück Kreide kontrollieren wir, ob die Räder seitlichen Schlag haben. Dicht über dem Felgenrand halten wir es so an den Reifenrand, daß der gerade berührt wird. Die Hand muß abgestützt werden, damit der Abstand der Kreide zum Reifen gleich bleibt. Jetzt wird das Rad gedreht, und wo der Kreidestrich dicker und stärker wird, ist ein seitlicher Schlag in der Felge. Ursache: Angeschlagene Felge, lose oder ungleichmäßig angezogene Speichen, defekte Radlager.

Die Radlager können wir prüfen, wenn wir an der aufgebockten Maschine das Kotflügelende festhalten und mit der anderen Hand versuchen, das Rad quer zur Drehrichtung hin und her zu bewegen. Ist da ein Spiel zu bemerken, dann sind neue Lager fällig. Die Speichen nehmen wir uns einzeln vor. Bei richtiger Spannung müssen sie beim Anklopfen „singen“. Lose Speichen oder ungleichmäßig gespannte Speichen stellen uns allerdings vor Probleme. Bei einer Speiche kann man sich noch selber helfen, bei mehreren nebeneinander losen kann man aber einen so großen seitlichen Felgenschlag durch einfaches Nachspannen nicht mehr beseitigen. Man muß das Rad neu einspeichen und zentrieren lassen. Wo? – Ganz richtig ist das eigentlich nur in der Fabrik zu machen, weil man nur da die dazu nötigen Vorrichtungen besitzt. Und die Erfahrung zeigt, daß alle Selbsteinspeicherei oder die Arbeit von „Spezialisten“ nicht viel taugt und der Speichenärger nicht aufhört. Verbeulte Felgen kann man vielleicht notdürftig bis zum Erreichen des Heimathafens mit roher Gewalt geradekloppen. Dann aber weg mit dem Ei! Denn eine

Bild oben: Haben Schwingen- oder Radlager Luft?

Bild links, Mitte: Kreidekontrolle auf seitliches Radschlagen.

Nebenstehend: An dieser Stelle schlägt das Rad seitlich aus.

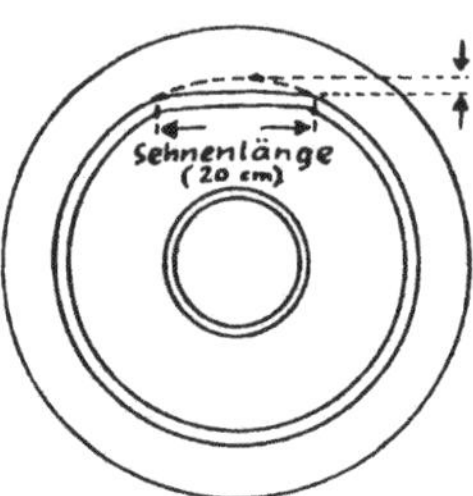

Nebenstehend: Ist der Fehler nicht mehr herauszuarbeiten – dann Felge wegwerfen!

Mitte: Die obere Zeichnung zeigt den Fehler, den wir noch herausstellen können. Untere Zeichnung – Rahmenfehler!

Unten: Prüfung der Steuerlager.

einwandfreie Rundung kriegen wir nicht wieder hinein. Grenzwert – kriegen wir eine Beule von 2 mm Bogenhöhe auf 20 cm Sehnenlänge nicht mehr heraus, dann ist die Felge erledigt. Äußeres Zeichen: Hämmern des Rades. Dann sind eine neue Felge und neue Speichen nebst Einspeichen und Zentrieren im Werk fällig. Man kann da nicht genau genug sein, denn die Max ist ein schnelles Motorrad, das Radunregelmäßigkeiten mit üblen Dingen beantwortet. Im Werk werden die Speichen mit einem Elektroschrauber bei fest eingestelltem Drehmoment eingedreht, der seitliche Schlag wird mit einer Meßuhr kontrolliert. Diese Genauigkeit ist aber unbedingt erforderlich, und die kriegen wir mit *unseren* Mitteln nicht hin! Wer das nicht glaubt, muß es lassen – bei der ersten Teufelei dieser Art wird er mir aber recht geben müssen.

3. Steuerlager und Gabel: Mit dem Daumen einer Hand greifen wir an die Fuge zwischen Steuerkopf und Gabel, mit der anderen Hand bewegen wir die Gabel vor und zurück. Merken wir da ein Spiel, sind die Steuerlager schadhaft. Natürlich muß die Maschine dabei aufgebockt werden. Der Lenkungsdämpfer wird losgedreht, und wenn wir den Lenker hin und her bewegen, können wir feststellen, ob die Lagerschalen der Steuerlager defekt sind. (Knacken und Rucken in der Lenkbewegung). An dem Schwingenlager am Holmende kann man nicht viel feststellen, neuerdings fehlen bei der Supermax sogar die Schmiernippel. Diese Lager kann man nur auswechseln, wenn man tatsächlich ein Spiel dann feststellt, wenn das Rad in Richtung der Radachse verkantet wird.

4. Rahmen und Radspur: Dazu brauchen wir einen langen, dünnen Bindfaden, den wir an einem Ende mit einer Mutter beschweren, so daß ein Lot entsteht. Mit dem Faden kontrollieren wir erst die Radspur. Die Maschine wird an die Wand gelehnt, Lenkungsdämpfer angezogen. Der Faden muß vorn und hinten gleich hoch an den Reifenwänden entlanggeführt werden. Der Faden muß die Reifen jeweils an zwei Punkten genau berühren. Nicht stimmende Spur wird mit dem Kettenspanner herausgestellt.

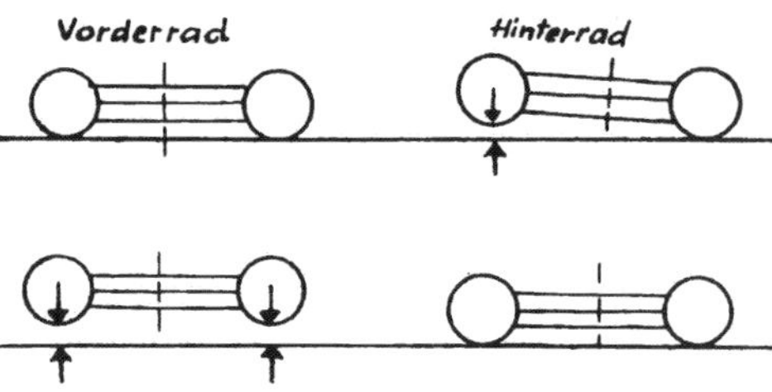

Anschließend schauen wir nach, ob die Räder beide gerade im Rahmen stehen. Dazu hängen wir unseren Faden mit der Mutter als Lot genau in der Mitte unter dem Steuerkopf am Rahmen auf. Dann wird die Max aufgebockt und auf ein Brett gestellt. Unter das Ende des Brettes klemmen wir einen dünnen Keil, den wir so lange verschieben, bis das Lot die Mitte des vorderen Motorbefestigungsstückes erreicht. (Siehe Abbildung!) Jetzt steht der Rahmen genau senkrecht. Weiter legen wir das Lot jetzt an den Rädern an. Wir hängen es über den Kotflügel und messen den Abstand vom Lot zur Felge. Er muß oben und unten gleich sein.

Stimmt da etwas nicht, kann man den ganzen Rahmen getrost zum Nachrichten ins Werk geben.

5. Sattel: Ist der Sattel fest? – Auch daher kann der Eindruck des „Schwimmens" entstehen.
6. Die hinteren Federbeine und die Vorderradfederung: Wenn die Federbeine sich im Schraubstock mit dem unteren Teil eingeklemmt oben zu sehr seitlich bewegen lassen, kann man sie auswechseln. Die Stoßdämpfer kann man ja leicht durch Eindrücken kontrollieren, kommen sie leicht wieder heraus, dann sind auch sie reif zum Auswechseln.
7. Und zum Schluß die Bremsen: Eine unrunde Bremse verursacht ein übles Trommeln des Rades beim Bremsen. Da hilft nichts anderes als Trommel ausspeichen, nachdrehen lassen, Rad neu einspeichen und zentrieren lassen. Bei der Einstellung der Bremse kann man schon feststellen, ob die Backen gleichmäßig anfassen, wenn man das Rad mit der Hand dreht und dabei die Bremse betätigt.

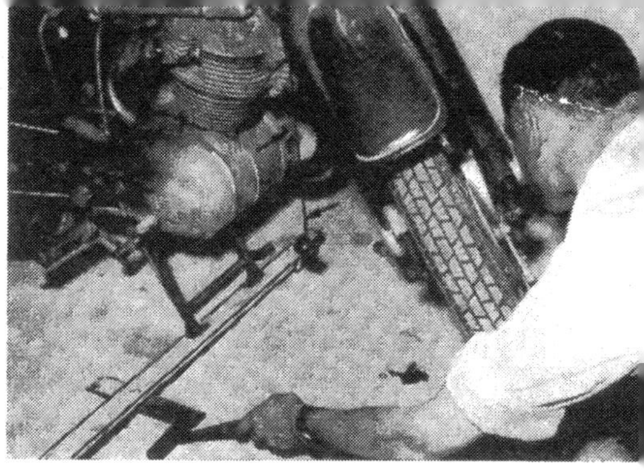

Senkrechtstellen der Maschine. Ausrichten nach dem Lot.

Mitte: Stehen die Räder senkrecht? Der Abstand zur Lotschnur muß oben und unten gleich sein. Maschine muß vorher – siehe oben – genau senkrecht ausgerichtet worden sein.

Nebenstehend: Unrunde Bremstrommel. Die Bremsbacken liegen nur an dieser Stelle an. Abhilfe: Trommel ausdrehen lassen. Dazu vorher Rad ausspeichen und hinterher neu einspeichen und zentrieren! Viel Arbeit.

Kleine Wichtigkeiten am Rande

Daß man zum Messen des Ölstandes den Motor zunächst eine Weile laufen lassen muß, bis alles restliche Öl aus dem Kurbelgehäuse in den Tank zurückgepumpt worden ist und damit das Ölniveau konstant bleibt, sagte ich schon. Doch möchte ich nochmals darauf hinweisen. Außerdem ist es bei der Supermax zweckmäßig, alle 2000 km Ölwechsel vorzunehmen und alle 6000 km den Mikronikfilter zu erneuern und ihn *nicht auszuwaschen*. Bei jedem Ölwechsel soll man neben der Reinigung des Vorraumes im Ölbehälter das Ölsieb an der Unterseite herausschrauben und säubern.

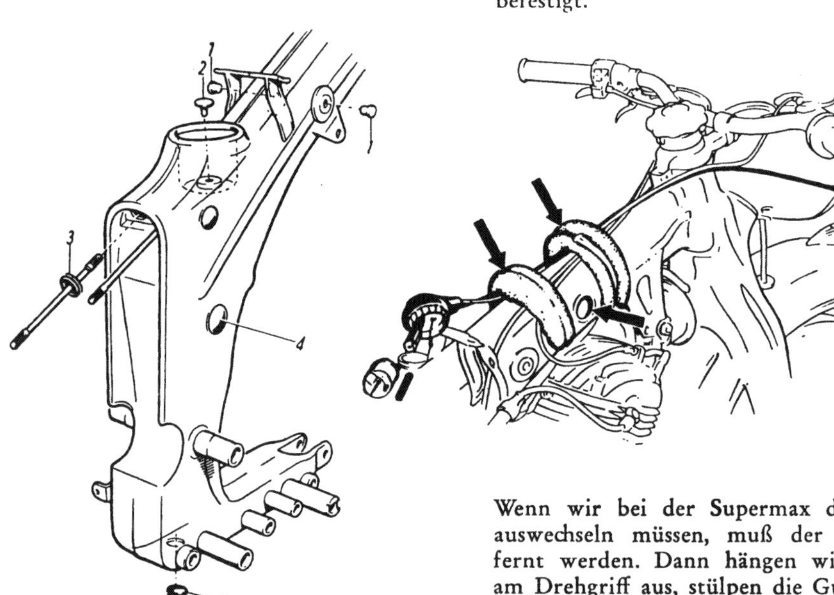

Wissen Sie, daß der Rahmen der Max luftdicht verschlossen ist? Nur die beiden Lufteintrittsöffnungen unter dem Tank sind offen. Dieser Zustand muß stets erhalten bleiben, denn mit einer Änderung wird der Motor unregelmäßig laufen und schlechte Leistung zeigen. Der Schalenrahmen ist ein Teil des Ansaug- und Luftreinigungssystems der Max. Beim Einbau einer Sitzbank sind die dann überflüssig gewordenen Lagerbuchsen der Sattellagerung unterm Tank durch zwei Gummistopfen zu verschließen. Der Abdichtpfropfen am Boden des Sattelfedertopfes ist aber zu entfernen, damit man dort die Sitzbank anschrauben kann. Gewinde M 10. So muß man bei der Erneuerung eines Rahmenhinterteiles die beiden Dehnschrauben mit zwei Gummitüllen abdichten. Die Verschlußkappe an der rechten Öffnung im Rahmenmittelteil und an der Unterseite des Rahmens darf nicht entfernt werden. In diesen Öffnungen wird der Rahmen bei der Bearbeitung im Werk befestigt.

Wenn wir bei der Supermax den Gaszug auswechseln müssen, muß der Tank entfernt werden. Dann hängen wir den Zug am Drehgriff aus, stülpen die Gummikappe am Vergaser zurück und drehen den Mischkammerdeckel los. Zug jetzt am Gasschieber aushängen, anschließend die Zughalter am Rahmen lösen und Zug herausziehen. Beim Einbau muß der Zug am Drehgriff zuletzt eingehängt werden und man muß beim Anbau des Tanks darauf achten, daß man die Lufteintrittsöffnungen zum Rahmen nicht verdeckt.

Die Entlüftung des Motors geschieht durch die Kurbelachse. Die linke Kurbelscheibe fängt die im Kurbelhaus zusammengepreßte Luft durch eine löffelartige Aussparung auf und drückt sie in die hohlgebohrte Kurbelachse. Durch das Lagerschild links im Gehäuse entweicht die Luft dann zunächst in den Gehäusewänden durch ein eingegossenes Kanalsystem nach rechts, wo in der rechten Gehäusehälfte eine Tasche eingelassen ist, in der trotz des Simmerings im Lagerschild eventuell durchgekommenes Öl abtropfen kann. Von da prallt die Luft in ein zweites Kanalsystem, das nach außen führt, wo sich dann rechts neben den Öl-ein- bzw. -ausgängen im Gehäuse die Entlüfteröffnung befindet. *Wichtig:* Bei einer Montage des Lagerschildes (siehe Seite 46) unbedingt darauf achten, wie die Lippe des Abdichtringes im Lagerschild liegen muß. Ist das verkehrt gemacht, dann entweicht beim Entlüftungsvorgang zu viel Öl aus dem Kurbelgehäuse und wird nicht mehr in den Öltank zurückgefördert!

Aber aufpassen, es gibt da einige Kniffligkeiten!

Denn es hat bis heute vier (4) verschiedene Gehäuseentlüftungen und Formen des Kurbeltriebes mit daraus sich ergebenden Folgerungen gegeben, die nicht *untereinander austauschbar sind!*

Von Motor-Nummer 1 234 000/734 001 bis 1 274 973/775 574 geschah die Entlüftung durch den linken Kurbelzapfen. Hier ist wichtig, daß bei einem Auswechseln der Kurbelwelle auch ein neues Lagerschild zu verwenden und vor der Montage in der linken Kurbelgehäusehälfte die obere mittlere Stiftschraube zu entfernen ist. Der Simmering im Austausch-Lagerschild (081 801 564) muß so sitzen, daß die Lippen in diesem Falle nach *innen* (zum Motor hin!) zeigen! Von Motor-Nummer 1 274 974/775 575 bis 1 288 857/788 915 geschah die Entlüftung durch eine Bohrung im Zwischenrad. Der Einbau einer Austauschwelle mit zugehörigem neuen Lagerschild bedarf bei diesen Motoren einiger Aufmerksamkeit hinsichtlich der Sechskantmutter und des Wellendichtringes, wenn die Welle bereits montiert ist. Der Bund dieser Mutter (mit Meßuhr nachzumessen)

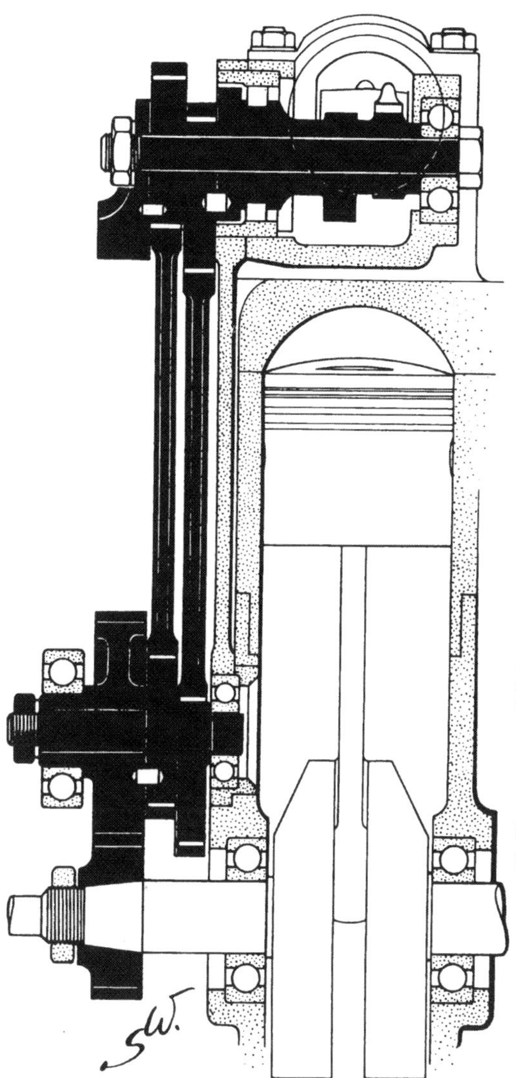

Schnittzeichnung des Nockenwellenantriebes. Das Prinzip ist sehr einfach – aber jeder Fahrer sollte **genau** wissen, wie das funktioniert.

darf fest angezogen höchstens 0,02 bis 0,025 mm variieren, wenn die Welle gedreht wird. Mit leichtem Schlag richten! Im Lagerschild muß die Lippe des Simmerings nach *innen* zeigen. Von diesem Motor an wurde der Zylinder am Fuß links unten mit 0 gekennzeichnet. Man hatte die Motorschmierung dahingehend geändert, daß man die Ventilführungen durch Einbau von Gummimanschetten vollkommen abdichtete

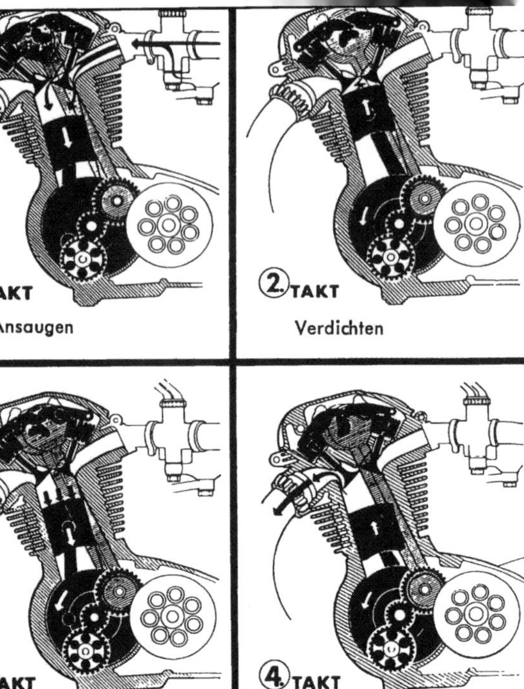

Arbeitsweise des Max-Motors.

und die Zylinderschmierung durch Montage eines besonders geschliffenen Kolbens vornahm. Zu diesem Zylinder gehört also immer der besonders geschliffene Kolben, der die Nummer 081 802 906 trägt. Von Motor-Nummer 1 288 858/788 916 an bis 1 298 095/797 549 wurde der Motor durch den rechten Kurbelzapfen entlüftet. *Von dieser Nummer ab entfielen auch die Schlammhülsen!* Der Simmering im Lagerschild muß so eingebaut sein, daß die Lippen nach *innen* zeigen. Von Nummer 1 298 096/797 550 an geschah die Entlüftung wie bei der Supermax heute durch die linke Schwungscheibe und den linken Kurbelzapfen. Lippe des Simmerings nach innen! Wichtig ist, daß man keine Teile jüngerer Motor-Nummern für ältere Motoren gebrauchen kann. Es läßt sich also nichts so ohne weiteres modernisieren. Zu jeder Austauschwelle gehört das passende Lagerschild! Bei diesen Lagerschildern wurde immer wieder einmal Verwirrung durch unterschiedliche Montageangaben gestiftet, die sich auf die Lage des Simmeringes bezogen. Der Endstand: Die Lippen müssen nach *innen* zeigen. Zu jedem Motor gehören genau passende Teile, man kann also für einen Max-Motor des Jahres 1954 keine Supermax-Teile oder Max-Teile von 1956 gebrauchen – bei jeder Schraube aufpassen und bei Bestellung von Ersatzteilen immer die Motor-Nummer angeben! Das ist das Wichtigste bei der Max: Motornummer! Ohne sie kann man in Deubels Küche kommen. Und *was* für Zahlen sind da erst bei den Ersatzteilen zu beachten! Wobei mir noch einfällt, daß es natürlich nicht möglich ist, aus einer 250 ccm Max eine aufgebohrte 300er Max zu machen. Denn man braucht neuen Kopf, neuen Zylinder, neuen Kolben, neue Kurbelwelle und andere Teile. Demzufolge auch ein neues Gehäuse. Der „aufgebohrte" Max-Motor (auch Geländemax- und Sportmax-Motor) ist ein ganz anderer Motor für sich.

Bei Anschluß eines Seitenwagens muß das Seitenwagenrad gegenüber dem Hinterrad der Maschine einen Vorlauf von 60 bis 100 mm haben. Das heißt, daß die Achse des Seitenwagenrades um diesen Abstand vor der Hinterradachse der Maschine liegen muß. Dieses Maß ist wichtig, im Handbuch jedoch nicht angegeben.

A propos Handbuch: Haben Sie Ihr Max-Handbuch noch? – Schon verloren, weggeworfen? – Nicht doch, denn dort stehen immerhin wichtige Daten für die Pflege der Max drin!

Auf 84 Phon war das Auspuffgeräusch des Max-Motors 1954 bereits gedämpft. Inzwischen sind es noch weniger geworden. Wo die Töne bleiben, zeigt dieses Bild.

Alle technischen Daten

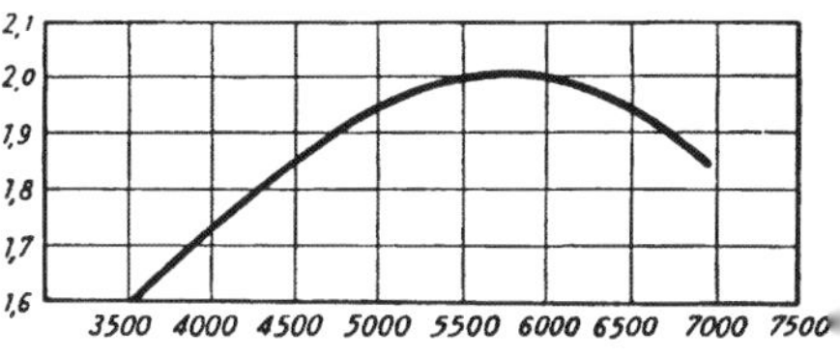

Drehmomentverlauf des Supermax-Motors in mkg

MOTOR

Motor	= Typ 251 OSB, Blockmotor, luftgekühlt
Arbeitsweise	= 4-Takt
Zylinderzahl	= 1
Bohrung	= 69 mm ⌀
Hub	= 66 mm
Hubraum	= 247 ccm
Kompressionsraum	= 38,5 ccm
Verdichtung	= 1:7,4
Höchstdrehzahl des Motors	= 6500 U/min, Supermax 7000 U/min
Leistung	= 17 PS, Supermax 18 PS
Kompressionsdruck	= 9,6 atü
Paßspiel des Kolbens, gez. „KS“	= 0,05 — 0,06 mm
gez. „Mahle“	= 0,04 — 0,05 mm
Durchmesser des Kolbenbolzens	= 18 mm — 0,005 mm
Bohrung der Pleuelbüchse	= 18 mm + 0,034 mm / 0,016 mm
Schmierung	= Zahnradpumpe (Trockensumpf)
Ölmenge	= 2 Ltr., SAE 20 im Sommer SAE 10 im Winter
Kraftstoffnormverbrauch	= 3,2 Ltr./100 km (Testverbrauch bis 5 Ltr./100 km)
Steuerungsart	= Ventile, im geschlossenen Leichtmetallkopf hängend, kopfgesteuert mit Exzenterantrieb
Steuerzeiten	= EA 2° vor o. T. EE 20° nach u. T. AA 36° vor u. T. AE 13° vor o. T. } bei 2 mm Ventilspiel abgenommen
Ventilspiel	= Einlaßventil 0,05 mm Auslaßventil 0,10 mm } bei kaltem Motor
Durchmesser der Ventilschäfte	= 8 mm — 0,040 mm / — 0,055 mm Einlaß 9 mm — 0,045 mm / — 0,060 mm Auslaß
Bohrung der Ventilführungen	= 8 mm + 0,015 mm Einlaß 9 mm + 0,015 mm Auslaß

VERGASER

Supermax ab Nr. 1830801/3224062 . . .	= Type Bing 2/26/55, Hauptdüse 100, Leerlaufdüse 50, Nadeldüse 2,66, Nadelstellung 2, Mischkammereinsatz 5, Leerlaufluftregulierschraube 1½ Umdrehungen offen.
Max, Spezial-Max	= Type Bing AJ 2/26/25, Hauptdüse 105, Leerlaufdüse 45, Nadeldüse 2,68, Nadelstellung 2 zum Einfahren, nachher 1. Leerlaufeinstellschraube 1½ Umdr. offen, Mischkammereinsatz 5.
Luftreiniger	= Beruhigung der Ansaugluft durch Luftführung durch den Rahmen zum Naßluftfilter

ZÜNDUNG

Zündeinstellung	= 7,6 mm v. o. T. bzw. 36° bei Einstellung mit Gradscheibe, bei vollständig geöffnetem Regler. Hebel *ohne* Anschlag ist für die Einstellung maßgebend.
Art der Zündung	= Batteriezündung
Kontaktabstand am Unterbrecher . . .	= 0,35—0,4 mm
Zündkerze, serienmäßig	= Bosch W 240 T 11
Elektrodenabstand an der Kerze	= 0,7 mm (bei Bosch)

KUPPLUNG

Kupplung	= Mehrscheiben-Trockenkupplung mit Gummistoßdämpfer
Kupplungsbetätigung	= von Hand
Federdruck an der Kupplung	= ca. 160 kg
Kupplungseinstellung	= 5,7 mm von der oberen Fläche der Mutter bis zur Kupplungstrommel

GETRIEBE

Getriebe	= 4-Gang-Blockgetriebe
Art des Eingriffes	= Klauen
Axialspiel der Getriebewellen	= bis zu 0,2 mm
Untersetzung Motor-Getriebe	= 2,583:1
Antrieb Motor-Getriebe	= Zahnräder, schrägverzahnt
Antrieb Getriebe-Hinterrad	= Kette, gekapselt

Solobetrieb		*Seitenwagenbetrieb*	
Untersetzung im Getriebe		*Untersetzung im Getriebe*	
1. Gang	3,15 : 1	1. Gang	3,15 : 1
2. Gang	2,025 : 1	2. Gang	2,025 : 1
3. Gang	1,406 : 1	3. Gang	1,406 : 1
4. Gang	1 : 1	4. Gang	1 : 1
Untersetzung Getriebe-Hinterrad	2,625 : 1	Untersetzung Getriebe-Hinterrad	3,0 : 1
Gesamt-Untersetzungsverhältnis			
1. Gang	21,36 : 1	1. Gang	24,41 : 1
2. Gang	13,73 : 1	2. Gang	15,7 : 1
3. Gang	9,53 : 1	3. Gang	10,89 : 1
4. Gang	6,78 : 1	4. Gang	7,75 : 1

Solobetrieb	*Seitenwagenbetrieb*
Kettenräder	*Kettenräder*
Getriebe 16 Zähne	Getriebe 14 Zähne
15 Zähne f. Gelände	13 Zähne f. Gelände
Hinterrad 42 Zähne	Hinterrad 42 Zähne
Antriebskette Getriebe-Hinterrad	Antriebskette Getriebe-Hinterrad
15,87 mm × 6,48 mm, 106 Glieder	15,87 mm × 6,48 mm, 105 Glieder
Reifengröße, vorne 3,25×19	Reifengröße, vorne 3,25×19
Reifengröße, hinten 3,25×19	Reifengröße, hinten 3,50×19

LAUFRÄDER UND BREMSEN

Laufräder	= gegenseitig auswechselbar
Reifendruck Vorderrad	= 1,25 atü
Reifendruck Hinterrad	= 1,5–2,0 atü je nach Belastung
Vorlauf	= 60 mm (festliegend, unveränderlich)
Vorspur des Seitenwagenrades	= 25–30 mm (vorne enger)
Sturz der Maschine	= 15–20 mm (nach außen geneigt)
Sturz des Seitenwagenrades	= 10–15 mm (nach außen geneigt) Abb. s. Betriebsanleitung
Felgenart	= Tiefbettfelge 2,15 B×19
Speichen	= Standard: Vorder- und Hinterrad gleich links 3,5 mm ⌀, 210 mm lang rechts 3,5 mm ⌀, 169 mm lang Spezialmax und Supermax: Vorder- und Hinterrad gleich, jedoch haben die inneren und äußeren Speichen verschiedenartige Kröpfungen. (Ab Fahrzeug-Nr. 1 290 150/789 958 Speichen 4 mm ⌀)

Einspeichmaße	= Standard: gemessen von Felgenaußenkante bis zum Nabenrohr rechts: 11 mm. Spezialmax und Supermax: Linke Seite der Bremstrommel bündig mit Felgenkante.
Vorderradbremse	= mech. Innenbackenbremse
Hinterradbremse	= mech. Innenbackenbremse
Bremsbetätigung	= vorne: Handhebel hinten: Fußhebel

SONSTIGE DATEN

Radstand.	= 1311 mm
Gesamtlänge	= 2051 mm
Größte Breite	= 716 mm
Größte Höhe	= 984 mm
Bodenfreiheit	= 148 mm
Sattelhöhe	= 780 mm
Rahmen	= Stahlblech-Preßschalenkonstruktion
Vordergabel/Hintergabel	= Schwingfedergabel
Federung, vorn	= Spiralfeder und Öldruckstoßdämpfer
Federung, hinten	= Spiralfeder und Öldruckstoßdämpfer
Zulässiges Eigengewicht	= Standard: ca. 155 kg = Spezial- u. Supermax: ca. 165 kg
Zulässiges Gesamtgewicht	= Standard: ca. 310 kg = Spezial- u. Supermax: ca. 314 kg
Tankinhalt	= Standard: 12 Ltr. (davon 1,5 Ltr. Reserve) = Spezial- u. Supermax: 14 Ltr. (davon 1,4 Ltr. Reserve)
Höchstgeschwindigkeit . . . . nach DIN 70 020	= ca. 116 km/st mit 2 Personen in aufrechter Haltung ca. 126 km/st mit einer Person liegend Testmaschine lief mit langgemachtem Fahrer im glatten Lederzeug 124,6 km/st

Zum nebenstehenden Bild: Dieses seltene Foto zeigt die berühmtesten Rennfahrer, die auf der 125-, 250-ccm-Rennmaschine und der 250er Sportmax Weltmeisterehren errangen. Von links nach rechts: Hans Baltisberger, Werner Haas, Ruppert Hollaus (Österreich) und H. P. Müller. Sie waren von glühender Liebe zum Motorradfahren besessen und hatten sich alle vom kleinen Nachwuchsfahrer bis zum Weltstar emporgearbeitet. Werksfahrer wurden sie erst, als sie mit den besten internationalen Fahrkanonen fuhren. Hans Baltisberger (Brünn, 1956), und Ruppert Hollaus (Monza, 1954) verloren ihr Leben auf der Höhe ihres Ruhmes auf der Rennstrecke, Werner Haas stürzte mit einem Sportflugzeug 1956 bei Augsburg ab. Alle vier aber werden von der sportbegeisterten Jugend auch heute noch verehrt, für die ihre Erfolge unvergeßlich sind.

Die größten Sporterfolge

mit der 250-ccm-Zweizylinder-Rennmaschine „NSU-Rennmax",
der 250-ccm-NSU-Rennmaschine „Sportmax"
und der 250-ccm-NSU-Geländemax von 1953 ab, als diese Maschinen Bedeutung erlangten.

Im Gelände wurden Deutsche Meister:

(ab 1955 gibt es die deutsche Geländemeisterschaft)
1955: Werner Sautter/Karl-Heinz Piwon, Heilbronn
(Kl. Motorräder mit Seitenwagen bis 250 ccm)

1956: Werner Sautter/Karl-Heinz Piwon, Heilbronn
(Kl. Motorräder mit Seitenwagen bis 250 ccm)

1957: Werner Sautter/Karl-Heinz Piwon, Heilbronn
(Kl. Motorräder mit Seitenwagen bis 250 ccm)
Eberhard Graf, Öhringen
(Kl. Motorräder ohne Seitenwagen bis 250 ccm)

1958: Josef Kelle/Gerhard Geiger, Weinsberg und Heilbronn
(Kl. Motorräder mit Seitenwagen bis 250 ccm)
Erwin Schmider, Wolfach
(Kl. Motorräder ohne Seitenwagen bis 350 ccm)
Schmider fuhr eine „aufgebohrte" Geländemax 305 ccm)

Auf der Straße wurden in vielen schweren Rennen **Deutsche Meister:**

1953: Werner Haas, Augsburg NSU-Rennmax
(Klasse Solomaschinen bis 250 ccm)

1954: Werner Haas, Augsburg NSU-Rennmax
(Klasse Solomaschinen bis 250 ccm)
Walter Reichert, Ingelheim NSU-Sportmax
(Bester deutscher Privatfahrer, Solomaschinen bis 250 ccm)
H. P. Müller, Ingolstadt NSU-Rennmax 288 ccm
(Klasse Solomaschinen bis 350 ccm)

1955: Hans Baltisberger, Reutlingen NSU-Sportmax
(Klasse Solomaschinen bis 250 ccm)
zugleich
bester deutscher Privatfahrer 250 und 350 ccm

1956: Hans Baltisberger, Reutlingen NSU-Sportmax
(Klasse Solomaschinen bis 250 ccm)

1957: Horst Kassner, Schwabhausen NSU-Sportmax
(Klasse Solomaschinen bis 250 ccm)
Helmut Hallmeier, Nürnberg NSU-Sportmax
(Klasse Solomaschinen bis 350 ccm)

Weltmeister bei Straßenrennen wurden:

1953: Werner Haas, Augsburg NSU-Rennmax 250 ccm
1954: Werner Haas, Augsburg NSU-Rennmax 250 ccm
1955: H. P. Müller, Ingolstadt NSU-Sportmax 250 ccm

Das Nachwort

gehört natürlich dazu. Aber machen wir es ganz kurz: Dem Leser danke ich für seine Engelsgeduld, meiner lieben Frau und Beifahrerin für den Umbruch und schrecklich langweiligen Schriftverkehr mit vielen wichtigen Leuten. Ebenso danke ich allen Freunden, die mitgeholfen haben, für das oft nötige Augenzudrücken und dem Hause NSU für die Erlaubnis, in alten Drucksachen und Bilderkästen kramen, dem Kundendienst-Schulleiter und anderen Männern auf die Nerven gehen zu dürfen. Die Bilder machte mein nimmermüder Knipskasten bis auf die Seiten 5, 15, 17, 19, 20, 55, 67, 68, 72, 73, 74, 75, 79, 81, 86, 87, 88, 89, 93 und 94, welche aus dem NSU-Archiv stammen. Das Foto auf Seite 21 machte Kurt Wörner, Karlsruhe-Grötzingen, das Bild auf Seite 66 Volker Rauch, Nürnberg, mein geduldiges Mannequin. Das wäre es nun. Mir ist bedeutend wohler, und endlich habe ich wieder Zeit für meine Max und den Wind über den Straßen! –

Die Sportmax ist als Rennmaschine in ihrer Klasse noch immer bedeutsam.

Ernst Leverkus

BMW-Einzylinder richtig angefaßt

R25, R26 und R27

Inhalt

1970
Fotograf

Vorwort

Von 1925 bis 1966 sind in manchmal jahrelangen Abständen, aber auch hintereinander, während der Produktionen von acht 250 cm^3-ohv-Einzylinder-BMW-Modellen insgesamt 177 248 Serien-Exemplare gebaut worden, von denen man heutzutage bei Oldtimer-Veranstaltungen in Deutschland besonders aus der Zeit der 50er und 60er Jahre immer wieder welche trifft. Ganz selten zwar, aber immerhin, sieht man, daß so ein ehrwürdiges Motorrad nun kurz vor dem Jahrhundertwechsel sogar weiterhin (oder wieder?) als tägliches Gebrauchsmotorrad unterwegs ist.
Das erste – die R 39 – war im Sport aktiv und gewann eine Deutsche Meisterschaft in ihrer Klasse, als Seriennähe noch bei Rennmaschinen üblich war. Die nächsten 250er BMW-Modelle tauchten, besonders in Werkseinsätzen, nie mehr bei Straßenrennen oder gar Grand Prix-Ereignissen auf. Aber beim Zuverlässigkeits-Sport spielten sie mit. Der stand den Serienmaschinen näher und bot Erprobungen von Modifikationen. Im Übrigen waren sie Top-Gebrauchsfahrzeuge, die vom guten Ruf der Qualität existierten und aus diesen Quellen heraus z.T. überraschend gute Markterfolge brachten.
Man fragt sich Ende der Neunziger Jahre, ob solche – nach unserem jetzigen technischen Verständnis relativ technisch einfachen – Gebrauchsmotorräder wie diese damaligen 250er ohv-BMWs bei uns noch Existenz-Chancen hätten, seitdem der ohc-Motoren-Leistungsrun in allen Hubraumklassen das Zepter führt, der Hubraum-Gigantismus und das supersportliche Flair einer Maschine obligatorisch sogar bei »Touren«- oder »Cruiser«-Modellen seine Rolle spielt. Eine viel zu aufwendige Technik mit Berücksichtigung sehr rationeller Fertigung macht Selbsthilfen längst zum Problem. Doch das alles steuert den Freizeit-Markt für Motorräder. Die 250er ohv-Single-BMW-Modelle sind nunmal unwiederbringliche Vergangenheit. Ende des 20. Jahrhunderts würde kein Motorradhersteller eine solche Maschine mehr mit Erfolg vermarkten können, es sei denn, irgendwelche schrecklichen Katastrophen hätten die Menschheit ins Zeitalter von Gottlieb Daimler und Wilhelm Maybach zurückgeworfen. Inzwischen ist der Trend auch so, daß das, was unter unseren Zerknalltreiblingen älter als zehn Jahre ist, schon den Mantel Oldtimer umgelegt bekommt, was zunächst noch gleichbedeutend mit Abwertung ist. Auch dann, wenn das gute Stück noch immer außen und innen eine technische Schönheit ist und weiterhin super funktioniert. Meine ganz persönliche Meinung dazu: 25 Jahre sollte ein Motorrad doch schon gelaufen, topfit geblieben oder mittlerweile restauriert worden sein, ehe es den Ehrentitel »Oldtimer« und einen echten Kulturwert bekommt.
Die jüngsten Maschinen in diesem Buch haben mehr als 30 Jahre hinter sich, die ersten davon nach dem Krieg rund 50, die allererste mehr als 70 Jahre.
Und gerade die Freude an funktionierender Oldtimer-Technik und an der dramatischen Geschichte des Fahrzeugs Motorrad machen die damaligen 250er BMW-Einzylinder-Modelle wie viele andere Maschinen jener Zeiten interessant und vor allem erhaltenswert. Dazu möchte dieses Buch versuchen, Hilfe zu leisten.

BMW R 39

Die 250er BMW-Ur-Einzylinder

Das Erscheinen des ersten 500er BMW-Boxer-Zweizylinder-Motorrades R 32, seitengesteuert (sv) 1923, und der nachgefolgten sportlichen 500er R 37, mit über Stoßstangen gesteuerten hängenden Ventilen (ohv) 1924, interessierte Motorrad-Enthusiasten nicht nur europaweit, sondern auch weltweit. In der Nummer 24, Jahrgang 1924, tauchte in der Zeitschrift *Das Motorrad, Berlin*, Seite 516 zum ersten Mal eine kur-

Toprestauriert: BMW R 39, 1925. Obwohl erste Bilder vom BMW-Einzylinder Ende 1924 veröffentlicht wurden, ging diese 250er erst im Herbst 1925 in Produktion.

ze Beschreibung und ein Bild der brandneuen 250er Einzylinder-BMW R 39 auf. *»Das neue Einzylindermodell von BMW mit 250 ccm Zylinderinhalt war eine der Überraschungen der Ausstellung. Konstruktiv ist es hervorragend durchgebildet, doch kann man sich des Eindruckes nicht erwehren, als ob es für seine Motorenklasse ein wenig anspruchsvoll gehalten ist und die Höhe seines Preises ein klein wenig hindernd auf seine Verbreitung zurückwirken wird. Für den unbefangenen Beschauer war es jedenfalls eine der schönsten Konstruktionen der Ausstellung ...«* schrieb die Zeitschrift vor mehr als 70 Jahren dazu.

Ungewöhnlich fortschrittlich: der ohv-Single mit Dreigang-Handschaltung.

Doch erst im Spätjahr 1925 wurde die neue Maschine an Händler und Kunden ausgeliefert, Produktionsbeginn war am 3. September 1925.

Der Fahrer Josef Stelzer wurde 1925 damit Deutscher Meister des Deutschen Motorsport Verbandes (DMV) der 250er Klasse. Bis 1926 fuhren der ADAC, dessen Deutscher Meister der 250er Klasse 1925 ein Fahrer namens Roggenbuck auf einer Allright (Köln-Lindenthaler-Metallwerke) wurde, und der DMV ihre Meisterschaften noch getrennt aus. Erst 1927 wurden die Titel während einer einzigen Deutschen Meisterschaft gemeinsam ermittelt. Ohne einen sportlichen Erfolg wollte BMW das neue Motorrad nicht in den Handel bringen.

Die Motor-Details waren für das technische Niveau der Zeit ungewöhnlich. Das Leichtmetall-Kurbelgehäuse war horizontal geteilt, in den dort angegossenen, verrippten Zylinderkörper befand sich die hydraulisch eingepreßte Stahllaufbuchse. Der Zylinderkopf samt Deckel über dem Kipphebelgehäuse, und die beiden ebenfalls horizontal geteilten Hälften des Getriebegehäuses, welche im Ganzen an das Kurbelhaus angeflanscht wurde, bestanden ebenfalls aus Leichtmetall; ebenso auch der Kolben. Der Zylinderkopf saß nicht direkt auf dem Oberteil des Kurbelgehäuses auf, sondern mit dem Brennraum auf dem entsprechend tragend gearbeiteten oberen Rand der Stahlzylinder-Laufbuchse, deren äußere Wand in der Lücke zwischen Kopf und Kurbelhaus direkt vom kühlenden Fahrtwind umstrichen wurde.
Die Typenbezeichnung des Motors lautete M 40, das Verhältnis von Bohrung x Hub betrug 68 x 68 mm = 247 cm³ Hubraum.

Die quer zur Fahrtrichtung drehende Kurbelwelle, Zylinderkopf, Zylinder, Kurbel- und Getriebegehäuse – alles aus Leichtmetall –, Kardanwelle zum Hinterradgetriebe in Längsrichtung, sah man als Neuheiten in dieser Klasse an. Es gab zwei hängende Ventile, die über Stoßstangen und Kipphebel von der durch Zahnräder angetriebenen Nockenwelle im oberen Kurbelhausteil bewegt wurden (ohv). Jedes Ventil hatte zwei Schraubenfedern. Das Pleuel lief über einem Rollenlager auf dem Hubzapfen der teilbaren Kurbelwelle. Diese drehte sich in Kugellagern. Den Vergaser stellte BMW mit einem Durchmesser von 20 mm, mit zwei parallel nebeneinander befindlichen Schiebergehäusen und einer langen Ansaugleitung selbst her. Verdichtung 6,0.

M40-Motor und Getriebe, Leistung 6,5 PS bei 3600/min bzw. 8 PS bei 4500/min. Gut zu sehen: die Motornummer, die im Falle der R 39 von 36 000 bis 3600900 reichte.

Josef »Sepp« Stelzer, Deutscher (DMV-) Meister bei den 250ern auf der BMW R 39.

Kerzenwärmewert 175, Zündlichtmaschine, Zündverstellung per Fingerhebel am Lenker. Die Druckumlaufschmierung erfolgte per Zahnrad-Ölpumpe. Der Kickstarter war an der linken Seite angeordnet, er bewegte sich natürlich quer zur Fahrtrichtung. Die Leistung wurde mit 6,5 PS bei 3600 U/min (»Bremsleistung normal«) und mit 8 PS bei 4500 U/min (»Bremsleistung maximal«) angegeben, die Höchstgeschwindigkeit mit 90 km/h. Es gibt im Gegensatz dazu auch eine Werksangabe mit 100 km/h, doch da erlaube ich mir im Hinblick auf die normalen Straßengegebenheiten und auf das Fahrwerk im Deutschland der zweiten Hälfte der Zwanziger Jahre Zweifel anzumelden. Sorry. Die Motornummern gingen von 36 000 bis 3600900.

Das Getriebe hatte drei handgeschaltete Gänge, die Trocken-Kupplung arbeitete mit einer Scheibe im großen Schwungrad. Die Kraftübertragung erfolgte über eine Kardanwelle mit hinten gekapseltem Kegelradantrieb und am Getriebeausgang mit elastischer Hardyscheibe. Das Hinterradgetriebe hatte die Übersetzung 1:2,65. Die Übersetzung vom Motor zum Getriebe war

1:1. Die Gesamtübersetzung der drei Gänge war 13,6/9,3/6,1 und die Gangstufung lag bei 2,2/1,5/1. Bei 4500 U/min reichte der erste Gang bis 40, der zweite bis 58 und der dritte bis 88 km/h. Die Radfelgen hatten die Bezeichnung CC1, die Bereifung wurde mit 26 x 3 für Hochdruck oder 27 x 3,5 für Niederdruck-Wulstreifen genannt. Vorne gab es eine Simplex-Innenbacken-Trommelbremse mit Handhebel-Bedienung am rechten Lenkerende, für das Hinterrad eine Außenbacken-Bremse auf der Kardanwelle mit Hackenhebel-Bedienung am Getriebeausgang.

Der verlötete Stahlrohr-Doppelrahmen hatte an der Vorderradgabel eine Blattfeder mit einem Rückprallfederblatt und kurze gezogene Schwinghebel für die Radachse, eine Hinterradfederung gab es nicht. Dafür mußte der breite Sattel mit Spiralfedern herhalten. In den Tank unter den beiden oberen Rahmenrohren gingen ca. elf Liter hinein, in das an das Kurbelhaus angegossene Ölreservoir mit Füllver-

schraubung und Ablaßschraube ca. zwei Liter, wovon bei normaler Fahrt 0,17 Liter pro hundert Kilometer verbraucht waren. Zum Aufbocken gab es einen Mittel-Ständer. Trittbretter waren als Fußstütze vorhanden. Der Radstand wurde mit 1230 mm genannt. Das Leergewicht war 110 kg, die zulässige Höchstbelastung 160 kg. Als Normverbrauch standen 2,5 Liter auf 100 Kilometer in den Listen.

Bis 1926 wurden jedoch nur knapp 900 Exemplare (Fahrgestellnummern 8000-8900) gebaut, denn leider konnte der Preis nicht so niedrig gehalten werden, wie man es ursprünglich mit höchstens 1400 bis 1500 Mark beabsichtigte hatte. Am Ende mußten leider 1870 Mark dafür bezahlt werden. Die 500er R 32 kostete 2200 Mark. Außerdem gab es einige Schwierigkeiten mit der Zuverlässigkeit. Alle weiteren, späteren BMW-Einzylinder – die R 2 (199 cm^3, 6 PS bei 4000 U/min, 1931-1933, Steuer und Führerschein frei !); die R 4 (401 cm^3, zunächst 12, dann 14 PS, 3500 bzw. 4200 U/min, 1932-1937); die R 3 (305 cm^3, 11 PS bei 4200 U/min, nur im Jahr 1936 gebaut); R 35 (342 cm^3, 14 PS bei 4500 U/min, 1937-1940); die R 20 (192 cm^3, 8 PS bei 5400 U/min, 1937 und 1938 gebaut, Steuer und Führerschein frei !); dazwischen ein Prototyp R 36 (350 cm^3, Kickstarterbewegung in Längsrichtung, der Motor in Gummielementen im Rahmen befestigt), der aber nicht zur Produktion gelangte; die, nach 13 Jahren nächste, 250er R 23 (247 cm^3, 10 PS bei 5400 U/min, 1938-1940 gebaut) – sie blieben alle im Grundaufbau des Motors mit der Kickstarterbewegung quer zur Längsrichtung und des Hinterradantriebs der ersten Einzylinder R 39 ähnlich. Ab der R 23 gab es nur noch Einzylinder mit quadratischem Bohrung-Hub-Verhältnis 68 x 68 mm = 247 cm^3 wie bei dem ersten Modell, der R 39, bis zum letzten Einzylinder-Produktionsjahr 1966. Erst im November 1993, also erst nach 27 Jahren ausschließlicher Zweizylinder-Dominanz, als der Typ F 650 eingeführt wurde, gab es wieder ein Einzylinder-Motorrad mit dem Markenzeichen BMW am Tank, doch das ist – der Zeit entsprechend – eine ganz neue, ganz andere und viel größere Bauart.

13 Jahre nach der R 39 erschien wieder ein BMW-Einzylinder mit quadratischer Auslegung: die zwischen 1938 und 1940 gebaute R 23.

BMW R 24

Ein Neuanfang nach dem Krieg

Nach dem Zweiten Weltkrieg sollte es noch mehrere Jahre dauern, bis in Motorradläden der amerikanischen, englischen und französischen Besatzungszonen wieder neu produzierte Motorräder zu besichtigen und frei zu kaufen waren. Zunächst waren nur 60 cm³-Maschinen von der Militärregierung erlaubt worden, später wurde das Limit zum Glück durch immer neue Verhandlungen im Hubraum erhöht, und im Herbst 1947 kam die Erlaubnis zum Bau eines neuen BMW-Motorrades mit 250 cm³ Hubraum. Erst etwa Mitte 1949 gab es seitens der Militärregierung in den drei westlichen Besatzungszonen für Motorräder keine Hubraumbeschränkung mehr. Allerdings: Die meisten Fabriken waren zerstört, viele Firmen – gerade die großen und alten – gab es, deren selbst noch ausgebombte Reste als Reparationsleistungen demontiert und ins Ausland gebracht worden waren. Neue Materialzutei-

Qualität als bestes Werbeargument: einer der ersten Prospekte nach der Währungsreform 1948 für die Viertelliter-BMW.

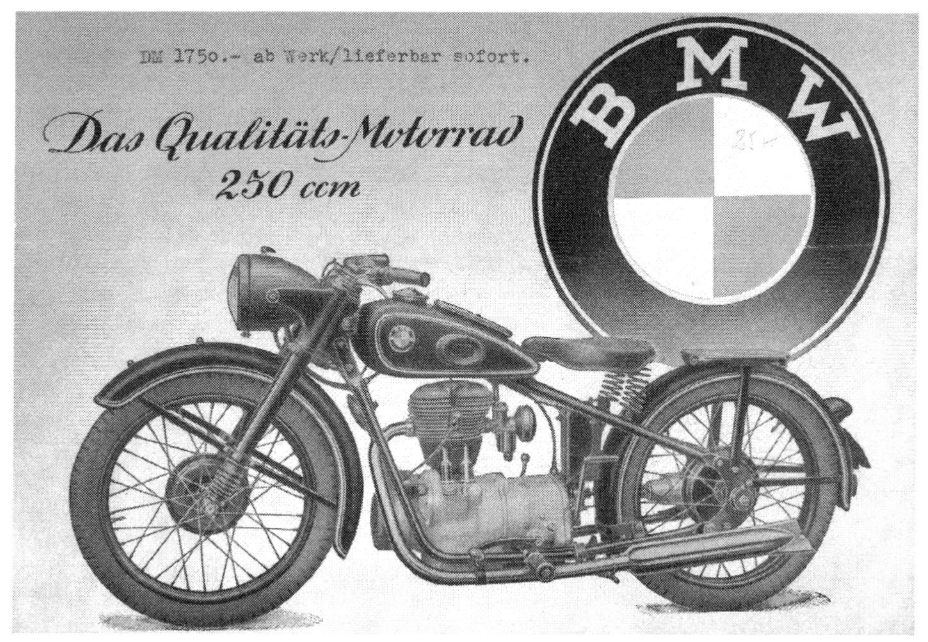

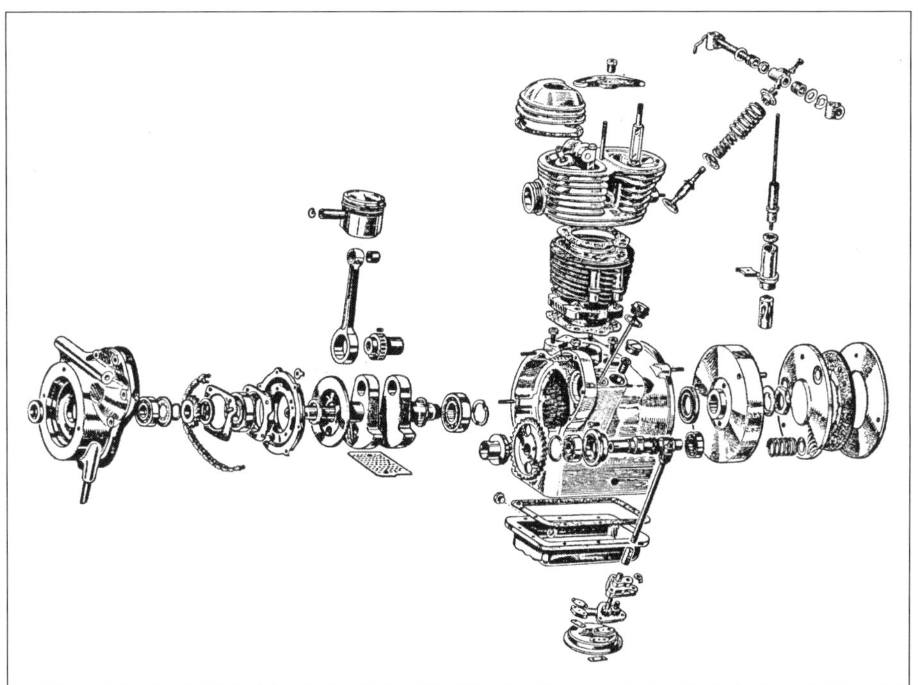

»Ein vorbildlich geschlossener Einzylinder-Viertaktmotor ... Wirtschaftliche Brennraum-Gestaltung in einem schöngeformten großen Leichtmetall-Zylinderkopf mit großflächigen Kühlrippen .. Kraftstoffverbrauch bei 55 km/h Reisedurschnitt 3,0 Ltr. auf 100 km.« – BMW-Werbung, 1948.

lungen seitens der Besatzungsbehörden wurden äußerst knapp gehalten. Trotzdem gelang es BMW, ein neues Motorrad auf der Basis der Vorkriegs-250er R 23 als R 24 zu konzipieren. Der Entwurf stammte von Ingenieur Alfred Böning. Was heute vielleicht niemand mehr weiß: NSU und Zündapp verzichteten im Zuge einer gemeinsamen Nothilfe 1948 sogar auf einen großen Teil ihrer schon knappen Zuteilungen von neuen Materialien, damit auch BMW wieder einen Anfang finden konnte...

Trotz aller Hemmnisse erschien die neue BMW R 24 schon im März 1948 auf dem Genfer Salon. Als am 21. Juni 1948 die sogenannte »Währungsreform« in den drei westdeutschen Besatzungszonen stattfand, bei der in einem Verhältnis von 10:1 aus der alten abgewirtschafteten Reichsmark die neue stabile D-Mark wurde, wonach nicht nur sofort fast alle Lebensmittel, sondern auch alle anderen lebenswichtigen Güter und Materialien plötzlich wieder frei auf dem Markt erschienen, wurde am 21. Oktober 1948 die Produktion der R 24 im BMW-Werk Milbertshofen angekündigt und erste – sichtlich noch einzeln von Hand gefertigte – Testmaschinen an einige Fachjournalisten ausgegeben. Aber erst am 17. Dezember begann die Serienproduktion, bei der bis 1950 schließlich gut 12 000 Exemplare gebaut wurden. Nun war natürlich nach dieser Währungsreform im Sommer 1948, mit der Ausgabe von nur DM 40,- bar pro Person, selbst anderthalb Jahre später im Winter 1949 das Wirtschaftswunder noch nicht geboren worden, und der Preis der neuen 250er BMW mit DM 1750,- nicht gerade billig zu nennen, wenn man das Monatsgehalt eines damaligen Angestellten von rund DM 250,- dem gegenüberstellt (die 247 cm^3 10 PS-Vorkriegs-R 23, 1937-1940 gebaut, hatte 750,- Reichsmark gekostet). Noch vorhandene Reichsmark-Vermögen waren im Sommer 1948 im Zuge dieser Geldreform 10:1 abgewertet worden. Doch natürlich durfte 1949 ein Käufer nun auch erst eine kleine Anzahlung beim Kauf leisten, das Motorrad mitnehmen und den Restbetrag in monatlichen Raten abzahlen. Das bedingte jedoch vorher für manchen Interessenten eine genaue Kalkulation, ob sich dieser Einsatz auch rechnen würde. Aus diesem Grunde waren ehrliche Testberichte aus der damaligen erneut gestarteten Fachpresse sehr gefragt.

Gustav Mueller, Vor- und Nachkriegs-Chefredakteur von *Das Motorrad*, ein ganz alter erfahrener Motorrad- und *Das Motorrad*-Hase, schrieb am Ende seines kritischen Tests in Heft 9/1949 (das war im Dezember 1949, im Juli dieses Jahres war dieser schon seit 1906-1943 existierende Fachzeitschriften-Titel erst wieder ins Leben gerufen worden, Zitat):

»... Die BMW (R 24) wiegt 130 kg und ist so handlich, wie ich selten eine Maschine hatte. Leider ist sie mit DM 1750,- nicht gerade billig, aber trotz einer Reihe von Kleinigkeiten, die ich hier oben bemängelt habe, wird es mir hart, sie wieder abgeben zu müssen. Selten habe ich eine Maschine so gern und mit so viel Freude gefahren«.

Es gab niemanden, der ein Motorrad als Freizeit-Vergnügen kaufte. Für die Anschaffung sprachen nur wirtschaftliche und berufliche Fakten – auch bei nicht gerade als Motorrad-Begeisterte zu identifizierende künftige Kunden, denn alte, wieder aufgearbeitete Vorkriegsautos waren noch viel teurer. An ein neues Auto konnte ein Normalbürger in diesem Zeitabschnitt sowieso nicht denken. Zur Bewältigung der allgemeinen wirtschaftlichen Anfangskrise mußten Berufstätige unbedingt wieder mobil und frei vom Zwang werden, bei ihren notwendigen Fahrten und Reisen die noch längst nicht wieder 100 % funktionierenden öffentlichen Verkehrsmittel wie Bus, Straßenbahn oder Eisenbahn benutzen zu müssen. Keine Frage, daß an einen Luftverkehr überhaupt noch nicht wieder zu denken war. Der kam erst ab 1955 langsam wieder in Gang, als die Bundesrepublik Deutschland eine neue Lufthoheit von den Besatzungsmächten zugesprochen bekam.

Das letzte nagelneue Motorrad in einem Schaufenster hatten wir 1939 gesehen, 1948 waren das neun Jahre her. So war die R 24 unter den Aspekten des täglichen Gebrauchs konzipiert, als Transportmittel und Reise-Untersatz. Sozusagen eines der neuen *Aufbau*-Motorräder, wie wir sie nannten und wie sie nun auch von anderen Marken erschienen, auch mit weniger Hubraum und Leistung, und die meisten auf der Basis und sogar z.T. noch mit Vorkriegs- und restlichen Kriegszeit-Materialien. Für die neue R 24 gab es trotz mancher Behelfslösungen, die auf die nicht zu umgehende Konten der verheerenden Kriegsschäden zu buchen waren, doch eine ganze Menge Pluspunkte: Das waren etwa der seit 1924 bestehende Hubraum von 247 cm^3 mit quadratischem Bohrung-Hubverhältnis 68 x 68 mm, einer Zuverlässigkeit versprechenden neuen Kolbengeschwindigkeit von nur 12,7 m/sec bei Höchstdrehzahl, der Kardanantrieb, das gute Getriebe mit vier Gängen und einer Leistungscharakteristik mit 12 PS bei 5600

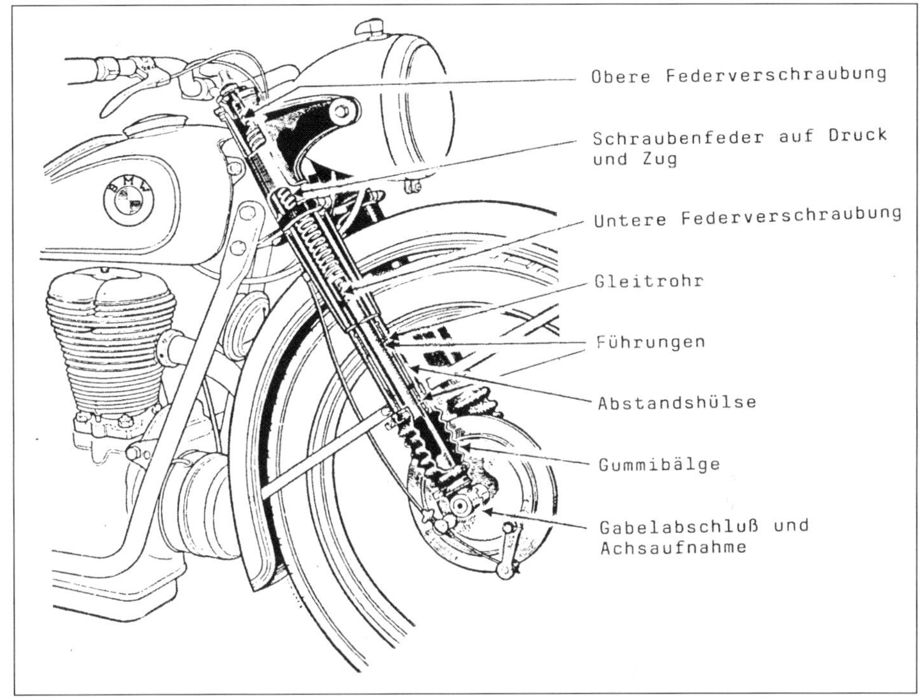

BMW R 24-Gabel 1948 – 1950.

U/min, aber vor allem mit einem sehr guten Drehmoment schon im unteren Viertel des Drehbereichs. Also kein Renn- oder Sport-, sondern ein erstklassiger und leistungsgerechter Gebrauchsmotor. Und das war angesichts der noch vorhandenen Einschränkungen doch schon eine ganze Menge. Das Antriebsaggregat bot eine überraschend hohe Laufkultur. Sie wirkte zwar beim Erstkontakt auf den Start-Kilometern etwas faul. Diese Trägheit ging aber zweifelsohne auf als Konto der besonders großen Schwungmasse. Damit fertig zu werden, war kein Problem.

Mit stehendem Start in gut zehn Sekunden mit einem 75 kg-Piloten auf 60 km/h zu kommen, das war 1949 ein gutes Leistungsniveau in der Viertelliterklasse. Die Höchstgeschwindigkeit aufrecht sitzend im Fahrmantel von ca. 85 km/h, mit Durchschalten der Gänge, in etwa 38 Sekunden zu erreichen, befriedigte uns damals, als wir das mit einem Exemplar aus der 0-Serie messen konnten. Dessen absolute Endgeschwindigkeit auf dem Autobahnzubringer zur Strecke Bremen-Hamburg, entlang des ca. 20 km langen nordöstlichen Bremer Stadtrandes, betrug ganz klein gemacht im Lederzeug bei meiner Länge von 1,79 m im Mittel ziemlich genau 100 km/h in der Ebene mit etwas seitlichem Westwind. Daß sich dabei Vibrationsfrequenzen keineswegs unangenehm bemerkbar machten, ließ den Schluß zu, daß die Kurbelwelle mit den vorhandenen Möglichkeiten nicht nur mit größter Sorgfalt ausgewuchtet wurde, sondern daß der Motor auch ausgewogen im Fahrwerk saß. Wir dürfen nicht vergessen, daß sich die längs eingebaute Kurbelwelle, die große

1949:
Schon kurz nach Wiederaufnahme der Produktion lief die tausendste BMW R 24 vom noch recht provisorischen Band.

Schwungscheibe, sowie Getriebe- und Antriebswelle zum Hinterrad quer zur Fahrtrichtung drehen. Damit wurden auch bei diesem Querläufer Drehmomente frei, die Probleme bei der Spurhaltung in sich trugen. Das Erstaunliche dabei war, daß wir unter uns Pastorensöhne darüber sprachen, aber kaum jemals damit üble Erfahrungen machen mußten. Fast unbewußt gingen wir damit richtig um und fuhren doch auch ganz schön frech durch die Geographie. Sogar die größeren Singles, die Langhuber 342 cm³ R 35 (gebaut 1937 bis 1940, ungedämpfte Telegabel, Hand-Kulissenschaltung) und die 398 cm³ R 4 (1932 bis 1937, Blattfeder-Preßstahlgabel, Viergang-Kugel-Handschaltung und noch bis Kriegsende als Schulfahrzeug beim Militär im Dienst, so lange es noch Sprit gab) haben uns mit ihren Preßstahl-Fahrwerken bei der Fahrschule Anno '41 hinsichtlich Spurhaltung als Querläufer nicht ärgern können, wohl aber durch ihre Kopflastigkeit, die die Nachkriegseinzylinder nicht mehr besaßen. Nebenbei bemerkt: Erstaunlich, was in der KFZ-Presse in den 30er Jahren über diese Böcke für Fahrwerksloblieder zu finden waren.
Das Klauen-Getriebe der R 24 hinter der großen Schwungscheibe und die darin angeordnete Einscheiben-Trockenkupplung, sowie der Kardanantrieb des Hinterrades beschäftigte uns beim Bremer BMW-Vertreter Müller-Nielsen 1949 etwas näher, weil wir hinter das Geheimnis des überraschend weichen Antriebs kommen wollten. Die Getriebehauptwelle war als sogenannte Verdrehwelle konstruiert, die einen unter Federdruck arbeitenden Stoßdämpfer besaß, in den zwei Knaggenflanken verdreh- und verschiebbar zur Dämpfung plötzlicher Drehmomente eingriffen. Am Getriebeausgang zum Hinterrad-Kegelradgetriebe befand sich noch der großdimensionierte Gummistoßdämpfer. Das Zusammenspiel dieser Details brachte im Ablauf der Antriebskräfte die Laufkultur, inklusive der günstigen Drehmomentlage. Wir sind bis etwa 30 km/h hinunter im vierten Gang geblieben und haben dort langsam Vollgas gegeben und nicht in den Dritten zurückgeschaltet, der Motor drehte mit der normalen Vergaser-Einstellung ohne sich zu verschlucken wieder hoch und zog das Motorrad durch. Auf der anderen Seite haben wir den dritten Gang bei Überholmanövern bis an 70 km/h kommen lassen, mit sehr leicht gehender Kupplung in den Vierten geschaltet und sind auf diese Weise auch an den damaligen Lastzügen ausreichend schnell vorbeigekommen.
Verbrauch durchweg 3,5 Liter auf 100 Kilometer. Dabei schluckte der Motor jede der damaligen Benzinsorten, die es gab, ohne zu klingeln. 12 Liter waren im Tank, aber die darin angegebene Rerservemenge von 1,5 Liter konnte nicht stimmen, weil nach dem Umschalten auf Reserve nur noch 10 bis 15 Kilometer drin waren. Das mußte man vorher wissen, und so schauten wir nach höchstens 250 gefahrenen Kilometern (also immer auf die richtige Nachtank-Kilometerzahl aufgepaßt) = nach ca. gut 9 verbrauchten Litern nach einer Tankstelle aus. Dabei mußte man wissen, daß diese außerhalb von Städten und Ortschaften noch nicht wieder sehr dicht verstreut lagen.
Zum Fahrwerk: Der mehrfach verschraubte Doppelrohrrahmen mit einem Trägerrohr hatte zwei Unterzüge und ein gegabeltes Heckteil, das unter der Sattelnase mit diesem Hauptrohr verschweißt war. Das Hinterradgetriebe war an eine starke Profilstahlhalterung angeschraubt. Die fehlende Hinterradfederung bedeutete 1949 noch Standard, doch wenn der Luftdruck im vorderen und hinteren Reifen gleichmäßig auf 1,5 bar blieb, sprang die Maschine bei Bremsmanövern auf miesem Pflaster, wel-

ches weiter sehr oft auf dem Land und in den ausgebombten Ortschaften die Regel war, deutlich weniger. Die Sattelfederung wirkte primitiv, aber die nicht ölgedämpfte Teleskopgabel bot auch oberhalb von 40 bis 50 km/h kein Grund zum Zaubern in der Radspur. Sie führte das Motorrad gut. Wenn man aber im norddeutschen Raum auf Klinker- oder Katzenkopf»pisten« bei einer regelmäßigen Geschwindigkeit auch eine gleichmäßige Frequenzfolge der Erschütterungen fand, kam es auch nicht zu einer Tanzspur. Bei dieser Test-R 24 lag das knapp unter 45 km/h. Die einfache Telegabel bestand aus den oberen beiden Standrohren, die nach unten bis zur Mitte der Reifenflanken reichten. In jedem Rohr befand sich eine längere Schraubenfeder, die oben unter der großen Verschlußverschraubung an der oberen Gabelbrücke durch ein Gewinde gehalten wurde und im Ruhestand bis etwa zur Höhe der äußeren Reifenkante unterhalb der unteren Gabelbrücke reichte. Die beiden Gleitrohre schoben sich beim Einfedern in einer oberen und unteren Führungsbuchse gegen die Federn nach oben. Die Gabelrohre waren zur Schmierung mit Öl gefüllt, zwei Gummibälge über den geschlossenen Gabelenden sollten das Eindringen von Staub verhindern. Die geringe Eigenreibung der Gabelteile reichte aber nicht zu einer Dämpfung aus.

Ja, negative Feststellungen an der R 24 erinnerten wirklich sehr deutlich daran, wie gründlich die Sieger des Krieges im Milbertshofener BMW-Werk die Produktionseinrichtungen ausgeräumt hatten, und wie mühsam es war, nun erstmal wieder neue Werkzeug-Maschinen zu bekommen, die die Serienproduktion erleichterten. BMW hätte selbstverständlich gerne eine hydraulische Dämpfung in die Gabel eingebaut, aber damit mußten sie bis 1953 bei der R 25/3 warten. Die Leute, die zunächst noch an einem provisorischen Produktionsband arbeiteten, waren zu diesem Zeitpunkt glücklicherweise oft alte »übriggebliebene« BMW-Hasen, die nun die R 24 mit äußerster Sorgfalt zusammensetzten, aber dafür noch nicht überall wieder das ersehnte perfektionierende Material zur Verfügung haben konnten, um das für heutige Leser noch einmal zu erwähnen. Zu den Gewußt-Wie-Tips, die man in jenen Monaten als R 24-Kunde erhielt, u.a. auch in mündlicher Verbreitung, gehörte z.B. das unbedingt notwendige Einfetten der beiden Rad-Steckachsen vorne und hinten vor dem Wiedereinbau der Räder nach einer Raddemontage. Außerdem hatte die vordere Achse ein Linksgewinde! Und auch die Mitnehmer im Hinterradgetriebe sollte man nie ungesäubert und ohne Fett lassen. Reifenpannen, natürlich meistens am Hinterrad, weil das Vorderrad einen Hufnagel – diese und andere Reifenkiller gab es noch jede Menge auf den Straßen – beim Berühren erstmal aufrichtete, in den der Hinterradreifen den Bruchteil einer Sekunde später genau hineingeriet. Und wer da die uneingefettete, trockene und festgeklemmte Steckachse nicht rausbekam, und das womöglich auf einer Heidestraße, die nur von Füchsen gekreuzt wurde, sah bemitleidenswert aus. Zum privaten Zusatzbordwerkzeug gehörten neben einer Reserve-Zündkerze der immer am Gepäckträger sehr gut festgeschnallte (und nicht klappernde!) Kilohammer, die passend langen, richtig geformten und selbst am Greiferende zurechtgeschmiedeten Montiereisen, die niemand in praktischer Form im Laden kriegen konnte, sowie das Flickzeug-Döschen im Rucksack – ! Ach, jaa – und das Stück Kernseife zum Einseifen des Felgenhorns, damit die Gummiwurst-Flanken sauber und glatt darüber gleiten konnten. Bis in die 50er Jahre hinein war das bei gebrannten Hasen noch so.

Der Kunde mußte sich auch damit abfinden, daß die Fußrasten nicht verstellbar waren, und auf der rechten Maschinenseite die Lagerung des Fußbremshebels an der verbiegbaren Rastenachse vorgesehen war. Dieser Hebel war auch etwas zu kurz und konnte nicht genau passend für die Fußspitze positioniert werden. Also das von früher bekannte Fußspitzen-Bremsen-Ertasten ging nicht. Da halfen nur eigene Mechaniker-Künste, die Sache zu verbessern, und es bewahrheitete sich unter diesen Umständen in den Aufbaujahren jener alte und weise Motorradfahrerspruch, der da lautete: Wenn du ein guter Motorradfahrer werden willst, lerne den richtigen Umgang mit richtigem Werkzeug. Das Bordwerkzeug war schwarze Urform, einfach aber brauchbar, doch hätte es da einen besonderen Spezialschlüssel geben müssen, mit dem man das Batteriespannband bei Bedarf besser hätte lösen können – also wieder etwas zum Selbermachen. Auch war der Werkzeugkastendeckel in der Tankoberfläche nicht wasserdicht, so daß auch hier eine gekonnte Eigenhilfe hätte Ruhm erringen können. Dann lösten sich auch leicht die Kronenmuttern des in Gummi gelagerten Lenkers, so daß es angebracht war, diese öfter einmal auf ihren festen Sitz zu überprüfen.

Ja, und wozu sollte eigentlich dieser Hilfsschalthebel dienen, der an der rechten Maschinenseite bis auf halbe Seitenhöhe mit seinem verchromten Fingerknopf hinaufreichte und wie ein Ganganzeiger die Fußschaltbewegungen mitmachte ? Sowas hatten auch die großen fußgeschalteten 500er, 600er und -750er BMW-Vorkriegsmaschinen mit den sv- und ohv-Boxermotoren R 5, R 6, R 51, R 61, R 66, R 71 zwischen 1936 und 1941 gehabt. Unser junges Zeitdenken: Konnten BMW-Fahrer 1949 nicht mehr richtig mit ihrem Untersatz umgehen, daß sie zum Leerlauf-Finden und zur Gang-Suche eine »HSH«-Hilfe = einen »Hilfsschalt-Handhebel« brauchten? Und war das BMW-Getriebe mechanisch nun so schwer zum Bedienen geworden ? Im Gegenteil: das R 24-Getriebe ließ sich leicht und genau mit dem linken Fuß schalten, und ich habe eigentlich keine Mühe gehabt, den Leerlauf zwischen dem ersten und zweiten Gang mit der Fußspitze zu erfühlen. Also, bauten wir ollen Kradmelder das überflüssige Modeding ab. »Sportsleute wie wir brauchen das bei so einem Spitzengetriebe doch garnicht«, dachten wir. Nun ja, doch es war in der Tat bei vielen in der Zeit mehr und mehr aufkommenden Fußschaltgetrieben doch bestimmt eine Ganganzeige und Leerlaufhilfe oder eine Hand- und Fußschaltkombination angebracht, besonders in den Jahren, in denen manche Spezies, die nur notgedrungen auf ein Motorrad stiegen, tatsächlich Schwierigkeiten hatten, in vier Gängen zu rühren und den jeweils richtigen zu finden. Also gab es eben diesen Hilfshebel für diese Art von Kunden, die natürlich auch Könige waren.

Was damals sehr diskutiert wurde, war ein Einbereichsöl SAE 20 im Hinterradgetriebe – also für diesen Zweck allgemein für zu »dünn« gehalten. Zumal das Werk dort ein Öl mit der Viskosität SAE 50 für den Sommer und SAE 40 für den Winter vorschrieb. Dazu schrieb Ingenieur H.W. Bönsch 1949 in einem R 24-Test (Zitat): *»Wer übrigens auf Höchstleistung Wert legt, nimmt auf die Gefahr hin, daß mal ein klein wenig Öl austritt, in den Hinterradantrieb das dünnste Motorenöl, das es gibt. BMW schreibt in der Betriebsanleitung für die Winterzeit Arctic im Getriebe vor, im Kardangehäuse hingegen Mobilöl AF oder Shell 3 X. Wir haben vor dem Kriege (1939-1945) bei den großen BMW-Modellen auch im Sommer Arctic benutzt und hatten keine Schwierigkeiten* *mit der Abdichtung. Ich glaube daher, daß man auch bei der R 24 ohne weiteres mit Arctic im Kardangehäuse besser fährt als mit AF. Wir maßen damals bis zu 5 km/std. höheres Spitzentempo bei Verwendung dünneren Öls im Kardangehäuse!!«.*

Mit unseren modernen Ölen wäre die Viskosität SAE 20 bei einer sehr gut restaurierten R 24 vielleicht doch mal einen Versuch wert, falls alle Dichtflächen am Hinterradantrieb optimal gerichtet und gepflegt worden sind.

Technische Daten R 24	
Motor:	Einzylinder stehend, Viertakt, hängende Ventile durch Stoßstangen gesteuert. Antrieb der seitlich liegenden Nockenwelle durch Kette. Bohrung 68 mm, Hub 68 mm, Hubraum 247 ccm, Verdichtungsverhältnis 6,75 : 1, Dauerleistung 12 PS bei 5600 U/min. Kerze W 240 T. Vergaser Bing AJ 1/22/140 mit Nadelstellung 1, Nadeldüse 2,68, Hauptdüse 95, Leerlaufdüse 40, Leerlaufschraube 1,5 Umdrehungen offen (bei kaltem Wetter eine Umdrehung).
Kraftstoffbehälter:	12 Liter, Öl-Inhalt im Motor 1,5 Liter.
Neues Getriebe:	mit federnder Hauptwelle, Einplattentrockenkupplung, Fußschaltung.
Getriebeübersetzungen:	1. Gang 6,1:1 2. Gang 3,0: 1 3. Gang 2,04:1 4. Gang 1,54:1 Übersetzung zwischen Getriebe und Hinterrad 4,18:1, Gesamtübersetzung im großen Gang 6,44:1
Sattelhöhe:	71 cm
Bodenfreiheit:	108 mm.
Bereifung:	3,00-19
Gewicht d. Maschine:	130 kg, zulässiges Gesamtgewicht 290 kg.
Zündung und Beleuchtung:	Noris 6 V, 45 Watt, direkt auf der Kurbelwelle sitzend, automatische Zündverstellung durch Fliehkraftregler.

BMW R 25

Ein großer Schritt nach vorn

Als 1950 die Nachfolgerin der R 24 als R 25 auf dem Markt erschien, war das ein großer Schritt weiter. Das waren die hauptsächlichen und erwähnenswerten Maßnahmen, mit denen aus der R 24 die R 25 entstand. Das Motorrad gewann dabei, und das Fahren wurde bequemer. Die Probleme einer Neuproduktion unter den Beschränkungen der Nachkriegszeit hatten langsam aufgehört. Die ersten Kilometer wurden im März 1951 mit der 14-Tage-Händler-Testmaschine R 25 vom Bremer BMW-Händler Müller-Nielsen absolviert (12 312 Kilometer meistens nur von Kurier-Stadtfahrten auf dem Zähler), die nun aber weiter im Test über die Autobahn zwischen Bremen und Hamburg gingen. Nach dem damaligen, heute noch aufbewahrten Testzettel, in der Nähe des Wehrmeistersees (heute Grundbergsee) notiert, ergaben sich bei stark böigem Südwestwind im Rücken Richtung Nordost, von der Tachonadel bei Vollgas aufrecht sitzend immer knapp vor 100-110 km/h angezeigt, folgende Meßergebnisse, nach Autobahn-Kilometermarken per Hand nachgestoppt, mit den Fahrermaßen 179 cm Länge und 76 kg Gewicht im Lederzeug, pro

Feinarbeit am Motor und ein neues Fahrwerk mit Hinteradfederung: Die BMW R 25, 1950, markierte einen wesentlichen Fortschritt gegenüber dem Vorgängermodell.

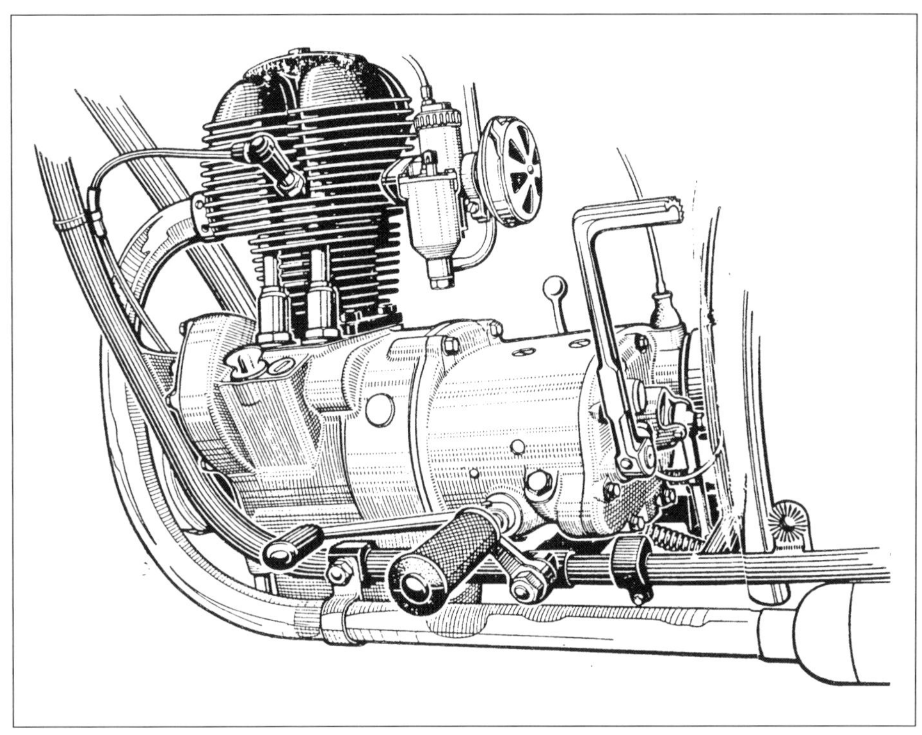

Der R 25-Motor von der Steuerseite aus betrachtet. Die Stößelführungen waren nun ins Gehäuse eingeschraubt.

Kilometer zwischen 37,6 und 35,4 Sekunden = 95,745 bis 101,695 km/h. Die Tachoanzeige zeigte also eine geringe Abweisung nach oben. Klein gemacht mit angelegten Ellenbogen und eingezogenem Kopf, Kinn so weit runter, wie es nur ging, kamen Stoppzeiten von 35,2 bis 33,8 = 102,273 bis 106,089 km/h zu Tage. Auf der Rückfahrt gegen die Windböen sah die Sache aufrecht sitzend allerdings mit 45,8 bis 40,6 Sekunden = 78,603 bis 88,670 km/h etwas angestrengter aus, und flach gemacht mit angezogenen Ellenbogen mit 40,6 bis 39,2 Sekunden = 88,670 bis 91,837 km/h.
Das Motorrad quittierte diese Vollgasmessungen mit Gelassenheit, irgendwelcher Wärmeärger trat nicht auf.
Das alles ausgewertet, ergab ein Mittel von 94,199 km/h, was mich vom Fahrgefühl her nicht sehr, aber nach den Rechnungen befriedigen mußte, zumal in den offiziellen Prospektangaben unter Höchstgeschwindigkeit 95 km/h genannt wurden.
1950 war die R 24 noch mit 100 km/h Höchstgeschwindigkeit ausgelobt worden.
Nach den beiden nächsten Wochen, in denen alles richtig mit Schmackes gefahren wurde was anfiel, dabei auch überland, wurden die Tempostoppungen auf der Zubringerbahn entlang Bremen-Nord von Bremen-Sebaldsbrück nach Bremen-Horn/Lehe bei ruhigem Wetter und wenig Wind wiederholt. Ergebnis im Mittel 98,668 km/h. Das bedeutete, daß der Motor dabei im vierten Gang über 5600 U/min hochdrehte und freier geworden war.

Die Konkurrenz war vorgeprescht, BMW zog nach: Erst bei der R 25 war das Hinterrad gefedert.

Die Beschleunigungsmessungen zeigten, daß die Maschine mit einer Person aus dem Stand bis 60 km/h etwa zehn Sekunden brauchte, bis 70 km/h etwa 14, bis 80 ca. 20 und bis 90 so zwischen 32 und 36 Sekunden. Die große Schwungmasse schien in der ersten Sekunde einen Anlauf nötig zu haben, bis 50 km/h brauchte man so um sieben Sekunden herum. Dabei griff die Einscheiben-Kupplung in der Schwungscheibe ohne zu rutschen bei Zweidrittelgas. Bis zur Endgeschwindigkeit von 95 km/h waren mindestens 40 Sekunden notwendig. Das war dieser Hubraum- und Leistungsklasse entsprechend ganz lebendig. Allerdings gab es Zweitakter, die schneller auf Drehzahl kamen und bis 60 km/h etwas fixer davonstoben, doch die die R 25 schnell wieder einholte. Doch schon im Herbst 1952 gab es das erste Baulos der Null-Serie der neuen 250er ohc-NSU-Max mit dem ebenso neuen Schubstangenantrieb der obenliegenden Nockenwelle und zunächst 15 PS, die der R 25 davonlief. Im Frühjahr 1953 legte NSU noch zwei PS drauf – also nun 17 PS bei 6500 U/min, ging in Großserie und war sofort Klassenbeste. Die seit 1933 existente 250er NSU-Oma 251 OSL ohv mit ihren zuletzt 10,5 PS bei 5000 U/min hatte nun in Ehren ausgedient. BMW machte daraufhin jedoch keine nervösen Leistungssteigerungs-Experimente mit der R 25. Es blieb bei 12 PS, man setzte auf Qualitätsfertigung, gutes Fahrwerk, vibrationsarmen Lauf des Motors und den

»sauberen« Kardanantrieb. A propos vibrationsarmer Motorlauf: Das leichte Schütteln des Motors im Leerlauf und beim Anwerfen bzw. Abstellen störte eigentlich niemanden, im Betrieb gab es jedoch ab ca. 50 km/h bis 70 km/h im vierten Gang – also zwischen 3000 und 4000 U/min eine Vibrationsphase, die man an den Lenkerenden und in den Fußrasten spüren und nicht abstreiten konnte. Gerade das war jedoch noch ein Fahrbereich im Stadtverkehr. Das Wechseln runter auf den dritten Gang, wo man dann zwischen 40 km/h und 60 km/h den Motor in fast denselben Drehzahlen arbeiten ließ, brachte keine Befreiung von diesen Lauf-Frequenzen, die oberhalb von 4000 Touren = über 50 km/h im dritten und ca. 70 km/h im vierten Gang aber gänzlich geglättet wurden. Bei dem damaligen längst nicht so dichten Verkehr wie heute und einer noch nicht eingeführten Beschränkung auf 50 km/h in geschlossenen Ortschaften,versuchten die Spezialisten, die das richtige Gefühl für diesen Motor in der Gashand hatten, bei engen Situationen im vierten Gang unterhalb von 50 zu bleiben und über Land über 70 km/h hinaus zu gehen. Oder den dritten Gang in der Stadt zwischen 40 und 50 km/h zu meiden. Na, ja – das ließ sich nicht gänzlich verhindern, und so freute man sich, daß die Fußrasten-Gummi gut gepolstert waren. Letztlich aber waren wir keine verwöhnten Teddyboys und registrierten Schwingungsfrequenzen von Motorradmotoren eigentlich erst, wenn auf 100 Kilometer Reise zwei Rücklichtbirnen dunkel wurden, die Sozia mit Schulterklopfen anfing, oder ein Fuß auf der Raste einschlief. Im Grunde lief laut Aussage vieler Tests der Motor der R 25 »wunderbar ohne Schüttelei und ganz zivil«.

Zu den Käufern zählten damals – nach einer Marktumfrage – eine nicht kleine Anzahl freiberuflicher Handelsvertreter, für die ein beruflicher Aufbau aus finanziellen Gründen nicht mit einem Auto, auch nicht mit einem gebrauchten oder Vorkriegswagen möglich war. Diese Leute waren meist keine Motorrad-Enthusiasten, sondern kühle Rechner. Sie hatten meist auch keine besonders großen technischen Kenntnisse, sondern lebten als Reisende, die in jedem Fall auf Motorrad-Werkstätten angewiesen waren. Nicht wenige von ihnen erlebten etwa schon Reifenpannen als Katastrophen. Motorschäden bedeuteten natürlich Weltuntergänge. Hier jedoch hatten BMW-Motorräder einen fast unzerstörbaren guten Ruf, auf den gerade diese Gruppe baute. Devise: Nur nicht sportlich fahren, denn pünktlich am Ziel ankommen war lebenswichtig. Eine viertel Stunde länger unterwegs wurde eben eingeplant. Die nächste Anschaffung war bei diesen Reisenden sehr oft ein Seitenwagen, in dem man ausreichendes persönliches Gepäck, Musterware, auch Regenklamotten u.v.a. bequem und dies alles trocken mitnehmen konnte. Das ging auch jungen Familienvätern oder Paaren so, bei denen das Mädchen lieber mehr geschützt über dem dritten Rad sitzen, als auf einem Soziussattel hocken mochte. Wie auch immer, es dauerte nicht lange, daß die R 25 mit Seitenwagen gefahren wurde. Der kleine LS 200 von Steib, der übrigens auch als »BMW«-Seitenwagen bei der Bestellung eines kompletten Gespanns mit BMW-Markenzeichen erschien, war vom Gewicht, von der Belastbarkeit und vom Fahrkomfort her noch geeignet. Auch die Wagen von Kali, MTW, Royal, Stolz, Wilmsen oder Felber aus Österreich – letztere ganz was Feines mit klappbarem Kabinenaufsatz – boten sich an.

Mit der größeren Übersetzung für Gespannbetrieb im Hinterrad-Kegelradgetriebe von 7 zu 36 Zähnen = 5,14 (solo 6 zu 27 = 4,5) und den Geschwindigkeiten bei

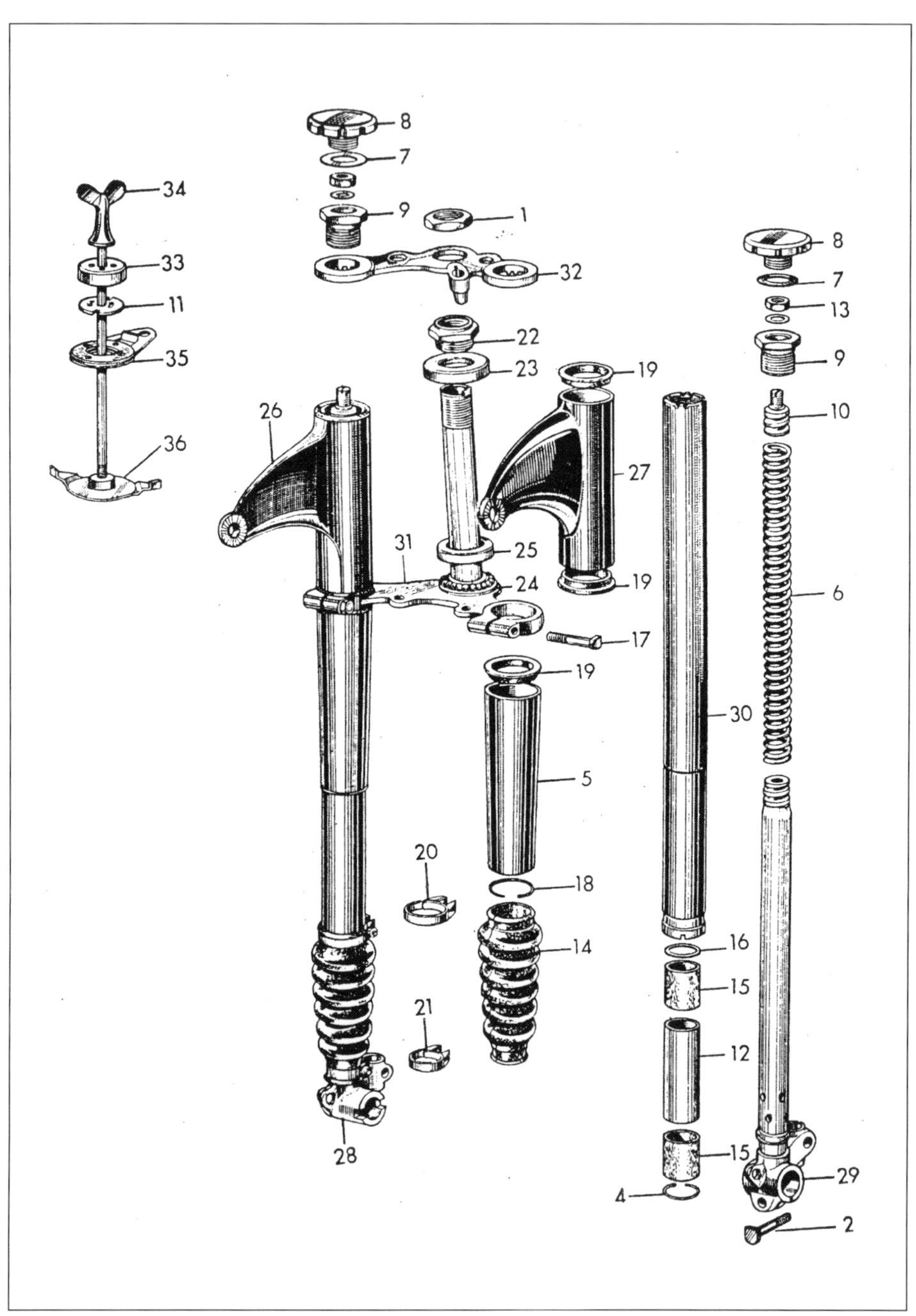

Die Gabel stammte im Prinzip unverändert aus dem Vormodell, sprach aber nun feinfühliger an.

5600 U/min in den vier Gängen von 21/44/63/83 km/h war dieses 250er Gespann als brauchbar anzusehen. Es waren jedoch keine drei, sondern nur zwei Personen (Fahrer und SW-Passagier) für das 250er R 25-Gespann zugelassen. Das dafür genehmigte Gesamtgewicht (Maschine fahrbereit mit Seitenwagen plus Fahrer und SW-Passagier) wurde mit 375 kg genannt. 50 kg wog der LS 200. Zwei Personen á 70 kg = 140 kg + SW 50 kg = 190 kg, blieben bis 375 kg genehmigtes Gesamtgewicht für Gepäck noch 185 kg. Das hätte doch gut gereicht für einen Urlaub. Aber wenn man Feriengespanne dieser Größe sah, dann wunderte man sich manchmal, welche Traute dieser oder jener hatte, irre viel Kilos über dem 375 kg-Limit noch mitzuschleppen. Sehr oft saß auf einem Soziussitz noch eine dritte Person oder ein Kind. Und die fuhren auch mit so einem überladenen Gespann mehr als 1000 Kilometer in den sonnigen Süden durch die Alpen »Komm ein bißchen mit nach Italien – «. Ob sowas mit 12 PS über die Pässe und wieder heil runter mit »Motorbremse« und beiden Maschinen-Bremsen (Seitenwagen noch ungebremst!) etwa vom Gotthard runter kamen? Ich weiß von Briefen nach der Ferienzeit, daß sie das immer wieder probierten. Manchen gelang das sogar. Doch oft waren die Bremsen unten fertig, zeigten keine Wirkung mehr. Also leichtsinnig war es in jedem Fall. Zum Glück wurde so eine vor Last keuchende 250er Ferienfuhre von der österreichischen oder italienischen Straßenpolizei nicht solche Pässe raufgelassen. O.k., aber auf ebenen Routen war das kein Problem, und es ist schon interessant, daß das die R 25 machen konnte.

Ein nicht überladenes und ganz normal besetztes R 25-Gespann war auch auf der ebenen Landstraße natürlich nicht so lebendig wie eine Solomaschine. Bei Überholmanövern hinter einem Lastwagen mußte man deshalb daran denken, daß es lange dauern konnte, wenn man an einem mit 60 km/h fahrenden Truck vorbei wollte. Beim Zurückschalten in den dritten Gang drehte der BMW-Einzylinder bei 60 km/h schon ca. 5300 Touren und mußte verdammt gut in Schuß sein, um bis auf 6000 U/min = ca. 70 km/h kommen zu können. Und das dauerte – ! Es dauerte auch noch mal so viel Zeit, auch wenn man mit blitzschnellem Schalten in den vierten Gang dort mit 4200 Touren wieder ansetzte, um genug Tempo-Überschuß zu haben, um an dem Dicken vorbei zu kommen. In diesem Grenzbereich war über die Zeit hinweg auch auf einsamen Straßen die Möglichkeit, wegen eines Gegenkommers wieder nach hinten zurückfallen und hinter dem Dicken nach rechts einscheren zu müssen, was sehr unangenehme und gefährliche Momente ergab. Da waren 12 PS einfach zu wenig, und es war besser, keinen neuen Überholversuch zu wagen. Der R 25-Motor drehte kurzzeitig schon mal bis dahin aus, aber eine waghalsige Sache war das in der Regel immer.

Die Wirkung der Hinterradfederung schien man mit der Lupe suchen zu müssen. Doch zu dieser Feststellung kommt man nur heute, wenn man logischerweise die nachfolgenden Vollschwingenmodelle der 250er Einzylinder-BMW, die R 26 (1956-1960) und die R 27 (1960-1966) fast zwangsweise mit der R 25 und der R 25/2 vergleicht.Vom Seitenwagen an der R 25 aus konnte man die Maschinen-Hinterradachse immer einige Millimeter auf und ab spielen sehen, und das Rad bockelte nicht beim harten Bremsen. Genau da war der Diamant des Fortschritts versteckt, und die Bremswirkung war solo besser als bei der R 24. Was sich aber mancher an Sitzkomfort von der neuen »Wackelvorrichtung« versprach, wie wir bösen Buben die-

se Hinterradfederung respektlos nannten, konnte höchstens noch der Sattel erfüllen, doch da machte 1950 die stramme Pagusa-Decke noch nicht ganz mit.
Es mag sein, daß man heute diese 250er 12 PS-Gespanne der 50er Jahre etwas skeptisch in Erinnerung hat, wenn man später die zwischenzeitlichen stärkeren Zugmaschinen mit 30 bis 50 PS gewohnt worden war, mit denen wir so ab 1960 in bergigen Gegenden und bei Überholmanövern keine Probleme mehr hatten. Auch die heutigen 100-PS in den Seitenwagen Zugmaschinen löschten solche Empfindungen von damals schnell aus. Es ist hier nur wichtig, den Freunden von Maschinen der 50er Jahre diese Eindrücke vom damals Machbaren zu erklären, damit sie sich drauf einstellen können, wenn fein restaurierte R 25 nun wieder für Ausflüge und Veteranen-Rallies aus der Garage geholt werden.
Der Werkzeugkastendeckel an der Tankoberfläche zeigte sich undicht, und das war ärgerlich. Denn wenn das Werkzeug nicht anrosten sollte, mußte man den Inhalt des Kastens nach jedem Regenschauer wieder trocken wischen. Die vorhandene Dichtung konnte man bald vergessen. Später gab es eine Gummidichtung, die den Verschluß abdichten sollte. Für den Deckelrand gab es auch Gummidichtungen, aber das alles blieb trotz aller Kritiken immer unbefriedigend, bis die Bastler und Eigenhelfer sich an die Arbeit machten.

Von der R 24 zur R 25 – Modellpflege in Stichworten	
Motor:	Die Höchstleistung wurde nun mit 13 PS bei 5800 U/min, und die Dauerleistung mit 12 PS bei 5600 U/min angegeben. Letztere Zahlen entsprachen dem täglichen normalen Betrieb. Der Ansaugkanal wuchs von 22 auf 24 mm, der Einlaßventil-Teller von 32 auf 34 mm Durchmesser. Der Hubzapfen wurde auf 32 mm Durchmesser verstärkt. Die Kurbelwangen waren jetzt zusammen mit den Wellenzapfen ein Schmiedestück. Die Stößelführungen erhielten festeren Sitz durch Einschrauben ins Gehäuse. Die Auswuchtung der Kurbelwelle wurde weiter verbessert, wobei das Augenmerk auch auf eine besonders feste und ausgewogene Lage des Motors im neuen Rahmen geachtet wurde. Er wurde gegenüber der R 24 um 15 mm nach hinten verschoben. Der Bing-Vergaser 1/22/28 erhielt zum störungsfreien Gespannbetrieb in scharfen Kurven eine Ausgleichskammer, damit es keinen gestörten Brennstoffzufluß gab.

Fahrwerk:	Das Motorrad bekam einen neuen geschlossenen Doppelstahlrohrrahmen, der nicht mehr verschraubt, sondern verschweißt war. Ein Sattelstützrohr und darüber eine Stahlblechtraverse zwischen den beiden oberen Rohrteilen der Hinterradgabelung ergänzten die Stabilität, so daß u.a. auch für den Seitenwagenanschluß eines leichten Wagens (z.B. Steib 200) mehr Festigkeit vorhanden war. Verstellbare Fußrasten mit Schwammgummi-Auflage. Eine Hinterradfederung war nun obligatorisch, und dafür wurde Teleskoptechnik mit Eigendämpfung gewählt. Der Federweg betrug ca. 5 mm. Die Vorderradgabel wurde nicht geändert, nur die Eigendämpfung durch Verlängerung des Abstandes der Führungsbuchsen um 30 mm verringert, um dieGabel feinfühliger zu machen. Die Gabeljoche fielen durch ihre Verstärkung auf, und die Gabelrohre erhielten am oberen Ende eine Verdrehverzahnung. Radstand von 1350 auf nun 1353 mm. Räder mit Steckachsen untereinander austauschbar. Trommel-Simplex-Bremsen mit Leichtmetall-Bremsankerplatten 160 mm Durchmesser und 25 mm Belagbreite. Verbesserte Übersetzung für den Fußbremshebel auf 1:48. Bereifung von 3.00-19 auf 3.25-19 umgestellt. Neues breiteres Vorderrad-Schutzblech mit erweitertem unterem Ende als Schmutzfänger. Hinterrad mit breiterem, aufklappbarem Schutzblech zur besseren Hinterrad-Demontage.
Getriebe:	Das Fußschaltgetriebe mit seiner weiten Stufung 3,96/1,95/1,32/1,0 und seiner weichen Kupplung wurde nicht geändert, aber für Seitenwagenbetrieb gab es jetzt für den Hinterradantrieb den Kegelradsatz mit 7 zu 36 Zähnen = Übersetzung 5,14 mit einer Gleason-Verzahnung (solo 6 zu 27 = Übersetzung 4,5 mit Klingelnberg-Verzahnung). Dazu hatte die Kupplungsdruckstange zur Entlastung eine kleine Zusatzfeder am Gehäuse bekommen. Gesamtübersetzungen in den vier Gängen: Solo 27,45 = 1. Gang/13,5 = 2. Gang/9,18 = 3. Gang/6,93 = 4. Gang. Seitenwagen 31,35 = 1. Gang/15,42 = 2. Gang/10,49 = 3. Gang/7,92 = 4. Gang
Sonstige Änderungen:	Weichere Satteldecke und Zentralfeder für den Sitz. Neue Tank-Schenkelkissen, die auch zum sicheren Fahren beitrugen.

BMW R 25/2

Nichts Neues, aber dennoch bedeutend

Kaum war der notwendige Schritt zum Besseren – oder zum »Richtigen« – mit der R 25 getan, gab es nach einem Jahr 1951 schon die verbesserte R 25/2, bei der die Erfahrungen der Versuchsabteilung wie auch der Kunden eingeflossen waren. Im Wesentlichen handelte es sich bei der /2 nur um eine in Kleinigkeiten modifizierte R 25, die leistungsmäßig nicht wesentlich zugelegt hatte. Doch mußte etwas gegen das gelegentliche schlechte Anspringen des Motors, gegen den Leistungsabfall und gegen die übertriebene Blauverfärbung des Auspuffrohrs gleich ab der Zylinderwand getan werden. Das alles waren Anzeichen, daß sich der Zündzeitpunkt in Richtung Spät verstellt hatte – angeblich die Folge unsachgemäßer Einstell-Arbeiten, wenn sich beim Ausheben der Fliehgewichte der Unterbrechernocken verkantete und eine Zündabweichung von bis zu 3° in Richtung »Spät« verursachte. So wurde nun der Zündzeitpunkt »Spät« = 5° v.o.T.

Lastesel: Solcherart vollgepackte Maschinen sah man in den Nachkriegsjahren oft. Ein Motorrad war ein Arbeitstier, kein Sportgerät. BMW R 25/2, 1952.

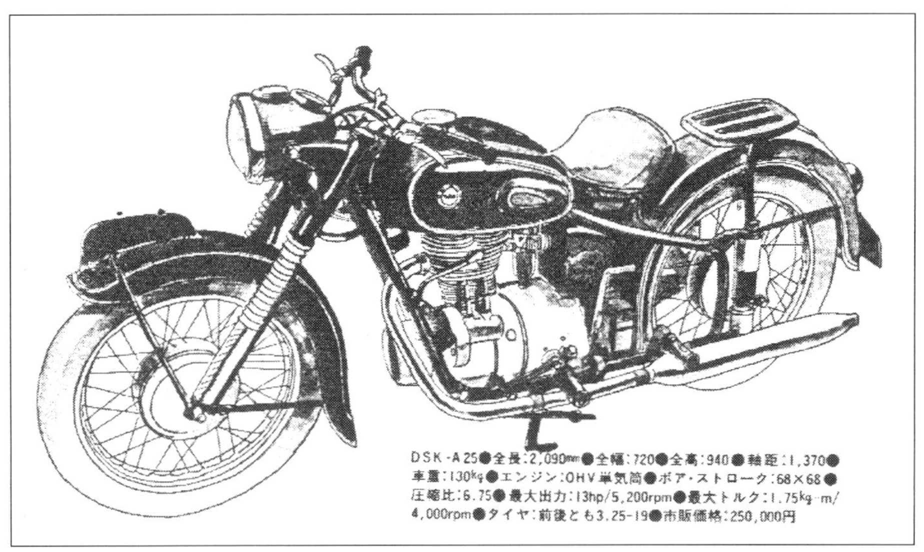

Auch im fernen Japan gab es den BMW-Single. Die R 25/2 wurde dort als DSK A 25 vermarktet, obwohl anscheinend keine entsprechenden Lizenzvereinbarungen zwischen BMW und dem japanischen Hersteller existierten.

eingestellt, wobei die Fliehgewichte in Ruhestellung zu bleiben hatten und von der Hand nicht berührt werden sollten. Der Kontaktabstand des Unterbrechers war dabei auf 0,4 mm ohne Toleranzen zu bemessen. Um die Zündeinstellung mittels Stroboskop bei laufendem Motor prüfen zu können, wurden ab Motornummer 264 251 außer der Totpunkt-Markierung an der Schwungscheibe noch für die Spätzündung-Einstellung auf 5° v.o.T. und die Frühzündung 40° v.o.T. je eine 4 mm starke vernickelte Stahlkugel eingesetzt und verstemmt.

Außerdem sollte nun die Wärmeabstrahlung vor allem am Zylinderkopf verbessert werden. Deswegen erhielt das Aggregat ab der Motornummer 263 051 einen mattschwarz lackierten Kopf. Für nachträgliches Schwärzen schon gelieferter Maschinen stand ein schwarzer Grundlack der Firma Groß & Perthun aus München zur Verfügung. Wichtig war, daß der Wärmeübergang vom Kopf zu den Zylinderkopfdeckeln dadurch besser funktionierte, daß ab der obigen Motornummer eine Weichaluminium-Dichtung zwischen Kopf und Kopfdeckel statt der bisherigen Reinzolit-Dichtung verwendet werden mußte. Ein durchgehender Verstärkungswulst zwischen den beiden Ventilführungen im Zylinderkopf verbesserte den Wärmefluß von den Ventilführungen zur Kopf-Verrippung, und gleichzeitig bekam die Zündkerzenbüchse zur Erzielung eines festeren Sitzes eine Kegelform statt der bisherigen balligen (ab Motornummer 267 301).

Im Ganzen wurde eine Temperatursenkung im Durchschnitt von immerhin 25 % erzielt, was einen wesentlichen Fortschritt in Richtung Zuverlässigkeit markierte. Das war wohl die wesentlichste verbessernde Maßnahme am Modell R 25/2 überhaupt. In der Folge benutzte BMW diesen »Mohrenkopf« auch noch bei dem nächsten Modell R 25/3. Das ging so lange, bis die Tatsache, daß die Kunden lieber blanke Motorenteile als schwarze ansehen wollten, sowie auch die technische Überlegung durchschlug, statt des Zylinderkopf-Schwärzens eben mehr Kühlfläche zu verwenden, die Mohrenköpfe verschwinden ließ. Ab den beiden nachfolgenden Modellen R 26 (1956) und R 27 (1960) wurden die Kühlflächen am Zylinderkopf vergrößert. Weitere Änderungen betrafen etwa – ebenfalls ab Motornummer 263 051 – die Vorderradgabel mit einer zusätzlichen Ferrozell-Gleitbüchse, um das Klirren der Tragfedern zu vermeiden. Von der gleichen Motornummer ab gab es eine andere Rückzugsfeder für den Kippständer, weiter auch statt des bisherigen Batterie-Spannbandes eines aus Gummi, damit Vibrationen kein Überschäumen derBatteriesäure verursachen konnten.

Die R 25/2-Einzylinder wurde übrigens mit 38.650 produzierten Einheiten von 1951 bis 1953 zum größten bisherigen Markterfolg für BMW-Motorräder seit Beginn des Motorradbaus. Selbst die zwischen 1935 bis 1941 gebauten 36.000 750er Zweizylinder-Boxermodells R 12, bei dem die Militär-Aufträge für Stückzahlen brachten, reichten nicht daran. Doch es sollte noch besser kommen: Zwischen 1953 bis 1956 setzte das 250er Einzylinder-Nachfolge-Modell R 25/3 mit 47.700 produzierten Einheiten noch eins drauf, welche Produktionszahl für ein einzelnes BMW-Motorradmodell ohne Typ-Seitenlinien bis mindestens zur Mitte der 90er Jahre nicht mehr überboten wurde. Und erst die seit 1994 auf dem Markt befindliche 652 cm^3-Einzylinder F 650 hat das Zeug dazu, diesen Rekord zu brechen.

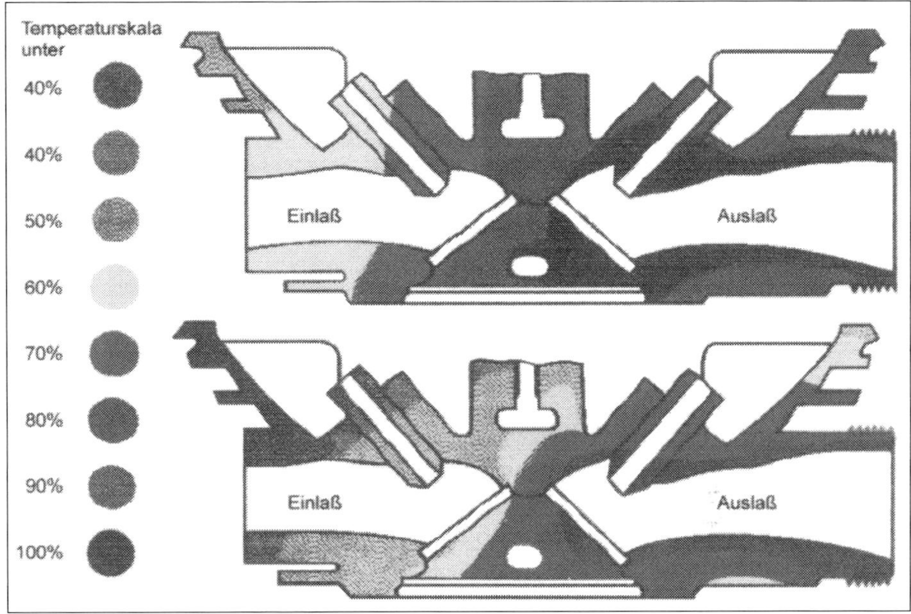

Die Schwarzfärbung führte zu einer besseren Hitzeabstrahlung, was die thermische Gesundheit des Triebwerks wesentlich verbesserte.

BMW R 25/2, 1951, hier noch ohne »Mohrenkopf«, den für die BMW-Einzylinder der 50er Jahre so typischen , schwarzlackierten Zylinderkopf.

BMW R 25/3

Die Krönung

Die erfolgreichste BMW-Einzylindermaschine der 50er Jahre: die R 25/3, 1953 – 1955.

Zwischen dem Modell R 25 im Herbst 1950 und dem Erscheinen der R 25/3 im Herbst 1953 gab es trotz des Zwischen-Modelles R 25/2 während dreier Jahre kaum etwas in der deutschen Fachpresse über dieses Motorrad zu lesen, obwohl die Maschine bis zum Erscheinen des 250er Zweizylinder-ohv-Boxermotors der Hoffmann-Gouverneur im Frühjahr 1952 und der 250er NSU-Max im Sommer 1952 der einzige Viertakter in dieser Hubraum-Klasse war. Der Grund lag an der Tatsache, daß der Einzylinder-BMW-Typ mit großer Sorgfalt in so kleinen Schritten weiterentwickelt wurde, daß sich das Papier nicht lohnte, um davon in allen Einzelheiten zu berichten. Das soll nicht heißen, daß damals die

Leute in der BMW-Motorradentwicklung pennten – im Gegenteil, sie waren sehr aktiv, ließen aber kaum etwas davon an die Öffentlichkeit gelangen.

Das Publikum jedoch erwartete von einer neuen Maschine auch wirklich wesentliche neue Details, und nicht nur kosmetische Änderungen wie etwa einen neuen Haltebügel für das vordere Schutzblech oder eine andere Schalldämpferform. Echte Fortschritte gab es zwischen der R 24, erschienen im Herbst 1948 und der R 25 im Herbst 1950. Und so einen – die Veröffentlichung lohnenden – Schritt weiter gab es erst wieder im Herbst 1953 bei der Neuerscheinung R 25/3.

Die Maschine wirkte durch die nun mehr verwendten 18-Zoll-Räder (statt der bisherigen 19-Zöller) etwas niedriger als die R 25/2, war es aber mit 730 mm Sattelhöhe nicht. Sie war auch nicht – wie es aussah – kürzer, sondern eine Idee länger, und hatte gegenüber dem Vormodell R 25/2 acht Kilogramm mehr fahrfertiges Gewicht – eine ganze Menge, und dafür leider nur ein offizielles »Dauerleistungs«-PS mehr, obwohl der Ingenieur und Motorrad-Fachjournalist Helmut Werner Bönsch bei der Prüfstelle für einheitliche Leistungsmessung für den Verband der Fahrrad- und Motorradindustrie (VFM) 14 »Höchstleistungs«-PS bei 6500 1/min ermittelte. Diese 14 PS-Leistungskurve erschien auch in der Fachpresse. Das Werk allerdings blieb dabei: 13 PS Dauerleistung bei 5800 1/min.
Die zwei bezeihungsweise zwei Mehr-PS wurden mittels einer höheren Verdichtung auf 7,0 (statt wie bisher 6,5), mit einer besseren Füllung durch den größeren Vergaser-Durchmesser von 24 mm statt vorher 22 mm begründet, und mit dem auf insgesamt 70 cm verlängerten Ansaugweg zwischen Luftfilter (mit Starterklappe vorn unterm rechtenTankboden) durch die rechte Tankhälfte, z.T. mit drei Krümmungen und dann inkl. Vergaser bis zum Einlaßventil, was man von außen kaum wahrnehmen konnte.
Es entstand allerdings kein ausgesprochen heißer Sportmotor, doch merkte man mit dem leichten Steib-Seitenwagen LS 200 an der rechten Seite, daß die Motorleistung für das damalige Verkehrsniveau tatsächlich gut ausreichte. Es war einfach mehr Kraft im unteren Drehbereich vorhanden, die gerade bei der größeren Belastung im Seitenwagenbetrieb auf zwei Spuren mit ihrer Charakteristik »von unten her« so wichtig war. Doch das Schalten und Ausfahren der Gänge bis über 6000 Touren durfte nicht vergessen werden, und die

Die Ansaugleitung vom Filter zum Vergaser wurde verlängert, um einen gleichmäßigen Luftstrom zu erhalten. Der schwarze Zylinderkopf wurde zur besseren Wärmeableitung beibehalten.

Das reichhaltige Bordwerkzeug konnte seitlich im Tank hinter einem abschließbaren Deckel verstaut werden.

Spurbreite des kleinen Gespanns sollte die 104 cm nicht übersteigen. Anderenfalls erwies sich das Boot als echtes Hindernis. Übrigens: einen Seitenwagen an eine R 25, R 25/2 und R 25/3 links anzubauen war/ist deswegen unmöglich, weil man dann den quer zur Fahrtrichtung zu bewegenden Kickstarter nicht betätigen kann, der an der linken Maschinenseite vorhanden ist.

Die meisten R 25/3 wurden damals aber solo gefahren, und von daher war diese »Taschen-BMW«, wie die unvermeindlichen Spaßvögel sagten, überhaupt kein Mauerblümchen. Sie war mit dem quadratischen Bohrung/Hub-Verhältnis recht drehfreudig, was Überholmanöver zu einer sehr sicheren Sache machte. Der dritte Gang ließ sich doch sage und schreibe fast bis Tachoanzeige 90 km/h ausfahren, bevor man den vierten Gang einlegte. Bei solch einem Manöver merkte man bald, wieviel Schwung diese Laufcharakteristik bot.

Einen Drehzahlmesser hielten die Fabriken damals bei normalen Maschinen für unnötig. Erstens natürlich wegen der Kosten und zweitens, weil so ein Instrument außerhalb des Renngeschehens für den normalen Fahrer nur als Angabe galt. Die meisten hatten sowieso noch Angst vor der Ausnutzung des Drehvermögens ihrer Motoren und trauten denen außerdem noch nicht zu, daß sie längere Zeit mit Vollgas auf der Auto-

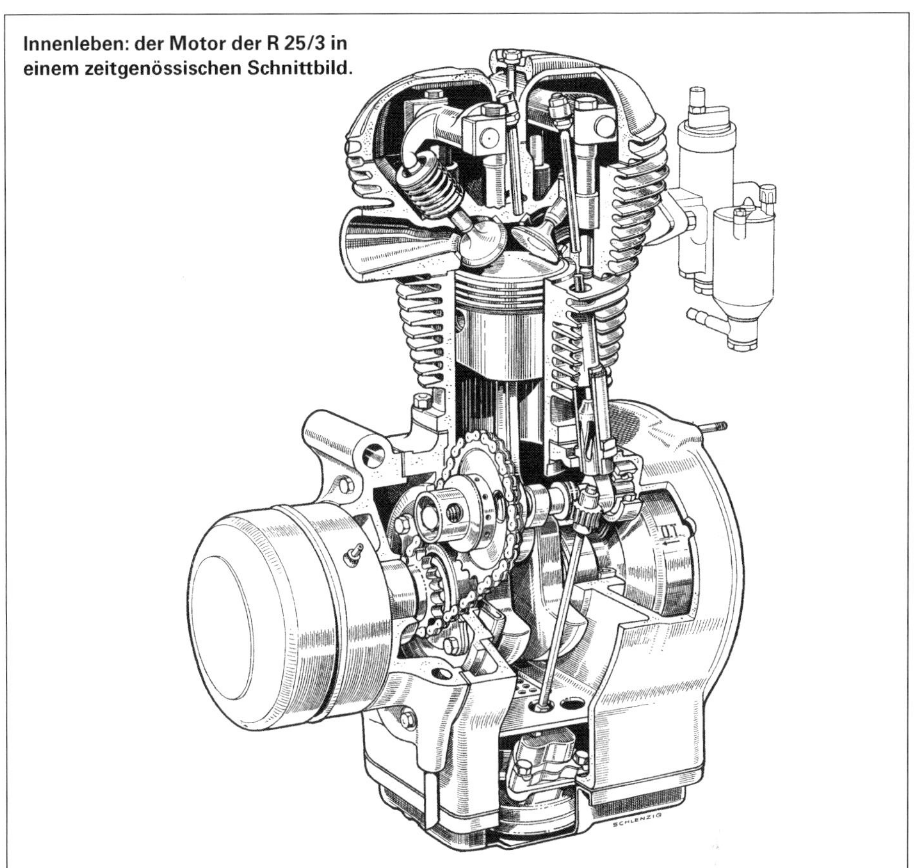

Innenleben: der Motor der R 25/3 in einem zeitgenössischen Schnittbild.

bahn und mit dauernder Auslastung bei Überholmanövern lange durchhalten würden. Dabei wäre eine Drehzahluhr ein Segen gewesen, denn die Motoren hielten nicht nur bei der R 25/3.

März 1954. Ich gewöhnte mir das Drehzahl-Fahren an und erzielte solo immer flotte Reiseschnitte, auch über kurvenreiche und bergige Landstraßen. Bei einer Überdrehzahl von 7000 Touren blieb die Kolbengeschwindigkeit mit 15,89 m/sec, was unterhalb des kritischen materialmordenden Bereiches lag, der ab 18 m/sec begann. Ausprobiert habe ich das während einer Reportage-Fahrt hin und zurück zur DMV-Zweitagefahrt von Stuttgart aus über rund 282 Kilometer Landstraße in den Taunus, bei Regen in 4 Stunden und 43 Minuten = 283 Minuten = 61,978 km/h Gesamtschnitt. Immer die Gänge beim Überholen und auf guten Geraden hochgezogen bis zum Kommt-nix-mehr. Route: Neckar entlang flußabwärts, Odenwald, Frankfurter Gewirr bis Oberreifenberg, und keine Pause. Ich war zwar kein Aktiver bei der schweren Gelände-Zuverlässigkeitsfahrt, aber ein sehr aktiver Reporter. Dann kamen Gelände und viele Kilometer in den kleinen Gängen. Erster Fahrtag Nässe bis ins Siegerland rauf, zweiter Fahrtag wie-

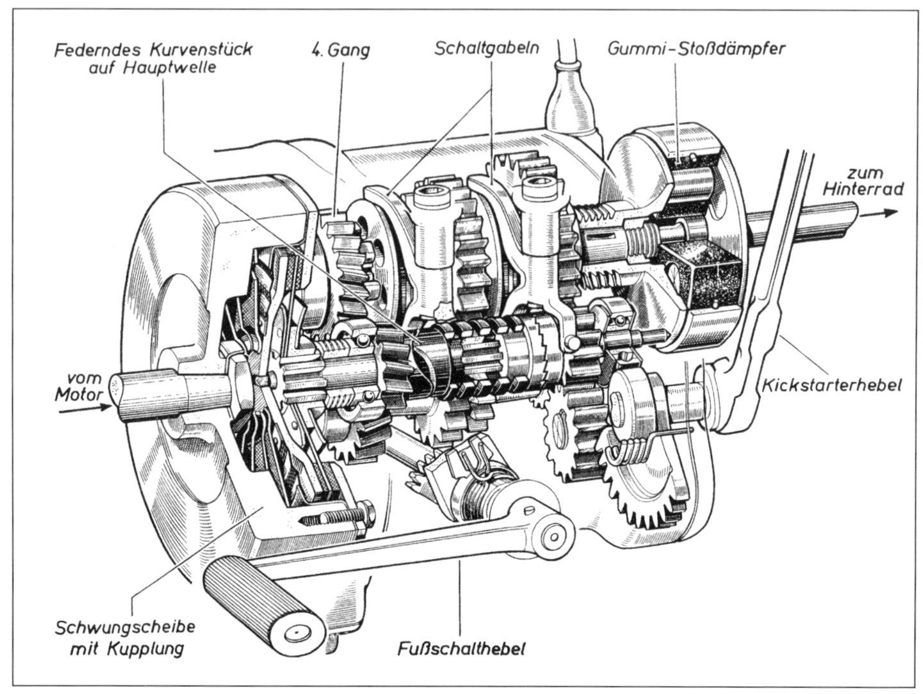

Das Viergang-Klauengetriebe des BMW-Einzylinders.

der durch wilde Gegenden, nun im Westerwald und wieder zurück nach Oberreifenberg ins Ziel. Abends Siegerehrung. Wenig Schlaf.

Am nächsten Morgen, als die Hähne krähten, um fünfe wieder auf die Taschen-BMW zur Rückfahrt nach Stuttgart bei Trockenheit, diesmal zu 80 % über die Sch...-Autobahn. und gerade hier kein Pardon im dritten und vierten Gang. Auch lange Steigungen hoch und lange Gefälle runter. Tacho 95 (ehrliche 94,103 km/h) bergauf im Dritten und Tacho125 (ehrliche 124,688 km/h) im Vierten bergab. Dann Tacho 120 (ehrliche 114,268 km/h) in der Ebene. Das stand alles nicht nur einmal auf der Uhr (letzteres waren aber »nur« 6000 Touren). Nebenbei erklärt: Das Eichen des Tachometers hatten wir mit Stoppuhr auf der München-Ingolstädter Autobahn schon beim Abholen der Testmaschine nach den dortigen Kilometermarkierungen gemacht. Diese Rückfahrt nun bestand insgesamt aus 252 km in drei Stunden 19 Minuten = 252 Minuten = 75,98 km/h Gesamtdurchschnitt, mit etwas Rückenwind aus Nordwest und Vollgas, wo es ging. Inklusive fixes Nachtanken. Pünktlich zum Frühstück bis in die Paulinen-Straße, wo der Ernst des Lebens in der *Motorrad*-Redaktion nach zwei feinen Tagen voller Geländewege, Pflasterstraßen, Zeitkontrollen, Fotografieren der wilden Geländemänner, wieder begann. Mein Versuch, während des Wettbewerbes das favorisierte normale 600er 35 PS-Serien-Gespann BMW R 68 im Sport-Trimm von Wilhelm Noll/ Fritz Cron auf dem wilden Kurs länger zu halten, ging aber mit meinen Straßenreifen auf der Wetter-Schmiere doch nicht so gut, wie ich gehofft hatte. Schade. Das war's dann. Begrüßung vom Chefredakteur Carl Hertweck: »Mach gleich den Motor raus und schau da mal rein, fotografier den Kolben und sowas. Du weißt schon, für den Test«. Daß vorher die dreckverschmierte R 25/3 erstmal abgewaschen werden mußte, war obligatorisch, ohne extra gesagt werden zu müssen. Fotos entwickeln und schreiben kam erst später dran.

Dazu kam der Motor nicht aus dem Rahmen raus, nur der Tank weg. Kopf und Zylinder gingen ohne Probleme runter, und ich sah einen guten Kolben mit gleichmässiger Betriebspatina ohne Schäden, auch keine Anormalien an den Ringen und keine zu enge Bolzenpassung. Das Pleuel hatte keine Luft im Rollenlager. Der Motor war in der Tat vollgasfest, wir hatten das Motorrad mit km-Stand 2714 Mitte Februar in München übernommen und jetzt schon über 1800 runtergeschrubbt. Das folgende Wochenende war ein Törn in den

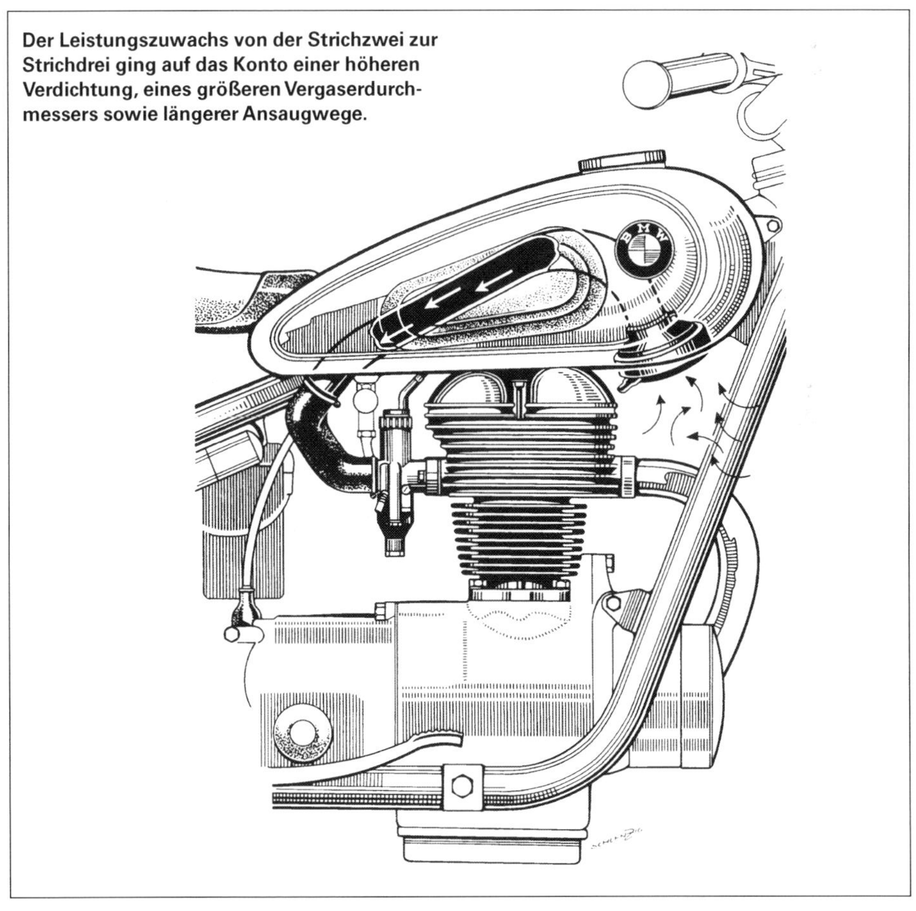

Der Leistungszuwachs von der Strichzwei zur Strichdrei ging auf das Konto einer höheren Verdichtung, eines größeren Vergaserdurchmessers sowie längerer Ansaugwege.

Hängende Ventile, betätigt über Stoßstangen und Kipphebel sowie seitlich liegende Nockenwelle: der R 25/3-Motor war ein Muster an Zuverlässigkeit und Ausdauer.

hohen Norden und zurück angesagt, Hundertpfund-Mädchen hintendrauf und so weiter, Anfang Juni war im Heft der Test geordert. Die kleine BMW machte mir immer mehr Spaß, obwohl sich längst Hinterradschwingen auch in Deutschland eingebürgert hatten.

1952 ging die Schwingen-Mode erst zögerlich los. Dazu gehörten 1954 Bismarck, Expreß, Göricke, Gritzner, Hercules, Maico, Mars, NSU, Puch in Österreich mit gutem Import in unser Land, Tornax, Triumph (200er Cornet), UT und Zündapp (Elastic). War die R 25/3 nicht doch schon zurückgeblieben ? Bei BMW war es Tradition, daß man neue Ideen erst einmal gründlichst untersuchte und dann sehr sorgfältig damit anfing, wenn die Entscheidung gefallen war. Dann aber mußte das Beste draus

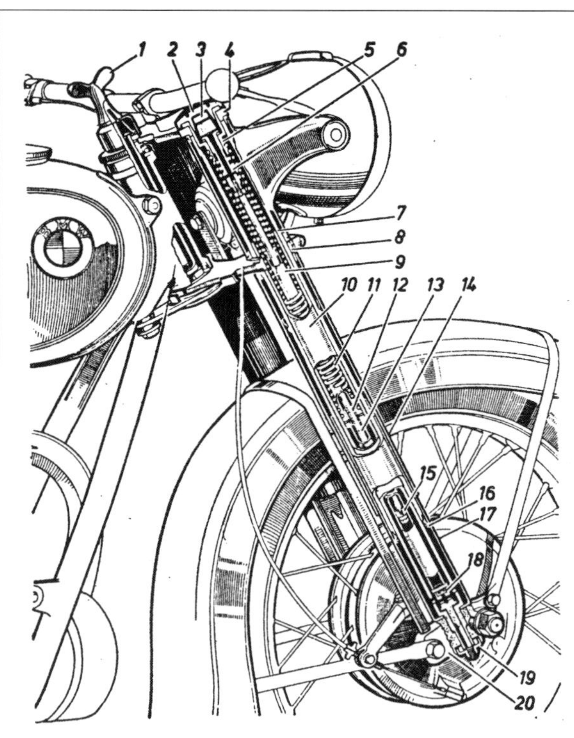

Die Teleskopgabel der R 25/3:

1 Flügelschraube
2 Verschlußkappen
3 Gummipuffer
4 Gabelführung
5 Einschraubstücke
6 Druckstück
7 Gabelrohre
8 Gabelführung
9 Stoßdämpferrohr
10 Gleitrohr
11 Schraubenfeder
12 Führungsbuchse
13 Stoßstange
14 Verkleidungsrohr
15 Ölauslaßventil
16 Gabelabdichtung
17 Verkleidungsrohr
18 Öleinlaßventil
19 Mutter
20 Endstücke

gemacht werden. Vorrang hatte in erster Linie der Begriff Qualität. Sowas dauerte nun mal seine Zeit. 1954 lief die erste Hinterradschwinge für das nächste R 25-Modell im Versuch, und tauchte ein- oder zweimal bei Gelände-Zuverlässigkeitswettbewerben auf. Der Prozentsatz an Motorrädern mit so einer Hinterradschwinge betrug zum 54er Zeitpunkt unter allen deutschen Motorrädern 23 %, im Frühjahr 1956 war er auf 53 % gestiegen, als BMW im Frühjahr 1956 die neue R 26 mit Vorderrad- und Hinterradschwinge auf den Markt brachte. Bis dahin waren von der 25/3 sage und schreibe 47 700 Exemplare produziert worden, und die noch fehlende moderne Hinterradfederung hatte den Verkauf doch nicht so gebremst, wie viele Beobachter befürchtet hatte.

Die Taschen-BMW wurde während der Testzeit zu einem Dauerbrenner bei uns, auch noch mit Seitenwagen. Das Motorrad zeigte keine Macken. Die ungedämpfte Teleskop-Hinterradfederung schluckte vergleichsweise zu einer Schwingenmaschine nicht so viele Querrillen, Wackersteine, Löcher und beim Bremsen die kleineren Steine und sowas, aber als Gespann und auch solo ließ die Maschine sich gut und auch spurtreu bewegen. Eine mehr progressiv gestaltete Federkennung sowie etwas mehr Federhub half, und die neue Telegabel mit ihrer Zweiweg-Öldämpfung tat das Ihrige dazu.

Die neue Teleskopgabel brachte wesentliche Fortschritte in Sachen Spurhaltung.

Mitte der 50er Jahre galt die Hinterrad-Federung der R 25/3 schon etwas veraltet. Sie bot nur wenig Federweg, und keine Dämpferwirkung – was ihrem Erfolg keinen Abbruch tat.

Damals entdeckte »man« den Süden Europas mit den Capri-Fischern am Meer, pfiff »Komm ein bißchen mit nach Italien« oder den Ohrwurm »Bella Napoli«, und zu den Ferienzeiten kamen sehr viele 250er solo und mit Seitenwagen – als Familienkutsche überladen bis zum Gehtnichtmehr – über die Alpen via Milano und so weiter. Das machten eine Menge R 25/3 auch ohne Pannen mit. Das BMW-Hämmerchen erwarb sich weitere Freunde, weil es beispielsweise mit Steckachsen versehene und deswegen austauschbare Räder besaß, bei denen gab es beim Ein- und Ausbau kein mieses schwarz-schmieriges Kettenpuhlen. Die Geradwegspeichen in ihren Verankerungen der Leichtmetall-Vollnaben und der Leichtmetall-Hochschulterfelgen hielten viel aus. Obwohl die Bremswärme in der geschlossenen Nabe bei der innen separat vom Nabenrand gehaltenen Bremsfläche ohne Be- und Entlüftung nicht so schnell abkühlte, war trotzdem zum Beispiel eine Großglockner-Abfahrt kein Bremsenproblem mehr, was einen großen Fortschritt auch gegenüber manchem damaligen Automobil darstellte. Das Bordwerkzeug galt als erste Klasse und kam hinter dem an der linken Tankseite aufklappbaren Kniepolster unter.
Nach den ersten Kilometern fiel uns die 25/3 auch dadurch auf, daß sie ein moderates Auspuffgeräusch präsentierte. Jenseits von 60 km/h wurde das Windgeräusch am Halbschalen-Helmrand stärker als der Ton des Motors. Das war ein Draxhelm mit kleinem Schirm, wegen dem wir noch sehr oft von unseren Freunden als »Rennfahrer« gehänselt wurden, denn die Menschen waren zu dieser Zeit noch nicht vom

Testers Liebling: Die BMW-Einzylinder-Testmaschine, die 1954 im harten Motorrad-Einsatz stand.

heutigen Sicherheitsdenken befallen. Im Sommer fuhr »man« mit leichter weißer Leinenhaube, als feiner Mann mit einer hundert Meilen sitzfesten Sport-Schirmmütze aus Harris-Tweed oder aber mit einer 08/15-Lederhaube. Helmträger waren die Renn- und Wettbewerbsfahrer oder aber – in den Augen des Volkes – nur Angeber oder Spinner. Nun gut, das Motorrad war wunderbar geräuschgedämpft. Auch mechanische Geräusche des Motors kamen uns bei seinem Hochdrehen nicht zu Ohren. Im allgemeinen waren junge Heißsporne noch nicht so weit, daß sie auf langer Strecke weniger Fahrgeräusch zu schätzen gelernt hatten, aber auf dem Törn zum Nordseestrand von über 1700 Kilometer hin und zurück in vier Tagen fiel uns dieser Punkt an der 25/3 doch angenehm auf.
Unsere Testmaschine besaß noch den geschwärzten Zylinderkopf – »Mohrenkopf« – mit einer Weichaluminiumdichtung (Nr. 224 3 04 129 03) zwischen Kopf und Zylinder. Leider verschwand die Schwärzung später wieder, weil im Laufe der Zeit aus dem Verkaufsbereich Beschwerden über das »triste« Aussehen des Motors auflebten und nicht mehr verstummten. Daß dadurch der Motor höchsten Belastungen viel besser als ohne Schwärzung widerstanden hatte, schien den Kaufleuten nichts zu bedeuten. Dabei hatte BMW auch noch aufklärende Druckschriften unter die Kundschaft und Händler gebracht und die Fachpresse hatte darüber ausführlich geschrieben. Die Idee tauchte danach nicht mehr auf, die Mohrenköpfe verschwanden bei BMW.

BMW-Gespann R 25/3: Ab Werk als BMW-Seitenwagen »Standard« angeboten, wurde der bewährte LS 200-Seitenwagen vom Nürnberger Hersteller Steib geliefert.

Technische Daten der BMW R 25/3	
Bauzeit:	1953-1955
Fahrzeug-Nummern:	von 284001 bis 331703
Motor:	Luftgekühlter Einzylinder-Viertakter mit stehender Zylinder, ein Auspuffrohr. Leichtmetallzylinderkopf mit geschwärzter Außenhautzur besseren Wärmeableitung. Kurbelwelle längs der Fahrtrichtung,in Kugellager laufend. Pleuelfuß auf käfiggeführtem Rollenlager. Leichtmetall-Kolben mit drei Kompressions- und einem Ölabstreifring. Motor im Rahmen in Gummi gelagert. Bohrung x Hub: 68 x 68 mm; Hubraum: 246,954 = 247 cm^3; Verdichtung: 7,0. Leistung Werksangabe: 13 PS bei 5800 1/min, VFM geprüft: 14 PS bei 6500 1/min Leistungsgewicht fahrfertig: 10,4 kg/PS; besetzt mit einer 70 kg-Person: 15,4 kg/PS. Druckumlaufschmierung: durch Zahnradpumpe; Ölmenge Motor 1,25 l, Ölviskosität: Sommer SAE 40 / Winter SAE 20. Einscheiben-Trockenkupplung mit progressiv wirksamer Tellerfeder an Schwungscheiben-Innenfläche mit Tellerfeder, Scheibe, Druckring, einteilige Kupplungsdruckstange.
Ventiltrieb:	Kettengetriebene Nockenwelle, hängende Ventile, über Stoßstangen und Kipphebel bewegt (ohv), Steuerzeiten bei 2 mm Ventilspiel: Einlaßventil öffnet: 6° nach OT bei 2 mm Spiel; Einlaßventil schließt: 34° nach UT bei 2 mm Spiel; Auslaßventil öffnet: 34° vor UT bei 2 mm Spiel; Auslaßventil schließt: 6° vor OT bei 2 mm Spiel; Ventilspiel bei kaltem Motor: Einlaßventil: 0,1-0,15 mm, Auslaßventil: 0,15-0,2 mm.
Vergaser:	Type Bing 1/24/41; Durchgang: 24 mm; Hauptdüse: 145; Nadeldüse: 1208; Nadelstellung: 2; Leerlaufdüse: 35; Luftregulierschraube: 1,5 Umdr. offen; Schwimmer-Gewicht: 2 gr.; Typ Sawe K 24 F: Durchgang: 24 mm; Hauptdüse: 150; Leerlaufdüse: 35; Nadeldüse: 702; Düsennadel: 054 Nadelstellung: 1; Korrekturdüse: 1,5,
Elektrik:	Zündlichtmaschine direkt auf der Kurbelwelle, 6 Volt Noris ZLZ 45/60 Watt, 1600 L
Zündungsart:	Batteriezündung mit selbsttätiger Zündzeitpunkt-Verstellung an der Zündlichtmaschine.
Zündkerze:	Wärmewert 240, Gewinde M 14, Elektroden-Abstand 0,6 mm; Zündverstellung: Fliehkraft, automatisch 35°. Zündeinstellung: Fliehkraftregler auf spät (geschlossen), 7° vor OT. Frühzündung 42 ° v. OT
Regler:	6 Volt-Regler Bosch-Z ; Batterie: 6 Volt/7 Ah.

Beleuchtung:	Bilux-Lampe 6 Volt, 35/45 Watt mit elektrischem Abblendschalter, Standlicht 6 Volt, 1,5 Watt Schlußlicht Soffitte 6 Volt, 5 Watt. Rote Ladekontrollampe im Scheinwerfer 6 Volt, 1,5 Watt; Grüne Leerlauflampe im Scheinwerfer 6 Volt, 1,5 Watt. Tachometerlampe 6 Volt, 1,2 Watt.
Signal:	Boschhorn, FCF 6/8 Volt
Kraftübertragung:	Am Motor angeblocktes Viergang-Schaltklauen-Getriebe mit Fußschaltung. Drei Wellen, Räder ständig im Eingriff. Vierter Gang schräg verzahnt, kombiniert mit Antriebsstoßdämpfer. Elektrische Leerlaufanzeige im Scheinwerfer. Ölfüllung im Getriebe: 0,65 cm^3, Ölviskosität: Sommer SAE 40 / Winter SAE 20. Getriebeüntersetzungen solo u. Seitenwagen: 1. Gang: 6,1, 2. Gang: 3,0, 3. Gang: 2,04, 4. Gang: 1,54 Hinterradgetriebe solo: Zähnezahl 25:6 = 4,16; Gesamtübersetzung solo: 1. Gang: 25,38, 2. Gang: 12,48, 3. Gang: 8,48, 4. Gang: 6,40 Hinterradgetriebe für Seitenwagen: Zähnezahl 24:5 = 4,8; Gesamtübersetzung für Seitenwagen: 1. Gang: 29,28, 2. Gang: 14,40, 3. Gang: 9,79, 4. Gang: 7,39. Getriebestufung solo u. Seitenwagen: 1. Gang: 3,96, 2. Gang: 1,94, 3. Gang: 1,32, 4. Gang: 1,0 Errechnete Endgeschwindigkeit in den vier Gängen bei Höchstdrehzahl 6500 1/min: solo: 1. Gang: 29,20 km/h, 2. Gang: 59,36 km/h, 3. Gang: 87,38 km/h, 4. Gang: 115.78 km/h Seitenwagen: 1. Gang: 25,30 km/h, 2. Gang: 51,46 km/h, 3. Gang: 75,70 km/h, 4. Gang: 100,27 km/h
Hinterradantrieb:	Kurbelwelle-Schwungrad-Kupplung-Getriebehauptwelle direkt. Vom Getriebeausgang über Kardanwelle zum Hinterrad. Ölfüllung im Hinterradgetriebe: 0,125 cm^3 Ölviskosität: Sommer u. Winter SAE 40
Fahrwerk:	Rahmen: Geschlossener, geschweißter Doppelstahlrohrrahmen mit Sattelstützrohr und Stahlblechtraverse an Hinterradgabelung.
Federung:	Vorderrad: hydraulisch gedämpfte Teleskopgabel mit doppelt wirkender staubdichter Ölstoßdämpfung; Ölfüllung: 0,130 cm^3, Ölviskosität: Sommer SAE 20/Winter SAE 10. Hinterrad: auf beiden Maschinenseiten staubdicht gekapselte, mechanische Teleskopfederung .

Räder:	untereinander austauschbar mit Steckachsen, Leichtmetall-Vollnaben, symmetrisches Profil, gerade Speichenköpfe. Solo: Hochschulter-Alufelge 2.15 x 18, Seitenwagen-Betrieb: Stahlfelge verchromt 2.15 x 18, Radnaben-Schmiermittel: Schmierfett mit Tropfpunkt 180° C. Bereifung: Metzeler Block C, 3.25-18, Radumfang: 1,90 m; Luftdruck: 1 Person: vorne 1,5 bar; hinten 1,7 bar, 2 Personen: hinten 2,0 bar
Bremsen:	Vorderrad: Per Hand mechanisch betätigte Leichtmetall-Vollnaben-Simplexbremse Hinterrad: Per Fuß mechanisch betätigte Leichtmetall-Vollnaben. Simplexbremse, Bremsendurchmesser: 160 mm. Bremsenbelagquerschnitt: 35 x 4 mm

Gewichte, Maße, Füllmengen

Maße:	Solomaschine: Radstand 1365 mm, größte Breite 760 mm, größte Länge 2065 mm, größte Höhe 960 mm, Sattelhöhe unbelastet 730 mm, Bodenfreiheit 105 mm. Seitenwagen-Maschine: Größte Spurweite: 1043 mm, größte Breite: 1560 mm, größte Länge: 2220 mm
Gewichte:	Solo: Leergewicht (mit vollem Tank): 145 kg. Zuladung: 170 kg, zul.Gesamtgewicht: 320 kg. Mit Seitenwagen: SW-Leergewicht 65 kg, Gespann-Leergewicht: 220 kg. Zuladung: 230 kg, zul. Gespann-Gesamtgewicht: 450 kg.
Füllmengen, Verbräuche:	Benzintank: 12 Liter, davon Reserve: 1,5 Liter. Ölwanne: 1,25 Liter. Testverbrauch während 4560 km ca. 3,3 Liter/100 km
Fahrdaten:	Solo-Höchstgeschwindigkeit (Mittelwerte): aufrecht sitzend 105 km/h, liegend 115 km/h Gespann-Höchstgeschwindigkeit: aufrecht sitzend mit aufgestellter Boot-Scheibe: 85 km/h, liegend mit umgelegter Boot-Scheibe: 90 km/h
Ausstattung:	Schwingsattel mit einstellbarer Zentralfeder und doppelter Sitzdecke. Tachometer im Scheinwerfer. Im Scheinwerfer Kontrollleuchten für Batterieladung, Leerlauf und aufgeblendetes Licht. Lenker in Gummigelagert. Lenkschloß. Werkzeugkasten hinterm linken Tank-Kniekissen. Am Rahmen Kugeln für Seitenwagen-Anbau und Augen für Soziusfußrasten. Steckdose für Seitenwagenlicht unterhalb des Sattels. Sitzbank auf Wunsch. Demontierbarer Gepäckträger. Mittelständer. Hinterradschutzblech für leichte Demontage des Rades aufklappbar. Stoplicht. Hervorragendes Bordwerkzeug. Serienmässige schwarze Lackierung mit weißen Zierstreifen.

BMW R 26

Test-Erinnerungen

1952 erschien die Hinterradschwinge bei den 500er Rennmodellen, 1953 hatten in Hockenheim die Halbliter-Solo-BMW-Rennmaschinen die Vorderradschwinge. Aber 1954 wurde es noch als zu früh angesehen, dieses Fahrwerk in die 500er und 600er Serie zu übernehmen, man probierte weiter, wobei langsam die Werte gefunden wurden, nach denen dann 1955 das serienmäßige Vollschwingenfahrwerk der R 50 und der R 69 entstand. Damit hatte man bei den dicken Brocken die Tatsache beseitigt, daß – speziell bei der 600er R 68 – die Motoren schneller als die Fahrwerke waren. Die 13 PS der R 25/3 waren mit dem alten Fahrwerk immer noch ausnutzbar, wenn also das neue Schwingenfahrwerk für die 250er in den Serienbau übernommen wurde, so bedeutete das eigentlich nur einen »erhöhten Fahrkomfort«. Dennoch war es eine Notwendigkeit, weil 1956 dem Fortschritt der Technik entsprechend eine 250er ohne Hinterrad-Schwin-

Endlich mit Hinterradschwinge: BMW R 26, 1956 – 1960.

Viel Komfort für Fahrer und Beifahrer: der »Vollschwingrahmen« der 15 PS starken R 26. Statt der beiden einzelnen Sättel bot BMW gegen Aufpreis auch eine Zweimann-Sitzbank an.

ge glatt unverkäuflich war, zumal die Konkurrenz mit höherer Motorleistung aufwarten konnte.

Es war nun aber im Fahrwerk der R 26 mit Vorderrad- und Hinterrad-Schwinge so viel drin, daß zum Werbe-Wort vom erhöhten Fahrkomfort bald mehr Vorteile hinzukamen. Die strapaziösen Nürburgring-Testrunden bei Regen und nasser Bahn mit Durchschnitten, die einer 250er mit weit stärkerem Motor oder einer normalen 350er gleichkamen, bewiesen das ganz eindeutig. Ich glaube nicht, daß es in der 250er Klasse damals ein Motorrad gab, bei dem Motor und Fahrwerk so gut zusammenstimmten. Auch haben wir nicht geglaubt, daß man aus 15 PS so viel machen konnte. Dies und die Tatsache, daß die R 26 bei den Neuzulassungen bald ihre Konkurrenten übertraf und die Markt-Spitze dieser Klasse trotz der stärkeren NSU-Supermax hielt, bewog uns, dem ersten Test über die R 26 von 1956 schon 1958 einen zweiten folgen zu lassen.

Die »Dauerleistung« von 13 PS der R 25/3 waren bei 5800 U/min vorhanden, und deren »Höchstleistung« von 14 PS wurden bei 6500 U/min gemessen. Die offiziellen 15 PS der R 26, nach DIN 70020 an der Kupplung abgenommen, wurden bei 6400 U/min erreicht. Gegenüber der R 25/3 war der Einlaß vergrößert worden, 26 mm gegen die 24 bei der R 25/3. Die Verdichtung wurde von 7 auf 7,5 erhöht, und ein Leichtmetall-Pleuel mit Gleitlagerung auf dem Hubzapfen eingebaut, übrigens erstmalig in Deutschland bei einem Motorrad lt. *Das Motorrad*, Heft 4/1956, Seite 88. Leider hielt diese Gleitlager-Sache in der Serie nicht lange, und nach kurzer Zeit bekam die R 26 wieder ein Stahlpleuel und damit eine andere Kurbelwelle mit anderen Wangen, die beim Alu-Pleuel kleiner gewesen waren. Die bei *Das Motorrad* gefahrenen Testmaschinen besaßen alle die Stahlpleuel, mit denen es weder Leistungseinbußen noch Schäden gab. Außerdem war der Zylinderkopf anders, dessen Kühlfläche um 50 % vergrössert worden war und dessen Rippen darum größer und auf der linken Seite senkrecht versteift erschienen. Wer genau hinsah, merkte auch, daß der R 26-Motor die Zündkerze auf der rechten Seite hatte. Was blieb von der Leistung nun übrig, wenn man nicht andauernd mindestens 5000 U/min drauf hatte?

Klar, wenn man im vierten Gang mit 50 km/h durch die Gegend bummelte und plötzlich Vollgas aufzog, schoß dies Motorrad beileibe nicht raketenartig davon. Tja, aber wer ließ bei so einem Motor die Drehzahl so weit absinken ? Oho, das hatte man schnell heraus, daß das Temperament erst zum Vorschein kam, wenn man oben in den höheren Drehzahlregionen anlangte. Die große Schwungmasse ließ zwar ein wunderbar gleichmäßiges Promenadenbummeln ohne Rucken bei 40 km/h im vierten Gang zu – vornehm leise blubbblubb-blubb über die Promi-Allee – aber sie brauchte eben ihre Zeit, um von da aus auf höhere Touren zu kommen. Wenn sie aber da oben war, mochte sie auch so schnell nicht wieder runter. Man mußte sich angewöhnen, diese Eigenschaft auszunutzen. Wer etwa in den dritten Gang bei 75 km/h herunterschaltete, konnte beim Ansetzen zu einem Überholmanöver noch einen erstaunlichen Schwung erleben. Aber bis an die 95 km/h ließ sich der dritte Gang hochdrehen, und der vierte schloß wieder mit dem gleichen Schwung des Motors an. Man wurde richtig nach vorn gerissen. Wer das heraus hatte, fuhr mit der R 26 bald so schnell wie mit anderen sportlichen 250ern und wie mit zwei PS mehr.

Sieh mal an: Das Werk gab im Handbuch plötzlich keine absolute Höchstgeschwindigkeit mehr an, sondern eine »höchstzulässige« Geschwindigkeit, die bei der Solomaschine für eine Person langliegend mit 128 km/h angegeben wurde. Ich habe – zu jener Zeit 179 cm lang und mit 72 Kilos im Lederzeug auf der Waage – dieses Tempo in der Ebene, ganz lang gemacht, nicht erreicht, es langte mit entsprechendem Anlauf immer gerade für etwas über 120 km/h und aufrecht sitzend mit Regenzeug (Marquardt-Mantel und Gisenia-Hose = ca. mindestens zwei Kilo mehr) knapp über

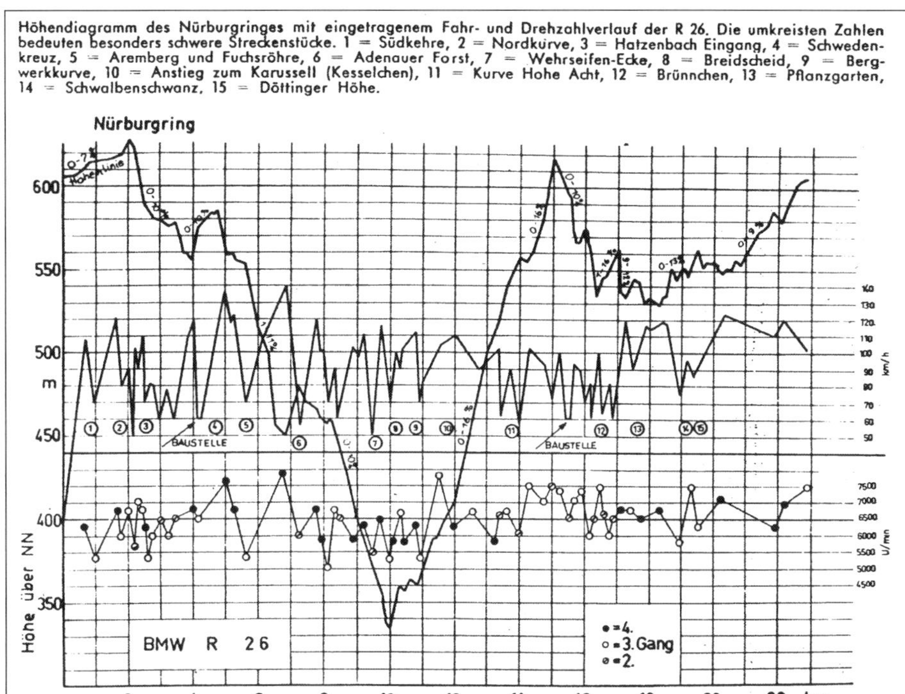

Höhendiagramm des Nürburgringes mit eingetragenem Fahr- und Drehzahlverlauf der R 26. Die umkreisten Zahlen bedeuten besonders schwere Streckenstücke. 1 = Südkehre, 2 = Nordkurve, 3 = Hatzenbach Eingang, 4 = Schwedenkreuz, 5 = Aremberg und Fuchsröhre, 6 = Adenauer Forst, 7 = Wehrseifen-Ecke, 8 = Breidscheid, 9 = Bergwerkkurve, 10 = Anstieg zum Karussell (Kesselchen), 11 = Kurve Hohe Acht, 12 = Brünnchen, 13 = Pflanzgarten, 14 = Schwalbenschwanz, 15 = Döttinger Höhe.

Unbestechlich: das Nürburgring-Höhendiagramm.

ehrliche 105 km/h. Wessen R 26 nicht über 120 km/h gehen wollte (ehrliche km/h, keine Tachoanzeige !), durfte also nicht denken, daß sein Schlitten nichts taugte. Diese »höchst zulässigen« 128 km/h waren das Tempo, das man der Maschine etwa im Gefälle noch zumuten durfte, denn dabei drehte sie immerhin rund 7300-7600 U/min. Gleichermaßen sollte der dritte Gang nicht über 90 (auf dem Tachometer war die Drehgrenze bei 80 km/h aufgemalt) hochgedreht werden. Der zweite nicht über 60 (Tachomarke 55) und der erste nicht über 35 (Tachomarke 30). Bei Seitenwagenbetrieb lagen die Marken bei 20, 45, 65 und 90 km/h.

Diese Marken waren nur eine Vorsichtsmaßnahme des Werkes und wurden der Versuche wegen bei den Testfahrten auf dem Nürburgring außer acht gelassen. Für die Fuchsröhre standen bei 11 % Gefälle immer ehrliche 140 km/h auf dem genau justierten Fahrtschreiber – das waren etwa 8000-8500 Touren, wo das Ventilschnarren aber schon für Sekunden losgegangen war ! In der langen Steigung vom Kesselchen zum Karussell hinauf langte der dritte Gang an einem Punkt bis fast 110 km/h = über 7500 U/min. Übrigens war es auffallend, wie weit unten der erste Gang lag, was im Interesse der Gebirgsbrauchbarkeit nur zu begrüßen war. Die drei anderen Gänge lagen im Interesse schneller Straßenfahrt dicht zusammen: Getriebestufung 3,4/2,63/1,77/1.

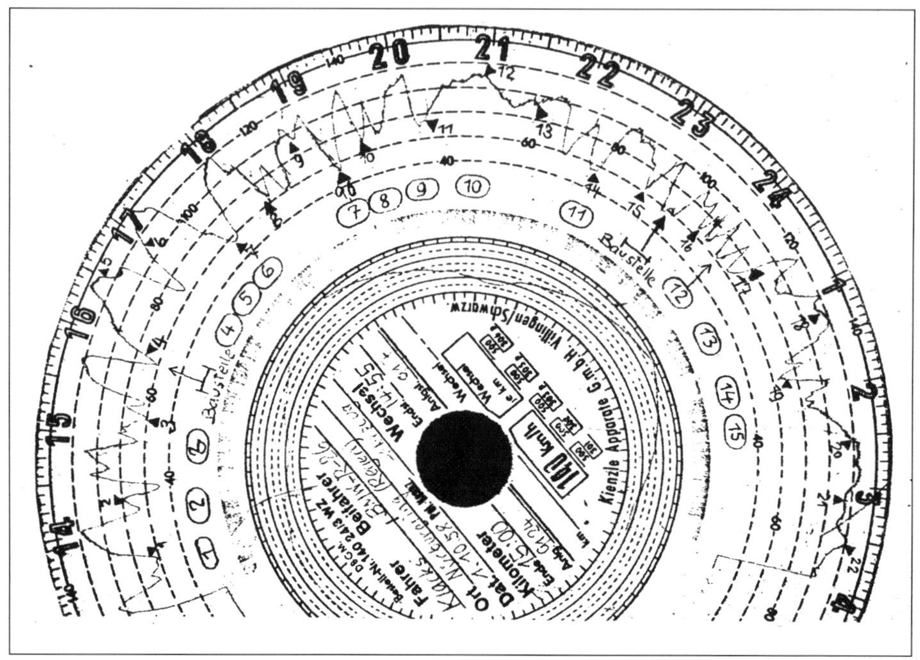

Fahrtschreiberblatt einer Nürburgring-Runde. Die Zahlen stimmen mit denen des Nürburgring-Diagramms überein. (Umkreiste Zahlen = Streckestellen mit besonderen Schwierigkeiten. Die kleinen Zahlen an der Nadellinie stehen für die Kilometermarken).

Der Kardanantrieb bot natürlich viele Vor- und nur wenig Nachteile, z.B. fehlende Möglichkeit einer Änderung der Hinterradübersetzung, höchstens nicht anders, als durch den Einbau der SW-Übersetzung. Um den Antrieb zu genügender Elastizität zu verhelfen, gab es im Getriebe ein federndes Element, ein Kurvenstück, das von einer Feder gegen einen Mitnehmer auf dem Antriebszahnrad gedrückt wurde und Stöße elastisch aufnahm. Hinzu kam der natürlich weit weniger Raum gebende elastische Vulcollan-Mitnehmer zwischen Getriebe und Kardanwelle. Heulen der Zahnräder im Hinterradantrieb kam nicht vor, man brauchte sich praktisch um den ganzen Kram nicht zu kümmern. Nur alle 10 000 km würde ich die Ölfüllung (125 ccm, SAE 40) erneuern. Das ist übrigens eine Sache, die bei den Oldies auch mal vergessen und übersehen wird, und man muß nur staunen, daß man früher so wenig von Schäden am Hinterradantrieb bei den BMWs hörte.

Die erste Testmaschine 1956 haben wir nicht auf dem Nürburgring gefahren, und so war ich 1958 mehr als gespannt, was da aus den 15 PS in dem schönen Fahrwerk zu machen war. In der Woche vor dem herbstlichen Eifelrennen regnete es in allen Tonlagen. Die Straße war naß, an einigen Stellen – z.B. Ausgang Brünnchen – durch den Reifenabrieb vorhergehender Rennen und der seit Wochen dort herumsausenden VW-Versuchswagen sogar ein wenig schlüpfrig, und zum Überfluß gab es

auch noch zwei Baustellen am Flugplatz und hinter der Hohen Acht am Wippermann. Doch das alles war gut so, obwohl ich zuerst nicht glaubte, unter diesen Umständen zu verwertbaren Diagrammen zu kommen. Zu meinem wirklich großen Erstaunen kamen aber Durchschnitte heraus, die zwischen 88 und 90 km/h lagen, und für einige ganz scharfe Versuche zeigten die Fahrtschreiber-Blätter sogar Durchschnitte über 90 km/h. Für nur 15 PS und 230 kg Gewicht (Maschine vollgetankt = 158 kg + 72 kg Fahrergewicht) war das bei. solchen Streckenverhältnissen viel. Untersuchen wir, woran das lag: Trotz der Nässe war es möglich, die Kurven noch ziemlich schnell zu durchfahren, die Räder blieben am Boden, es gab keine seitlichen Schlenker. Damalige Reifen: Englebert J 55. Heute würde ich noch im Handel befindliche 3.25-18-Schlauchreifen fahren. In der Abfahrt hinter Kallenhard am Wehrseifen vorbei nach Breidscheid runter zeigte das Diagramm zum Beispiel auf den geraden Stücken 120, 100 und 90 km/h, in den engen Kurven am Kallenhard 65 und 60, im Schlängelstück vorm Wehrseifen 100, 110 und 90, in der Wehrseifen-Ecke selbst 55 minimal, Brücke Breidscheid runtergebremst von 110 auf 90, Aufstieg Exmühle 70 km/h. Der Gewinn an Zeit lag in diesem Abschnitt im Schlängelstück zwischen Kallenhard und Wehrseifen, wenn man das Blatt mit dem einer gleichstarken Maschine, einer UT VS 252 mit 15 PS Zweizylinder-JLO-Zweitakter bei ähnlichen Witterungsverhältnissen verglich. Mit diesem Motorrad kam man nur auf 90 und 85, das Abbremsen vor der Wehrseifen-Ecke ging nur stufenweise. Siehe da, vor der Arembergkurve war es ähnlich ! Also waren das die Bremsen. Die R 26 hatte die besseren. Nun der Vergleich bei trockener Straße und Sonne mit einer stärkeren Maschine der gleichen Klasse, einer 18 PS-NSU-Supermax: 110-100 km/h, und die Wehrseifenbrücke ebenso glatt angebremst. Aremberg genauso, aber bei trockener Bahn!
Unterschiede in den Rundenschnitten:
R 26 = 91,2 km/h, UT VS 252 = 84,2 km/h,
NSU-Supermax = 97,1 km/h.
Im Metzgesfeld war eine sanft beginnende Linkskurve, die langsam enger wurde. Normalerweise konnte man da mit einer gut liegenden Maschine bei trockener Bahn mit 120 km/h durchgehen, bei Nässe dürften es 100 bis 90 km/h gewesen sein. Da machten wir wieder einen Vergleich: – übrigens alle Maschinen mit Metzeler Block C-Reifen – auch bei den obigen Vergleichen. Die UT mußte auf den Wellen in Schräglage bei Nässe bis auf 85 km/h runtergebremst werden, schön sacht, nicht knallig. Die Supermax bei trockener Bahn auf 110 km/h. Die R 26 ging da bei Nässe aus 120 km/h kurz abgebremst nur bis 100 km/h herunter und konnte gleich wieder bis zum scharfen Linkseingang in den Kallenhard auf 105 km/h beschleunigt werden. Das Anbremsen der ersten Kurve geschah kurz und ohne Schlenker. Kurvendurchgang mit 70 km/h (Supermax bei trockener Bahn 75 km/h). So ging das um den ganzen Ring herum, und einwandfrei war abzulesen, daß man mit diesem Fahrwerk bei Nässe beinahe ebensoviel wagte, wie mit den Vergleichsmaschinen bei trockener Straße. Ja, ich möchte daraus den Schluß ziehen, daß die Fahrleistung der Supermax ebenbürtig war. Wobei sich fast automatisch die Frage stellte, was aus diesem Motorrad noch herauszuholen gewesen wäre, wenn der Motor 18 oder gar 20 PS gehabt hätte. Ja, und wie selten kam es vor, daß man die Feststellung traf, daß ein Fahrwerk mehr als der Motor konnte. Es war gut, daß sich der R 26-Motor auf dem Nürburgring so widerstandsfähig zeigte. Er lief nach 22 scharfen Runden absolut ruhig und gleichmäßig und zeigte

keinerlei Ölspuren.Verbrauch für die 500 km = 5 Liter auf 100 Kilometer und nicht ganz 0,5 Liter Öl, was auf dem Ring für eine Viertakt-250er ganz normal war. Das Werk gab als Ölverbrauch 0,5 bis 1 Liter auf 1000 km an, wozu man wissen muß, daß die Ölmenge in der Ölwanne für den Motor nur 1,25 Liter betrug, was m.E. wegen Wärmeableitung und Schmierfähigkeit-Erhalt zu wenig war. Zwei Liter hatte ich erwartet (Bemerkung für Restaurateure: bei Stemler gibt es eine Ölwanne für 1,5 Liter !). Man gewöhnte sich daher bald an, bei jeder Tankpause kurz nach dem Ölstand zu sehen, denn nach 300 Kilometern (Tankfüllung 15 Liter einschließlich 1,5 Liter Reserve), die man bei ziviler Fahrweise mit einer Füllung schaffen konnte, war im Extremfall 1/3 Liter weg! Bei normaler Fahrt hätte man mit einem Verbrauch von ca. 4 Liter auf 100 km und einem Ölverbrauch unter 0,5 Liter auf 1000 km auskommen können. Zur Nachprüfung des Ventilspieles und zum Einstellen der Ventile brauchte man den Tank nicht herunterzunehmen, auch konnte man den Zylinderkopf wie in alten Zeiten abnehmen, ohne den Motor ausbauen zu müssen. Ebenso gut zugänglich waren der Vergaser, der Luftfilter und das E-Werk. Durch die Ansauggeräuschdämpfung und den mächtigen Auspufftopf wirkte der Motor extrem leise. Es war im Stadtverkehr ähnlich wie bei der extrem leisen 200er Triumph Cornet: man mußte immer damit rechnen, daß man von der Umwelt nicht gut gehört und damit auch nicht gesehen wurde – eine für Anfänger schwer vorstellbare, aber besonders gefährliche Tatsache. Auch die R 26 bestätigte eben wieder den Eindruck, den alle BMW-Modelle machten: Es waren schon damals nicht nur sauber und solide hergestellte Maschinen, sondern auch so ziemlich nach außen hin die kultiviertesten Motorräder, die es gab.
Ich möchte aber auch nicht vergessen zu sagen, daß unsere Testmaschine von 1956 (schon mit Stahlpleuel) zuerst stark vibrierte, daß aber die letzte Test-R 26 dahingegen nach meinem Eindruck nicht mehr Vibrationsfrequenzen zeigte, als das normal bei Einzylindermotoren jener Jahre unvermeidbar war. Mich störte das nicht mehr, allerdings probierte ich zu gleicher Zeit eine dicke englische Twin, die so stark schüttelte, daß ich froh war, nach drei Runden eine kleine Pause für meine Hände einlegen zu können. Es gelang nicht, dieser Lady mit der Zündpunktverstellung und anderen Mühen solche Störungen etwas abzugewöhnen. Aus diesem Grunde habe ich später den R 26-Motor fast als Labsal empfunden. Auf der BMW blieb man in jeder Hinsicht frisch, da waren zehn Runden an einem Stück ohne weiteres drin (= 218 km), die Sitzposition paßte zu den langen Beinen und Armen, irgendwelche Unarten des Fahrwerks waren nicht zu befürchten, nicht beim Bremsen und nicht in Kurven – nur der Wind sauste. Auf diese Federung konnte man statt des Sattels eine BMW-Zubehör-Sitzbank montieren, wie es sie beim letzten 250er Single-Modell 1960 auf Wunsch statt Sattel gab.
Wer einen Seitenwagen anhängen wollte, mußte wissen, daß dazu eine ganze Menge Arbeit gehörte, auch waren solche Änderungen nötig, die ein öfteres Wiederabhängen und danach Neumontieren des Seitenwagens nicht zum Genuß werden ließen. Das war nicht zu ändern – man sollte also gleich bei der Anschaffung wissen, ob es ein Gespann werden sollte oder nicht. Und das war alles notwendig: anderer Lenker, andere Federbeine, stärkere Federn, im Hinterrad-Getriebe Übersetzung wechseln, vordere Federbeine umhängen, Tachometer auswechseln, Bremshebel austauschen, Anschlaggummi für Kippständer

ändern, ab Fahrgestell-Nr. 344 637 Rohrträger am Rahmen montieren und Anschlüsse anbauen. Eventuell statt der Alu-Hochschulterfelgen, verchromte Stahlfelgen wählen.
Überflüssigen Chrom und Kinkerlitzchen fürs Auge fanden wir nirgends. Wer sich über die kleine blanke und verrippte Platte auf dem Deckel des Batteriekastens wunderte, wußte vielleicht nicht, daß man früher beim Antreten quer zur Maschine mit der Schuhspitze ganz hübsch den Lack abkratzte. Wir fanden aber dafür Stabilität und solide Verarbeitung. Man sehe sich bei so einem Oldie den Bügel über dem Vorderrad des Kotflügels an. Die ziemlich weit oben vorm Steuerkopf nach hinten abgebogenen Gabelholme der vorderen Schwingenfederung hatten ovale Form, um die nötige Festigkeit ohne zusätzliche Blechversteifungen zu bekommen. Die hintere Schwinge war sehr breit in einem quer über den unteren Rahmenteil verlaufenden Rohrbogen gelagert. Beide Schwingen hatten Kegelrollenlager. Auch die Laufräder. Die hinteren Federbeine wurden durch eine mit dem Rahmen fest verbundene obere Hülse gehalten, in die Feder und Stoßdämpfer mit der unteren Hülse eingeschoben wurden. Um beim Einfedern der Schwinge die Ausweichbewegung mitmachen zu können, war der Stoßdämpfer in der oberen Hülse in Gummi gelagert, die weit genug ist, daß die Feder genügend Raum zum Ausweichen in der Hülse vorfand. Natürlich konnte man die Federn für Soziusbelastung durch einen einfachen Handgriff ohne Werkzeug vorspannen. Der Werkzeugkasten war oben im Tank untergebracht und hatte sehr viel Platz für ein ausgezeichnetes Bordwerkzeug. Wie bei BMW üblich kein gestanztes Blech – solide Chrom-Vanadium Schlüssel hervorragender Qualität. Außerdem war der Kasten tatsächlich wasserdicht. Ob es nun noch die ungekröpften Speichen waren, der Lichtmaschinendeckel mit der Entlüftung, die hervorragenden Bremsen mit 160 mm Durchmesser und 35 mm Belagbreite, die Möglichkeit, das Hinterrad mit drei Handgriffen herausnehmen zu können – alles das war eine ganz besondere Visitenkarte. Der Preis war gerechtfertigt, der für die nicht billige 250er zu zahlen war. 1956 R 26, DM 2150,- und im letzten Jahr dieser 250er Single, 1966 R 27, DM 2670,-. Aber er wurde gezahlt, was eigentlich bewies, daß Qualität wieder mehr zog als vorher. Die R 26 und ihr Nachfolgemodell R 27 waren Motorräder, die man immer noch wegen dieser Qualität kaufte. Von der R 26 wurden bis 1960 über 30 000 und von der R 27 bis 1966 noch über 15 000 gefertigt.

Technische Daten der BMW R 26	
Motor:	Luftgekühlter Einzylinder-Viertakter mit stehendem Zylinder, ein Auspuffrohr. Kurbelwelle längs der Fahrtrichtung, in Kugellager laufend. Pleuelfuß auf käfiggeführtem Rollenlager. In V-Form hängende Ventile. Motor im Rahmen gummigelagert. Bohrung x Hub = 68 x 68 mm; Hubraum: 245 cm^3; Verdichtung: 7,5 : 1 Leistung: Werksangabe: Höchst-Dauerleistung 15 PS bei 6400 U/Min. Drucköl-Umlaufschmierung mit Ölvorrat im Motorgehäuse unten. Ölpumpe: Zahnradpumpe; Ölmenge Motor: 1,25 l ; Ölviskosität: HD-Öle für Ottomotoren; im Sommer: SAE 40, im Winter: SAE 20 oder SAE 10 W/30. Einscheiben Trockenkupplung mit Tellerfeder.
Ventiltrieb:	Kettengetriebene Nockenwelle, hängende Ventile, über Stoßstangen und Kipphebel bewegt (ohv) Steuerzeiten bei 2 mm Ventilspiel: Einlaß öffnet 6°n. o. T., Einlaß schließt 34° n. u. T., Auslaß öffnet 34° v. u. T, Auslaß schließt 6° v. o. T. (für alle Werte +/- 2,5°); Ventilspiel bei kaltem Motor: Einlaß = 0,15 mm; Auslaß = 0,20 mm.
Vergaser:	Schiebervergaser mit Nadeldüse. (Bing 1/26/46). Vergaserdurchgang: 26 mm; Hauptdüse: 120; Leerlaufdüse 35; Nadeldüse: 1408; Düsennadel: 1467; Nadelposition: 3; Leerlaufluftschraube: 1 bis 2 Umdrehungen geöffnet ; Schwimmergewicht: 11 g. Ansaugluftfilter: Ölbenetzter Naßluftfilter.
Elektrik:	Zündlichtmaschine direkt auf der Kurbelwelle, Noris ZLZ 60/6/1600 1 L.
Zündungsart:	Batteriezündung, Zündzeitpunktverstellung über selbsttätigen Fliehgewichtregler an Zündlichtmaschine mit 35° Verstellbereich.
Zündkerze:	Bosch W 240 T 1 = 0,6 mm Elektrodenabstand, Beru 240/14 = 0,6 mm Elektrodenabstand Unterbrecher: 0,4 mm Kontaktabstand. Zündeinstellung: Fliehkraftregler auf spät (geschlossen) 7° v. o.T, Frühzündung: 42° v. o. T.+/- 2°. Batterie: 6V, 9Ah Kapazität.
Beleuchtung:	Biluxlampe 6V, 35/35W mit elektrischem Abblendschalter, Standlicht, Ladelicht und Leerlaufleuchte 6V, 2W, Tacholicht 6V, 0,6 oder 1,2 W, Schluß-Bremslicht, Zweifadenlampe 6 V, 5/20 W bzw. Soffitten für Bremslicht 6V, 10 W+Schlußlicht 6V, 5W.
Signalhorn:	Noris HE 6

Kraftübertragung:	Am Motorblock angebautes Viergang-Klauengetriebe mit Stoßdämpfung durch federndeAntriebswelle
Getriebeschaltung:	Ratschen-Fußschaltung; Getriebeuntersetzungen: 1. Gang: 5,33:1 ;2. Gang: 3,02:1; 3. Gang: 2,04:1, 4. Gang: 1,54: 1. Schmierstoff: Motorenöl wie für Motor, Füllmenge 0,65 l.
Hinterradantrieb:	Kraftübertragung vom Getriebe zum Hinterradgetriebe über Kardanwelle in der rechten Hinterradschwinge, am Getriebe vorn mit Gummikupplung und am Hinterradgetriebe mit Zahnkupplung gelenkig angeschlossen. Hinterradgetriebe: Spiralverzahntes Kegelradgetriebe in Ölbad laufend, Übersetzung im Solobetrieb: 4,16:1 = Zähnezahl 25:6, im Seitenwagenbetrieb: 5,20 :1 = Zähnezahl 26:5. Schmierstoff: Marken-Motoröl SAE 40 für Sommer und Winter, Füllmenge: 125 ccm
Fahrwerk:	Rahmen: geschlossener Doppel-Stahlrohrrahmen
Federung:	Vorderrad: Langarmschwinge mit 2 Federbeinen und doppeltwirkenden Öldruck-Stoßdämpfern. Für Seitenwagenbetrieb Schwingarm am vorderen Auge der Vorderradgabel lagern und obere Federbeinbefestigung in untere Bohrung der Gabel einsetzen. Hinterrad: Langarmschwinge mit 2 Federbeinen und doppeltwirkenden Öldruckstoßdämpfern, Federvorspannung für Solo- und Soziusfahrt von Handumstellbar. Für Seitenwagenbetrieb: Tragfedern auswechseln.
Räder:	Laufradfelgen:Leichtmetall-Tiefbettfelgen 2,15 B X 18 mit 36 Speichen vorn und hinten. Bereifung: 3,25-18. Reifendrücke atü: Fahrer allein: vorn 1,5 - hinten 1,6; Fahrer und Sozius: vorn 1,5 - hinten 2,0; Fahrer und Sw besetzt: vorn 1,5 - hinten 2,0 - Sw. 1,7; Fahrer und Sozius und Sw.: vorn 1,7 - hinten 2,7 - Sw. 1,7
Bremsen:	Vorder- und Hinterrad-Innenbackenbremse Bremstrommel: 160 mm Durchmesser, Bremsbelag: 35 mm breit, 4 mm stark. Wirksame Gesamtbremsflüche:190 qcm. Vorderradnachlauf für Solobetrieb: 80 mm (Schwinge in hinterem Gabelanschluß gelagert und Federbeine in oberer Gabelanschlußbohrungbefestigt). Für Seitenwagenbetrieb: 55 mm (Schwinge in vorderem Gabelanschluß gelagert und Federbeine oben in unteren Gabelanschlußbohrungen befestigt).

Gewichte, Maße, Füllmengen:

Maße:	Solomaschine: größte Breite 660 mm, größte Länge 2090 mm, größte Höhe 975 mm, Radstand 1390 mm Seitenwagen-Maschine: größte Breite 1520 mm, größte Länge 2300 mm, Radstand 1415 mm, Spurweite 1090 mm Sattelhöhe 770 mm, Bodenfreiheit 115 mm
Gewichte:	Solo: Leergewicht betankt: 158 kg. Leergewicht mit Seitenwagen: 225 kg Zulässige Belastung: Solo: 167 kg, mit Seitenwagen: 225 kg Zulässiges Gesamtgewicht solo 325 kg , mit Seitenwagen 480 kg Höchstbesetzung einschließlich Fahrer: solo 2 Personen, mit Seitenwagen 3 Personen.
Fahrdaten:	Höchstzulässige Geschwindigkeiten Solomaschine
0-1000 km 1000-2000 km über 2000 km	1. Gg. 20 km/h; 2. Gg. 40 km/h; 3. Gg. 60 km/h; 4. Gg. 80km/h. 1.Gg. 30 km/h; 2. Gg. 50 km/h; 3. Gg. 75 km/h; 4. Gg. 100 km/h 1. Gg. 30 km/h; 2. Gg. 55 km/h; 3. Gg. 80 km/h; 4. Gg. sitzend 118 km/, liegend 128 km/h
Seitenwagen: 0-1000 km 1000-2000 km über 2000 km	 1. Gg. 15 km/h; 2.Gg. 30 km/h; 3. Gg. 45 km/h; 4.Gg. 60 km/h 1.Gg. 20 km/h; 2. Gg. 40 km/h; 3. Gg. 60 km/h; 4. Gg. 75 km/h 1. Gg. 20 km/h; 2. Gg. 45 km/h; 3. Gg. 65 km/h; 4. Gg. 90 km/h
Füllmengen:	Kraftstoffbehälter: mit eingebautem Werkzeugkasten und Kniekissen; Inhalt: 15 L, davon 1,5 L Reserve. Kraftstoffart Superbenzin. Ölwanne 1,5 l.

BMW R 26

Arbeiten am Motor

Die BMW R 26 gehörte in ihrer Zeit (30 236 Exemplare 1956-1960) zu den am meisten gebauten, im In- und Ausland verkauften 250er Motorrädern der Bundesrepublik Deutschland. Gleichzeitig aber lebten Motorradfreunde in diesem Land mit der Schwierigkeit, daß neben anderem infolge des Wirtschaftswunder-Autobooms die wirtschaftliche Lage der Motorrad-Industrie in jenen Jahren immer schlechter wurde, und somit ein Motorrad-Händler nach dem anderen sein Geschäft und seine Werkstatt aufgab oder auch zum Autohändler wurde. Einen ordentlichen Motorrad-Kundenservice aufrecht zu erhalten, wurde auch dem BMW-Werk in München deswegen ständig mehr erschwert, weil wegen besserer Lohnchancen besonders viele gute Motorrad-Mechaniker zur Auto-Branche wechselten. So gab es immer we-

Das erste Bild zeigt das numerierte Bordwerkzeug plus sonstige Schraubmittel, mit dem man 1958 mutig an die Sache unter dem Motto heranging: »Ist doch 'n Klacks bei dem alten Hammer – oder?«

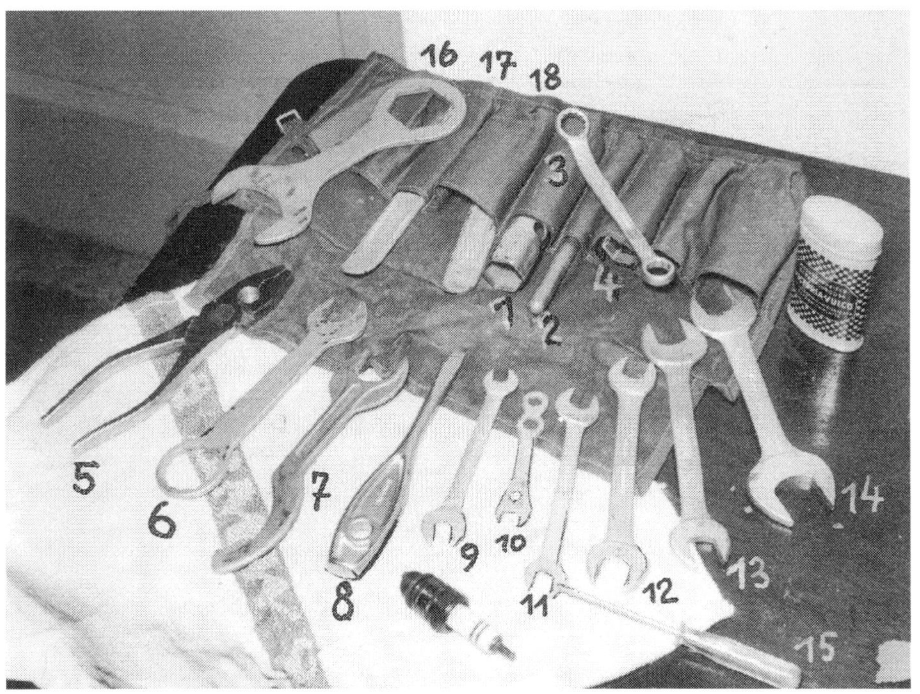

niger erstklassige Motorrad-Werkstätten und -Kundendienste, und die normalen Fahrer ohne Selbsthilfe-Möglichkeiten waren letztlich immer öfter auf sich selbst und auf die eigene Kunst des Schlosserns – so sie solches beherrschten – an ihrem Motorrad angewiesen. Das brachte eine Menge Probleme mit sich, was auch einer jener Gründe war, daß manche das Motorradfahren bald ganz aufgaben. Übrig blieben die Menschen, die die Motorradbegeisterung mit der Muttermilch in sich aufgenommen haben oder die ohne das Motorraderlebnis einfach nicht existieren können.
In dieser Situation wurde es im letzten Drittel der Fünfziger Jahre dringend nötig, in der Zeitschrift *Das Motorrad* mit laufenden Selbsthilfe-Montageserien den treuen Lesern und unentwegt begeisterten Fahrern Hilfestellung zu geben, wenn sie ihre Maschinen nach Pannen und bei notwendigen Überholungen selbst demontieren, reparieren und wieder montieren wollten. Es entstand auch entsprechende Literatur, und BMW ging schließlich dazu über, die ansonst nur für Vertragswerkstätten bestimmten sehr guten und ausführlichen Motorrad-Reparatur- und Montageanleitungsbücher direkt an Motorradkunden zum annehmbaren Preis von DM 10,- je Stück abzugeben.
Der Präzision, die gerade die Herstellung und Pflege von BMW-Maschinen der 50er und 60er Jahre erforderte, sollte heute bei der Pflege und Restauration dieser Oldtimer Rechnung getragen werden. Optimale Ergebnisse sind nur dann zu erwarten, wenn entsprechendes Werkzeug benutzt wird. Damals gab es dafür das hervorragende Matra-Spezialwerkzeug, heute die dem Matra-Werkzeug nachgebauten Spezialwerkzeuge (z.B.von Stemler). Dieses sollte bei einzelnen Handgriffen benutzt werden. Und glaube niemand – sei es aus Unkenntnis oder Selbstüberschätzung – auf solche Hilfe verzichten zu können: Falsche Sparsamkeit oder rohe Hau-den-Lukas-Manieren machen auch dem robustesten BMW-Einzylinder den Garaus.
1958/1959 hatte ich keine gut ausgerüstete eigene Oberbastler-Motorrad-Werkstatt und befand mich in der Situation eines ganz normalen, auf sein Motorrad angewiesenen Fahrers, der sich zunächst nur auf das Bordwerkzeug der Maschine und einige wenige andere 08/15-Hilfsmittel stützen konnte. Eigentlich genauso wie jetzt gegen Ende des Jahrhunderts sich ein Oldtimer-Fan befindet, der die vom Großvater oder Vater geerbte oder in der berühmten Scheune gefundene alte 250er BMW wieder in Gang setzen möchte und das als Herausforderung empfindet. Ich wollte wissen, wie weit ich wohl ohne fremde Spezialhilfe kommen würde, den Motor und das Getriebe der Test-R 26, die wir einige tausend Kilometer gejagt hatten, zu zerlegen, wieder zusammen zu bauen, und danach weiter damit befriedigend fahren zu können. Ein Anleitungsbuch hatte ich nicht, aber ein wenig Erfahrung im Schlossern durch den Umgang mit allerhand vorhergegangenen anderen Motorrädern, inklusive der Militär-»Kräder« jeder Couleur als Kradmelder in Rußland, einiger danach bewegter privater eigener Feuerstühle zwischen 125 und 650 cm^3, sowie mancher anderer Test-Maschinen und meinem gerade neuen BMW R 69-Gespann. Wenn es mit normalen Hilfsmitteln der Sorte »Gewußt-Wie« nicht weitergehen würde, müßte ich dann wohl oder übel doch Spezialwerkzeuge der Matra-Leute mit Asche auf dem Haupt für die R 26 in Anspruch nehmen, einer Heilbronner BMW-Vertragswerkstatt entliehen.
Das Spielchen lockte mich dann doch, zumal mein Freund, Kollege, Chefredakteur und Boss, Carl Hertweck (C.H.), dabei zu-

gucken wollte, weil er gerade an seinem unter uns Windgesichtern später berühmten Buch *Besser machen (Arbeiten an Motorrädern, Motorbuch-Verlag, Stuttgart, Reprint von 1959, ISBN-Nummer 3-613-01359-2)* arbeitete. Tja, beim 27. Handgriff der Anleitung mußte ein Matra-Abzieher für den R 26-Motor helfen, da es in meiner ganzen Motorrad-Alchimistenküche (= Garage) absolut nichts Passendes und Verwendbares gab. Das kostete ein Telefongespräch und einige Kilometerchen Fahren, um das Ding zu holen. Nach der Erkenntnis, daß es auch ohne noch weitere Kusenklempner-Spezialitäten bei diesem Motor ordentlich und sorgfältig nicht weitergehen konnte, wenn das Dampfhämmerchen nachher wieder super rennen sollte, meldete ich bei dem hilfreichen und weise grinsenden BMW-Motorrad-Doktor gleich die noch zu brauchenden Zänglein und Hebelein an. So ging nachher alles glatt, und die Freude an dem Schlitten war wieder 100 %.

Immerhin waren mir diese Erfahrungen aber auch behilflich, als es später mal um die Motoren der R 25, R 25/2, R 25/3 und der R 27 ging. Alsdann – Garantien, daß heutige Nachmacher ebenso gut mit dieser hier dokumentierten Schrauberei auch so fein zurechtkommen, kann ich natürlich unmöglich geben bei den vielen unterschiedlichen Körper-, Arme-, Beine-, Hals- und Fingerlängen, Durchmesser, Kräfte, Drehkreise, Rechts- und Linkshänder, bei unterschiedlichen Brillen-Optiken, Denkweisen, Schaffe-Schaffe-Ideen, Geduldsfaktoren, Örtlichkeiten der Tat, Budenwärme oder Kälte, Anwärm-Geräten, Schraubstöcken und – und – und – und – plus 123.456 unterschiedlichsten anderen Faktoren ! Der Trost: diese, meine damalige R 26-Testmaschine, lief nach der hier dargestellten Prozedur wieder super – ! Trotzdem gutes Beginnen, Mut und Geschicklichkeit für das Unternehmen, wenn es denn nötig ist – ! Und besonders viel Freude, wenn's dann gelungen ist – !!!

1. Handgriff (Bild 1)

Den Tank bekommt man mit Hilfe des Ringschlüssels 3 leicht los. Über den Gang dieses Ereignisses wollen wir uns ein Bild ersparen. Wenn man nur bis zum Kolben vorstoßen will, braucht man ihn eigentlich nicht abmontieren. Ich habe es aber der besseren Bewegungsfreiheit wegen doch gemacht. Hinterher wird mit Isolierband oder Bindfaden, Kabel und Gasseilzug am Mittelrohr hochgebunden *(Bild 1)*, damit das Zeug einem nicht dauernd um die Finger hängt.

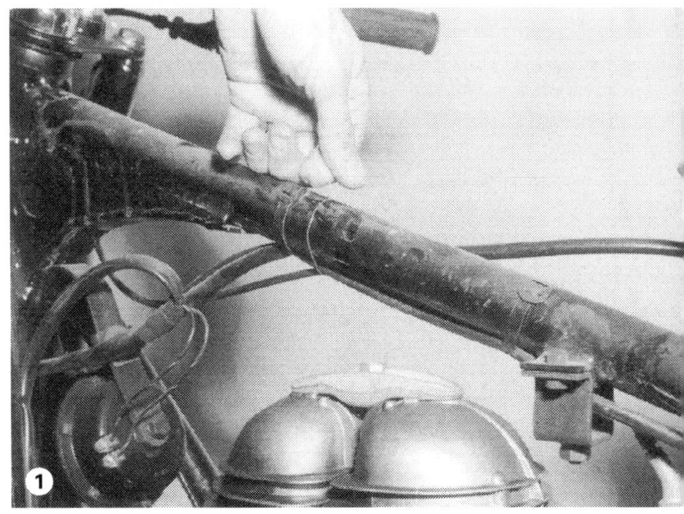
1

2. Handgriff (Bild 2 bis 3)

Abnehmen und dazu gegebenenfalls die Verschraubung losklopfen *(Bild 2, Schraubendreher 8)*. Große Zange ist nicht im Bordwerkzeug. Dazu aber einen Gummihammer nehmen und nicht mit Rundschlag à la Hau-den-Lukas losbollern. Anschließend wird die Gummimanschette gelöst, die den Vergaser mit dem großen Topf der Geräuschdämpfung verbindet *(Bild 3)*.

3. Handgriff (Bild 4 bis 6)

Die Bilder zeigen wohl den weiteren Gang der Handlung zur Genüge. Der Ringschlüssel 3 (Schlüsselweite 14) bleibt dabei das einzige Werkzeug. Wir brauchen den Motor nicht aus dem Rahmen ausbauen, wenn wir nur einen Ventil- oder Kolbenschaden zu beheben haben. Ich würde das auch schon aus dem Grund nicht machen, weil der Motor im Rahmen der Maschine für diese Arbeit weitaus besser untergebracht ist als wacklig auf einem Tisch. Auch der Ansaugstutzen zum Vergaser braucht nur vom Zylinderkopf entfernt zu werden (13er Schlüsselweite, dazu Steckschlüssel 4 benutzen), wenn man ihn als Handgriff nach dem Abheben des Kopfes nicht mehr benötigt und er bei weiteren Arbeiten stört.

4

5

6

4. Handgriff (Bild 7 und 8)

Mit dem Ringschlüssel 3 (Schlüsselweite 14) lösen wir jetzt die Haltebolzen für Zylinderkopf und Kipphebellagerböcke *(Bild 7)*. Sollten sie sehr fest.sitzen (im Werk mit Drehmomentschlüssel angezogen!), dann vorsichtig mit dem Gummihammer am Schlüssel klopfen *(Bild 8)*.

5. Handgriff (Bild 9 und 10)

Mit dem Hakenschlüssel 7 wird die Haltemutter des Auspuffrohres aufgedreht. *Bild 9* zeigt das Festklopfen mit dem Hammer beim Zusammenbau des Motors und soll zeigen, wie der Schlüssel an dem Ring angesetzt wird. *Bild 10* ist dann das Lösen der Mutter bei der Demontage des Motors.

6. Handgriff (Bild 11, 12 und 13)

Die langen Haltebolzen für Zylinderkopf und Kipphebebellagerböcke werden herausgezogen *(Bild 11)*, die Lagerböcke abgenommen *(Bild 12)* und schließlich die Stoßstangen herausgenommen *(Bild 13)*. Von jetzt ab brauchen wir eine saubere kleine Kiste, in die wir diese Teile gut weglegen. Ich habe mir sogar vermerkt, welcher Lagerbock am Einlaß- und welcher am Auslaßventil war, welche Stoßstange zu welchem Kipphebel und welcher Haltebolzen vorn rechts, vorn links, hinten rechts, hinten links hingehört. Ordnung und Sauberkeit ist beim Zusammenbau später gewonnene Zeit und vermiedener Ärger.

11

12

13

7. Handgriff (Bild 14 und 15)

Mit dem Gummihammer klopfen wir jetzt rundherum am Zylinderkopf an. Das machen wir so lange, bis sich der Kopf ohne Gewalt vom Zylinder lösen läßt. Bitte auf die Dichtung achten, damit wir diese wieder beim Zusammenbau verwenden können *(Bild 14)*. (Eine Beschreibung, wie man die Ventile neu einschleift usw. würde in dieser Anleitung zu weit führen. Das sind Handgriffe, die bei jedem Viertaktmotor dieser Art gleich sind. Wer darüber mehr wissen will, muß sich C. H.s Buch *Mach's doch selber*, *Motorbuch-Verlag* kaufen. Da steht das ganz genau drin.) Den Kopf heben wir nach der rechten Seite ab *(Bild 15)*.

160

8. Handgriff (Bild 16, 17 und 18)

Mit dem prächtigen Universal-Schlüssel 3 (immer nur Maulweite 14) gehen wir die Muttern an, die den Zylinder am Gehäuse festhalten. Dabei ist die Mutter links vorn am Zylinder besonders schön versteckt. Unser Schlüssel langt aber hinein und mit etwas Gefühl für die Kanten der Mutter, mit leichtem Schlagen des Gummihammers auf das Schlüsselende werden wir diese Klippe glücklich überwinden. *(Bild 16.)* Jetzt wird der Zylinder mit dem Gummihammer ringsum schön losgeklopft *(Bild 17)* und dann vorsichtig nach oben abgehoben, nachdem wir den Kolben noch schnell auf den unteren Totpunkt gestellt haben. Hierbei aufpassen, daß die Dichtungen in den Stoßstangenrohren nicht beschädigt werden *(Bild 18)*.

16

17

18

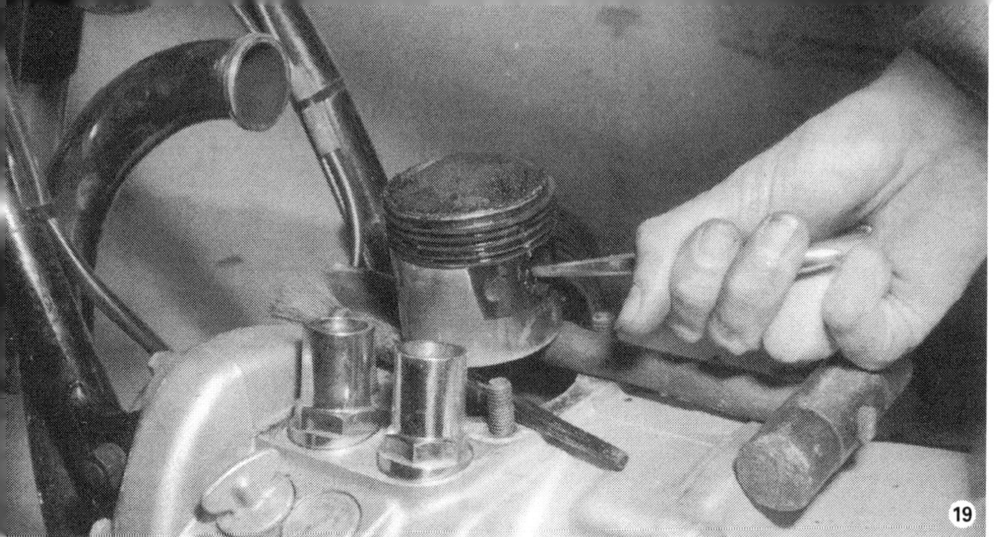

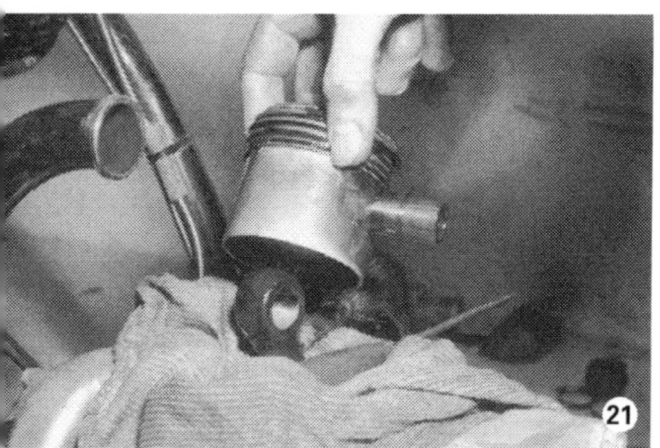

9. Handgriff (Bild 19, 20 und 21)

Mit einer feinen Spitzzange, die es leider im Bordwerkzeug nicht gibt (man kann es etwas grober mit der Kombizange 5 probieren), nehmen wir die Federringe aus den Bolzenaugen des Kolbens heraus. Hierbei aber er *unbedingt* das Kurbelhaus völlig abdecken, damit keiner dieser springenden Kobolde ins Gehäuse hineinhüpft! Der Kolben muß rechts und links gleichmäßig abgestützt sein. Holzstützen (z.B. Hammerstiel) nehmen! *Bild 19* zeigt einen Fehler – das Kurbelhaus ist nicht abgedeckt. Der Kolbenbolzen meiner Maschine ließ sich beinahe mit dem Daumen aus dem Pleuelauge herausdrücken *(Bild 20)*. Zu dieser Arbeit müssen wir die hölzernen Stützen des Kolbens quer zur Lage der Kurbelachse einlegen, um das Pleuel beim Herausdrücken des Bolzens nicht anzubiegen. Sitzt der Bolzen zu stramm, muß man den Kolben vorsichtig anwärmen. (Manche machen das roherweise mit der Lötlampe.) Endlich können wir den Kolben abnehmen *(Bild 21)*. Der erste Abschnitt wichtiger Arbeiten an der R 26 ist bereits beendet. Einfacher geht's wirklich nicht. Rechnet mal nach, was wir alles für Werkzeug dazu brauchten! Habt Ihr alle Schrauben, Schräubchen, Ringe und Ringlein wieder dort lose deponiert und aufgedreht, wohin sie gehören? Wenn nicht, dann jetzt schnell nachholen – später findet Ihr das Zeug nicht mehr so einfach wieder und habt vergessen, wohin was gehörte.

10. Handgriff (Bild 22 und 23)

Nachdem der Kolben zugedeckt zur Seite gelegt wurde, wird die Zylinderöffnung des Kurbelgehäuses mit einem Lappen völlig zugedeckt, der auch groß genug ist. Damit da nicht doch noch vom Scheunenboden durch einen Ritz der Dreck reinfliegt. Dann sind wir am Ende, denn wenn jetzt noch etwas am Motor zu machen ist, geht das vielleicht noch an der Lichtmaschine. Kupplung ausbauen ginge auch noch mit etwas Fingerverrenken, ich würde das sogar erst mal aus dem Grunde versuchen, weil der Motor dann noch fest im Rahmen gehalten wird. Man kann auch von unten nach Entfernen der Ölwanne an Ölpumpe und Filter. Geht es aber an die Kurbelwelle, dann würde ich den Motor schließlich doch noch aus dem Rahmen nehmen. Denn da bleiben praktisch nur noch zwei Bolzen übrig zum Rausziehen. Um aber die Kupplung in die Hand zu kriegen und an die Kurbelwelle zu kommen, wenn der Motor noch im Rahmen hängt, muß das Getriebe ab. Und wenn man das schon macht –!

Also auf! Frisch, Gesellen! Seid zur Hand –! Natürlich wird erst das Hinterrad ausgebaut. Machen wir das mal schulmäßig. Mit dem 14er Schlüssel (Nr. 12 lt. unserem Bordwerkzeug-Bild) lösen wir die Muttern, die die Streben des Kotflügelendes festhalten *(Bild 22)*.Kotflügelende hochklappen, Klemmschraube der Steckachse links lösen, (Maulweite 17), Achsmutter rechts abdrehen (Maulweite 22) und Steckachse mit einem Dorn herausziehen *(Bild 23)*. Rad herausnehmen. Fertig.

11. Handgriff (Bild 24 und 25)
Nach dem Ausbau der Batterie werden an der Kabelklemme oben zwei schwarze Kabel, ein weißes und ein braunes sowie ein rotes Kabel abgeklemmt *(Bild 24)*. Dann hängen wir das Bremsgestänge aus *(Bild 25)*, wobei wir aber nicht vergessen, den Bolzen aus dem Bremshebel zu nehmen, ihn auf die Stange wieder aufzustecken und mit der Flügelmutter vor dem Nimmerwiedersehen zu bewahren. Die abgeklemmten Kabel werden gekennzeichnet, um die dazugehörenden Klemmen später wiederzufinden. – Dazu schraubte ich in die Klemmen die Drähte vom Shell-Ölmerkzettel (gibt es an jeder Shelltankstelle) und schrieb die Farbe des richtigen Kabels auf den Zettel.

12. Handgriff (Bild 26)
Damit wir wissen, welche der beiden Bremsbacken oben und welche unten angeordnet war, machen wir uns auf die obere vor dem Ausbau ein Zeichen. Dann heben wir die untere Backe mit dem Schraubenzieher ab *(Bild 26)* und nehmen auch die obere Backe heraus. Anschließend gehen wir auf die Lager der Hinterradschwinge los.

26

13. Handgriff (Bild 27 bis 31)

Die Hutmutter wird mit dem großen Schlüssel 16 (36er Schlüsselweite) *(Bild 27)*, die Gegenmutter des Lagerzapfens mit dem Schlüssel 6 (Schlüsselweite 27) gelöst *(Bild 28)* und schließlich der Lagerzapfen mit Schlüssel 7 ausgedreht *(Bild 30)*.

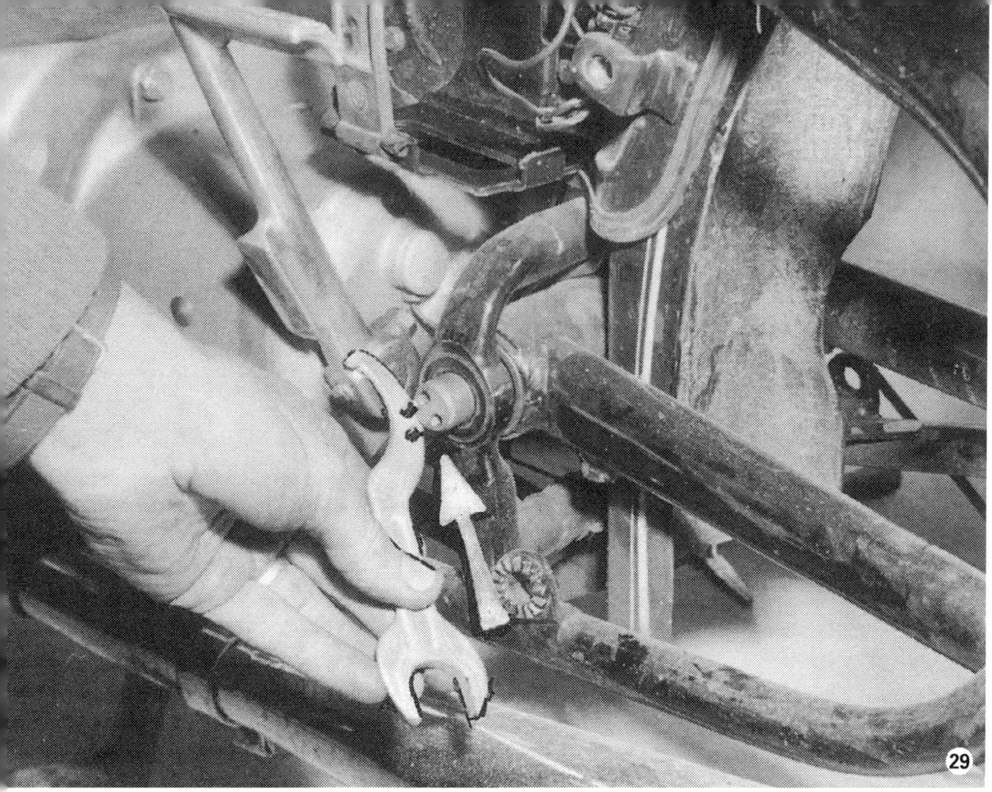

29

30

Wie die beiden Zäpfchen des Schlüssels passen, zeigt *Bild 29*. Der Lagerzapfen wird dann herausgenommen *(Bild 31)*. Natürlich wird das Ganze auf der rechten Seite nochmals wiederholt. (Es könnte ja sein, daß das einer nicht weiß.)

31

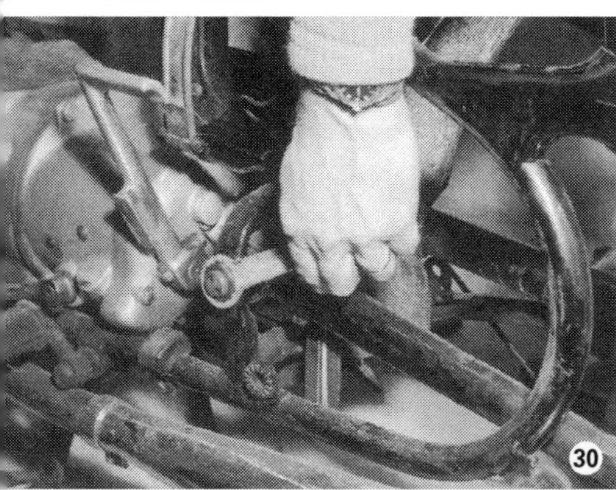

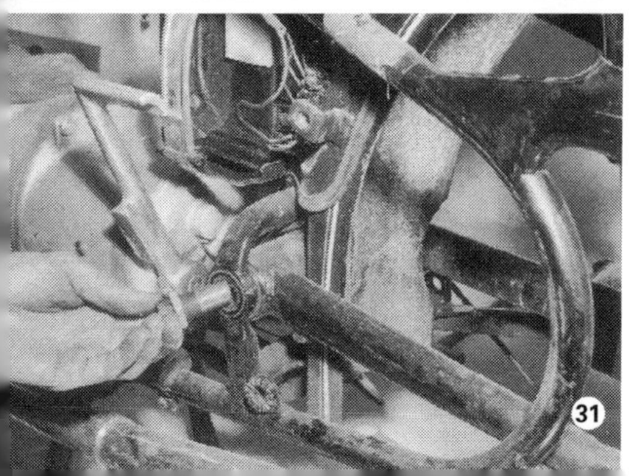

14. Handgriff (Bild 32 und 33)

Nachdem die Schutzklappe über dem Vulkolan-Gelenk entfernt wurde, *(Bild 32)* Inbusschlüssel, Weite 5 mm, **nicht** im Bordwerkzeug! –, machen wir uns daran, die Federbeine an der Schwinge loszuschrauben. Links gehört dazu der 17er-Maulschlüssel, rechts zwei 14er-Schlüssel. Der Bolzen wird nach dem Lösen der Mutter aus dem Gehäuse des Hinterradantriebes herausgeklopft *(Bild 33)*.

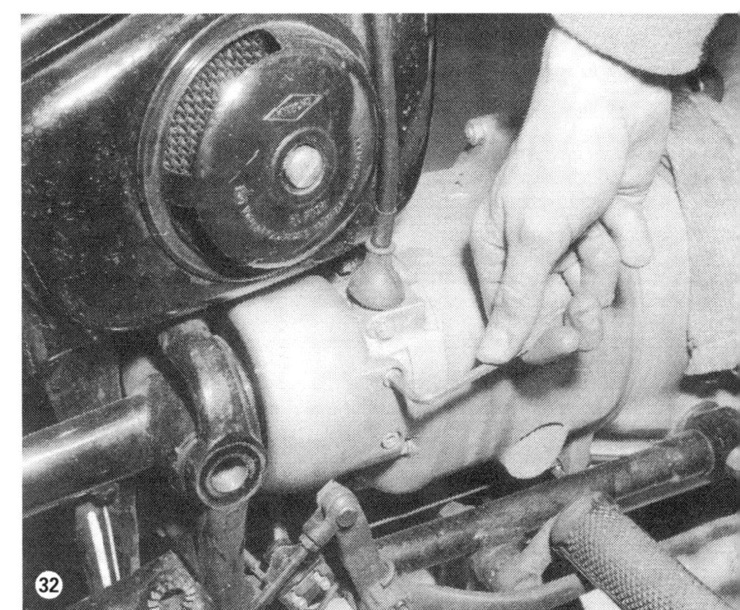

33

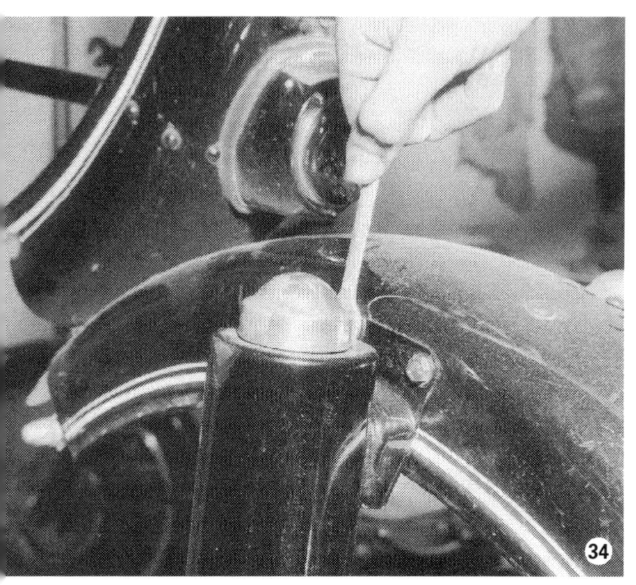

15. Handgriff (Bild 34 und 35)

Wir können die Schwinge nicht herausnehmen, wenn der Kotflügel nicht auch abgebaut wird. Aus diesem Grunde haben wir schon vorher an der Klemmenbrücke die Kabel abgeklemmt, die am Kotflügel hängen. Um den Kotflügel abnehmen zu können, müssen wir zuerst unten eine 14er-Befestigungsschraube, dann vier Schrauben oben (Schlüsselweite 10) und zwei an der oberen Rahmenbefestigung ausdrehen *(Bild 34)*. So geht der Kotflügel mit den Kabelenden aus dem Rahmen heraus *(Bild 35)*.

16. Handgriff (Bild 36 bis 39)

Die Schwinge wird zuerst nach hinten aus dem Getriebeflansch herausgezogen *(Bild 36)* und dann aus dem Rahmen nach hinten herausgenommen *(Bild 37)*. Der Vulkolan-Mitnehmer wird dann zusammen mit seinem Schutzring abgenommen *(Bild 38)* und das Kupplungsseil aus dem Kupplungshebel am Getriebe ausgehängt *(Bild 39)*.

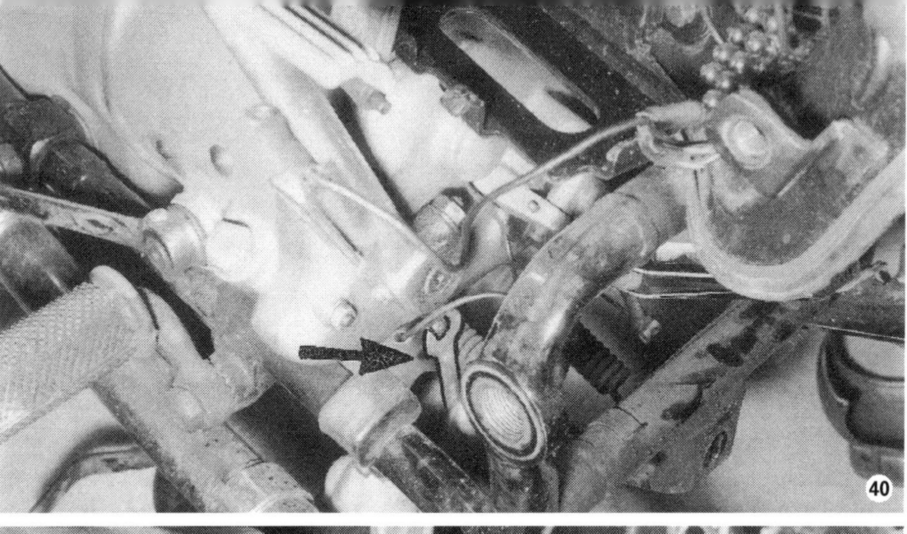
40

41

42

17. Handgriff (Bild 40 bis 46)

Jetzt brauchen wir etwas gelenkige Finger, um an die Einzelheiten des Getriebegehäuses von hinten heranzukommen. Zuerst wird das Massekabel der Batterie am Getriebe hinten unten abgenommen. Dazu drehen wir die Mutter auf (Schlüsselweite 10) *(Bild 40, Pfeil)*. Anschließend wird der Gummistopfen aus der Öffnung entfernt hinter der das Kabel der Leerlaufanzeige verschwindet *(Bild 41, Pfeil)*. Mit dem Schraubenzieher *(Bild 42, Pfeil)* wird das Kabel gelöst und abgezogen, sodann der Gummistopfen wieder aufgesetzt. Nun nehmen wir die Kombizange Nr. 5 und ziehen den Splint aus dem Lager des Kupplungshebels *(Bild 43, Pfeil)*, entfernen den Hebelbolzen *(Bild 44, Pfeil)* und nehmen schließlich den Kupplungshebel heraus *(Bild 45)*. Zum Abschluß dieser Serie ziehen wir das Auspuffrohr nach Lösen der Klemme aus dem Schalldämpfer, drehen die linke Fußraste nach unten und das Anschlagpolster für den Kickstarter noch außen *(Bild 46)*.

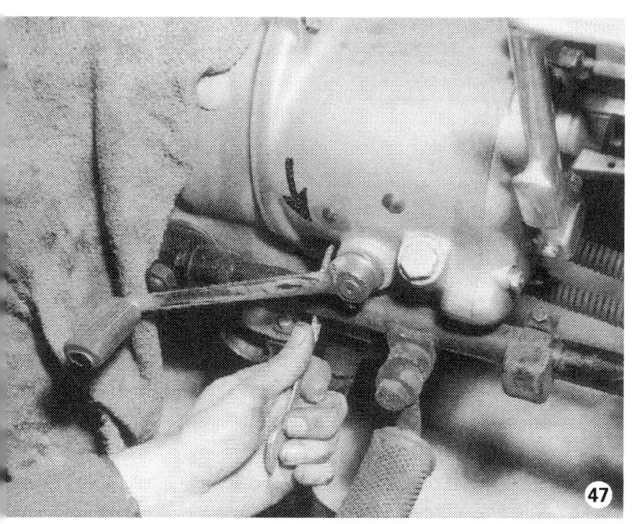

47

18. Handgriff (Bild 47 und 48)

Nachdem wir die Tachometerwelle (Halteschraube, Schlüsselweite 9) abgezogen haben, lösen wir alle vier Muttern (Schlüsselweite 14), die das Getriebe am Motorgehäuse festhalten *(Bild 47)*. Dabei wird auch der untere Schellenträger abgenommen und weggelegt. Jetzt können wir das Getriebe nach hinten ziehen und nach links herausnehmen *(Bild 48)*. Damit sind wir so weit, daß wir den Motor ausbauen können.

48

19. Handgriff (Bild 49 und 50)

Vorher nehmen wir den Deckel zur Lichtmaschine ab und klemmen dann folgende Kabel los:
Das blaue Kabel von Anschlußklemme 61, das rote Kabel von Anschlußklemme 51, das schwarze Kabel von Klemme 30, das rotschwarz isolierte Kabel von Klemme Nr. 15 und das braune Kabel vom Masse-Anschluß. Den ganzen Kabelkram ziehen wir dann aus der Lichtmaschine heraus. Jetzt geht es an die Haltebolzen für den Motor. Oben Schlüsselweite 17, unten Schlüsselweite 19. Nachdem diese Muttern entfernt worden sind, klopfen wir die Bolzen vorsichtig mit dem Gummihammer lose, wobei wir daran denken müssen, daß das Öl noch aus dem Motor entfernt werden muß. Hierzu können wir den Rahmen des herausgenommenen Hinterrades wegen hinten ganz nach unten drücken, so daß das Öl wirklich auslaufen kann. (Sonst gibt's nachher auf Muttis Küchentisch so eine feine Schweinerei!) Mehr ist da nicht nötig, weil wir nachher doch jedes Teil in Benzin auswaschen *(Bild 49)*. Jetzt ziehen wir die Haltebolzen ganz heraus und nehmen den Motor aus dem Rahmen *(Bild 50)*. Und nun ab damit aus der kalten Garage in Muttis warme Küche. Aber drei Lagen Wellpappe mindestens unterlegen! Und noch schnell die Haltebolzen wieder in den Rahmen stecken und mit Muttern sichern, damit alles seine Ordnung hat. Zum Tragen schrauben wir auch den Lichtmaschinendeckel wieder an, und nicht vergessen, die Ölablaßschraube wieder in die Wanne einzudrehen!

49

50

20. Handgriff (Bild 51 und 52)

Mit einem großen Lappen umwickeln wir den Knebel Nr. 2 (lt. unserem Bordwerkzeug-Bild auf Seite 59) und schieben ihn durch das Pleuelauge *(Bild 51)*. So halten wir die Drehbewegung der Kurbelwelle bei den folgenden Arbeiten auf. Jetzt den Lichtmaschinendeckel wieder abnehmen und mit dem Maulschlüssel (Maulweite 11) die Befestigungsschraube für den Fliehkraftregler und den Lichtmaschinenanker losdrehen *(Bild 51)*. Wichtig ist übrigens, daß wir uns für die Montage des Motors merken müssen, die Nase innerhalb der Achsbohrung des Fliehkraftreglers in die dafür vorgesehene Nut auf dem Ankerzapfen zu bringen *(Bild 52)*.

52

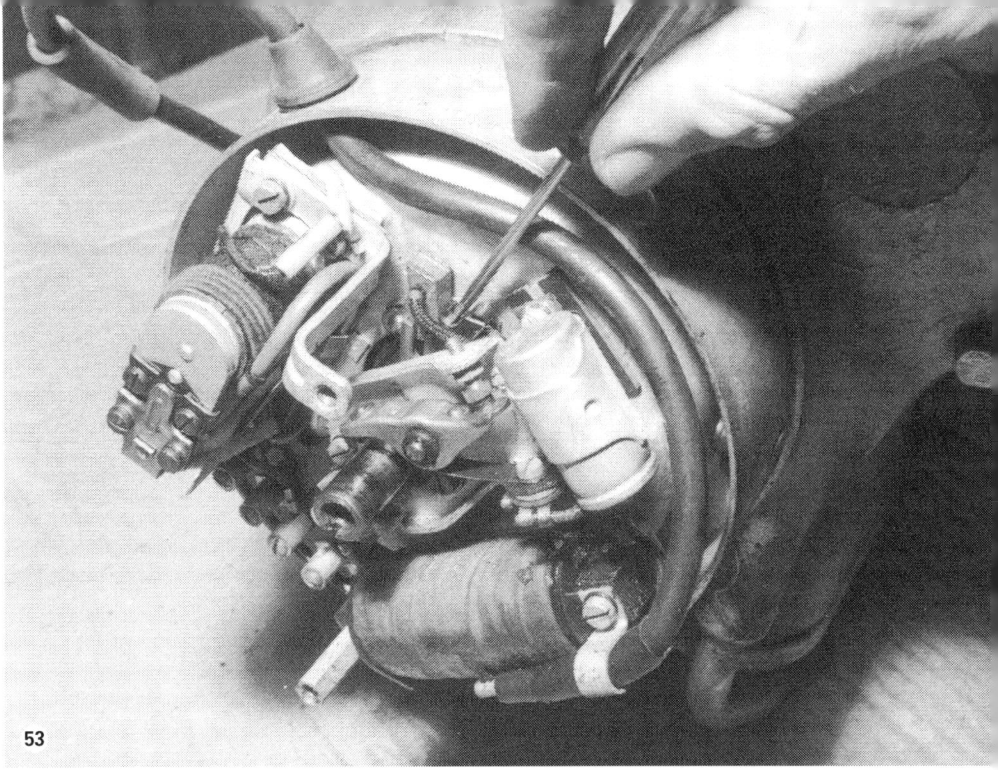

53

21. Handgriff (Bild 53 bis 55)

Mit einem feinen Schraubenzieher ziehen wir die Haltefedern der Schleifkohlen zurück und holen die Kohlen so weit heraus, bis wir sie mit den Federn wieder in ihren Führungen festsetzen können *(Bild 53)*. So können wir dann die drei Zylinderschrauben losdrehen, die das Dynamogehäuse festhalten *(Bild 54)*, und dieses dann vorsichtig abnehmen *(Bild 55)*. Bevor wir uns dranmachen, den Lichtmaschinenanker abzuziehen, wollen wir die drei Befestigungsschrauben des Dynomogehäuses wieder eindrehen, um sie nicht zu verlieren. Dann kommt die erste große Doktorarbeit an diesem Motor: Das Abziehen des Lichtmaschinenankers.

54

55

22. Handgriff (Bild 56)
Unter der Bezeichnung MATRA V 5030 (Matra-Werke GmbH., Frankfurt/Main,) gibt es eine Spezial-Abdruckschraube für den Lichtmaschinenanker, weil die Befestigungsschraube nicht dazu geeignet ist. Man sollte dies Werkzeug besorgen. Ich hatte es nicht. Was tun? sprach Zeus. Ich habe mir geholfen, indem ich in den hohlgebohrten Zapfen einen Stahlstift aus einem alten Bordwerkzeug und eine Stahlrolle einschob, zuletzt eine genau im Durchmesser passende Stahlkugel hinzufügte. Dann drehte ich die Befestigungsschraube ein, bis diese sich auf der Kugel stützen konnte, und drückte dann vorsichtig den Anker durch Eindrehen der Schraube ab. Man kann natürlich noch besser einen in der Länge passenden Stift nehmen, muß aber darauf achten, daß der Durchmesser aller dieser Hilfsmittel genau dem inneren Durchmesser des Zapfens entspricht, damit sich nichts verklemmt *(Bild 56)*. Anschließend den Keil für den Anker am Kurbelwellenzapfen nicht vergessen!

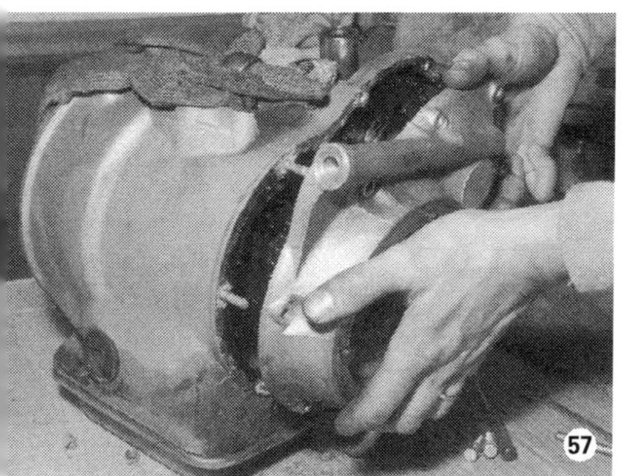

23. Handgriff (Bild 57)
Nun klopfen wir nach dem Losdrehen aller Schrauben und Muttern (Schlüsselweite 10) den Kettenkastendeckel mit dem Gummihammer (!) los und nehmen ihn vorsichtig ab. Achtung ! Dichtung ! *(Bild 57)*

58

24. Handgriff (Bild 58)

Mit einer feinen Zange oder noch besser mit einem isolierten Draht angeln wir die Ventilstößel aus ihren Führungen *(Bild 58)*.

25. Handgriff (Bild 59 und 60)

Mit einem gekröpften Ringschlüssel (Schlüsselweite 17) oder dem entsprechenden Steckschlüssel Nr. 3 oder 4 (lt. unserem Bordwerkzeugbild auf Seite 59) drehen wir die Bundschraube aus der Steuerwelle *(Bild 59)* und nehmen den Entlüfter samt Feder ab *(Bild 60)*.

59

60

61

26. Handgriff (Bild 61 und 62)

Die Steuerkette nehmen wir am besten jetzt gleich ab. Dazu drehen wir die Kurbelwelle mit dem Pleuel so lange, bis das Kettenglied vor der tiefsten Stelle am Gehäuse liegt, damit das Kettenglied nach innen herauszunehmen geht *(Bild 61)*. Mit einer feinen Zange drücken wir die Sicherung der Kette ab *(Bild 62)*, nehmen das Verbindungsglied heraus und lösen die Kette von den Rädern.

62

63

27. Handgriff (Bild 63 bis 65)

Es ist einerlei, welche Reihenfolge wir nun einhalten. Ob wir erst die Kupplung ausbauen und dann ans vordere Kurbelwellenlager gehen oder umgekehrt. Nehmen wir erst einmal das Lager ab. Dazu brauchen wir allerdings einen guten Abzieher. Mit dem Bordwerkzeug ist hier der Ofen aus. Zuerst ziehen wir das Lager samt Abdeckscheibe etwa 8 mm hoch *(Bild 63)* und dann ohne Abdeckscheibe weiter ab. Die Abdeckscheibe nehmen wir dann so von der Welle. Anschließend kommt das Kettenrad an die Reihe *(Bild 64)*. Meist sitzt das ziemlich fest, und wir müssen zwischendurch einen Schlag mit dem Hammer auf den Dorn des Abziehers geben *(Bild 65)*, damit sich der Kram löst. Das Kettenrad nehmen wir dann ab. Achtung, Keil nicht verlieren!

64

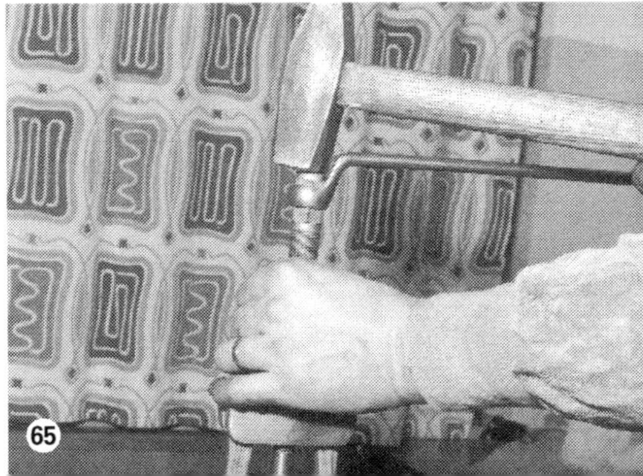
65

28. Handgriff (Bild 66 und 67)

Nun wird der Motor umgedreht, damit wir die Kupplung ausbauen können. Zuerst schrauben wir die Befestigungsschrauben (Schlüsselweite 10) über Kreuz Stück für Stück wechselseitig los, damit die Druckfeder gleichmäßig entlastet wird *(Bild 66)*. Dann drehen wir die Spannschrauben ganz heraus und nehmen den Druckring, die Kupplungsscheibe mit Nabe, die Druckplatte mit Membran-Mitnehmerscheibe und Tellerfeder ab *(Bild 67)*.

29. Handgriff (Bild 68)

Da uns demnächst schwierige Probleme gegenüberstehen werden, wollen wir den heutigen Abend nur noch mit dem Ausdrehen der beiden Zylinderschrauben durch die beiden Bohrungen im Steuerwellenrad würzen *(Bild 68)*. – Pause.

69

30. Handgriff (Bild 69 bis 71)

Vor irgendwelchen Klippen an der Küste hat nicht nur jeder Windjammer-Kapitän Angst. Er sieht zu, daß er nicht so schnell in ihre Nähe kommt. Deswegen wollen wir uns noch schnell ein paar Minuten Ruhe gönnen und die Ölpumpe ausbauen. Nach dem Entfernen der Ölwanne öffnen wir das Sicherungsblech an den Halteschrauben der Pumpe, drehen beide Schrauben (Schlüsselweite 10) heraus *(Bild 69)* und nehmen die Ölpumpe ab. Vorsicht, wir wollen die Dichtung nicht beschädigen *(Bild 70)*! Wer noch mehr abschrauben will, kann das Schutzgitter im Gehäuse herausholen *(Bild 71)*. Ist aber nicht unbedingt nötig.

70

71

31. Handgriff (Bild 72 bis 75)
Jetzt geht es los. Die Sicherungsplatte unter der Schwungscheibenmutter aufbiegen *(Bild 72)*. Zum Abziehen der Schwungscheibe gehört das Sonderwerkzeug Matra 498. Das haben wir aber nicht. (Es wäre besser, man würde sich das besorgen!) Guter Rat ist teuer. Am Testmotor habe ich mir wie folgt geholfen, indem ich mich in die Lage eines Mannes versetzte, der in der Wüste reparieren muß. Also Schwungscheibe durch Ringschlüssel mit dem Gehäuse fest verankern *(Bild 73)*. Kann man das an mehreren Stellen machen, um so besser. Das Gewinde der Schrauben habe ich durch Einlegen von Stoffetzen vorm Eindrücken bewahrt. Bei einem Freund holte ich mir eine 36er Stecknuß mit langem Hebelarm. Einmal fest gedrückt, die Mutter war auf. Die Bolzen waren nicht beschädigt. Vom Aufschlagen der Mutter möchte ich abraten, sie ist mit einem Drehmomentschlüssel in der Fabrik (17 mkg) festgezogen. Das wäre also wirklich der letzte Ausweg. In die Schwungscheibe drehte ich dann zwei Schrauben ein. An denen kann man immer etwas festmachen, das zum Angreifen des Abziehers geeignet ist. Aber nicht auf den Gedanken kommen, an den Schrauben selbst ziehen zu wollen *(Bild 74)*. Nach mehreren Prellschlägen auf den Dorn des Abziehers sprang die Schwungscheibe vom Kurbelzapfen ab. Vielleicht hatte ich Glück, daß es bei diesem Motor besonders leicht ging (es war der Testmotor vom Nürburgring), Keil aus Kurbelwellenzapfen entfernen *(Bild 75)*.

73

74

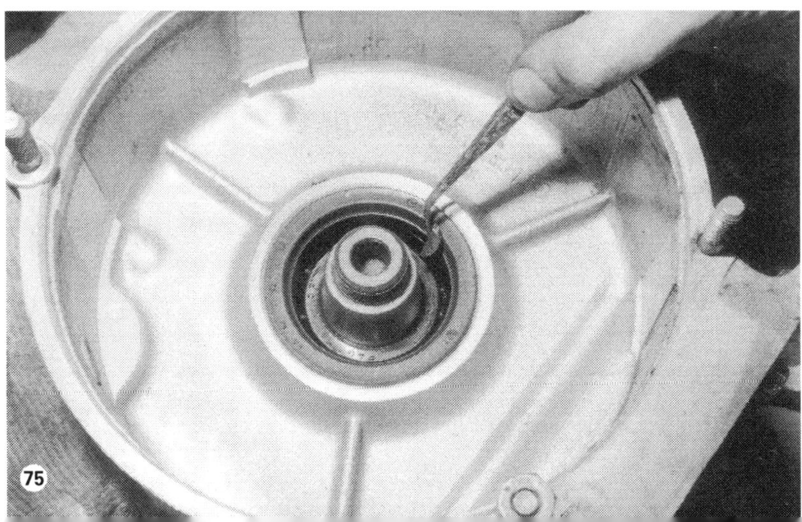

75

76

77

78

32. Handgriff (Bild 76 bis 79)

Wir dürfen die Nase putzen – das haben wir jetzt verdient. Sodann wenden wir uns der Gegenseite der Kurbelwelle zu. Erst nehmen wir den Lagerflansch ab, nachdem wir die vier Muttern (10er Schlüssel) losdrehten. Da wir den 10er Steckschlüssel gerade in der Hand haben, drehen wir auch die Schrauben für den Lagerdeckel aus dem Gehäuse *(Bild 76)*. Das Kettenrad zum Antrieb der Steuerwelle ziehen wir mit einem normalen Abzieher herunter, wobei es sich empfiehlt, als Unterlage gleich eine Mutter einzulegen *(Bild 77)*, damit man den Abzieher nicht absetzen muß. Auch hier wird ein Prellschlag nötig sein *(Bild 78)*. Keil nicht vergessen *(Bild 79)*!

79

80

33. Handgriff (Bild 80 bis 83)

Der Ofen lacht uns so freundlich mit seiner heißen Platte an und erinnert uns an etwas: Mensch, da legen wir das Gehäuse drauf! So ein kleines Viertelstündchen. Es soll zwar bis 100° angewärmt werden, aber wer kann das mit unseren Mitteln messen –? *(Bild 80)*. Ist es schön warm? – Dann auf die Werkbank damit. (Aus Muttis Küche sind wir längst rausgeflogen.) Und jetzt die Kurbelwelle rausziehen. Dazu muß das Pleuel auf den unteren Totpunkt gestellt werden, die Welle am Lagerschild gefaßt und durch die in der Gehäuseöffnung vorgesehene Aussparung, leicht nach oben geneigt, herausgeschwenkt werden *(Bild 81)*. Nun schnell machen, ehe sich das Gehäuse zu sehr abkühlt! Wir drehen in die Welle eine Auszugsvorrichtung ein *(Bild 82)*. (kann man leicht selber herstellen) und schlagen mit dem Hammer leicht zur Unterstützung unter den Dreharm. Die Steuerwelle löst sich erst schwer, dann aber können wir das Ganze mitsamt dem Lager aus dem Gehäuse herausziehen *(Bild 83)*.

81

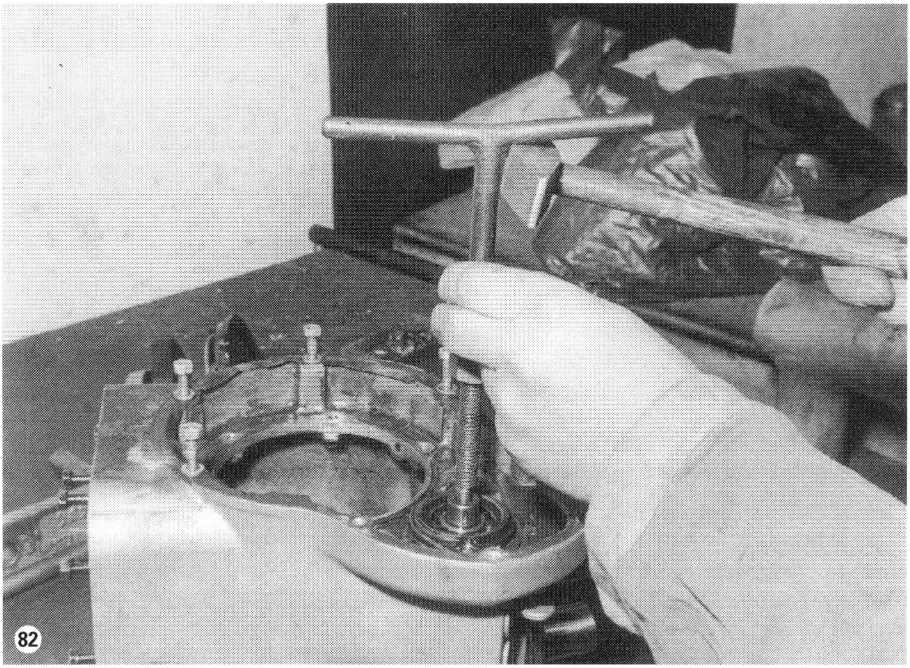

82

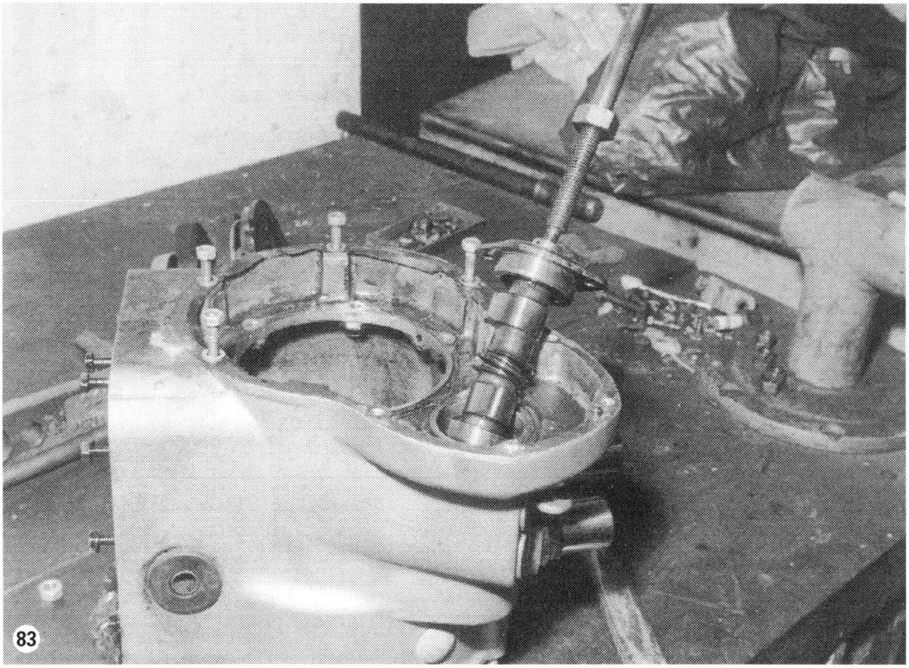

83

34. Handgriff (Bild 84)

Das leere Gehäuse wollen wir nicht beiseite legen, ohne noch etwas dran getan zu haben. Nachdem wir die Dichtung mit einem Schaber restlos abgekratzt haben (eine neue ist in jedem Falle nötig), kümmern wir uns um die Ölbohrungen. Bei allen BMW-Modellen ist es äußerst wichtig, daß diese Bohrungen völlig sauber sind. Wer Preßluft zur Verfügung hat, kann sich helfen, indem er diese Bohrungen einfach durchbläst. Ansatz an der Bohrung oben neben der Öffnung für den Zylinder. Auf *Bild 84* können wir deutlich sehen, daß der Ölkanal in der großen Öffnung für das Lagerschild endet. Zur Demonstration habe ich Öl einfließen lassen, das hier beim Durchblasen heraussprüht (Pfeil). Man sollte den Weg zu einer Tankstelle oder Werkstatt nicht scheuen, wenn man selbst diese Kanäle mit den vorhandenen Mitteln nicht säubern kann. (Bitte, keine Drahtpopelei!). Daß wir das Gehäuse anschließend schön sauber waschen, dürfte wohl nicht extra erwähnt werden müssen.

35. Handgriff (Bild 85 und 86)

Inzwischen ist uns klargeworden, daß wir den R 26-Motor nicht mit dem Werkzeug zerlegen können, das wir normalerweise zur Verfügung haben. Vom Bordwerkzeug ganz zu schweigen. Das Matra-Werkzeug wurde von Matra nur an Händler abgegeben, was natürlich eine weitere Klippe war. Trotzdem haben wir den Mut nicht sinken lassen. Wer die Möglichkeit hat, sich selber Hilfsmittel herzustellen, ist natürlich fein raus. Anderen Leute bleibt die Suche nach geeigneten Abziehern nicht erspart. Um das Lagerschild vom Kurbelzapfen abzuziehen, muß man sich einen Abzieher besorgen, wie er in *Bild 85* dargestellt ist (Stemler). Zwei Zuganker werden in das Schild eingeschraubt und so dieses Teil von der Welle gezogen. Das Lager geht mit. Die Welle wird am anderen Ende in einen Schraubstock eingespannt. Achtung, Leichtmetallbacken einlegen! Wenn wir das Schild abgezogen haben, können wir das Lager mit dem Gummihammer leicht herausklopfen *(Bild 86)*.

36. Handgriff (Bild 87 und 88)

Auch im Lagerschild sind feine Ölbohrungen, die wir beachten und säubern müssen. Die Innenseite zeigt *Bild 87* und die Außenseite *Bild 88*.

85

86

87

88

89

90

91

37. Handgriff (Bild 89 bis 91)

Die ausgebaute Kurbelwelle wird so in den Schraubstock eingespannt, daß die Kurbelwangen auf einer festen ebenen Unterlage aufliegen *(Bild 89)*. Die mit Kerbschlag gesicherte Halteschraube des Ölschleuderringes wird geöffnet (Kerbe durch Meißel ausschlagen, Bild 89), indem wir einen guten Schraubenzieher mit dem Hammer in den Schraubenschlitz fest einschlagen und dann aufdrehen *(Bild 90)*. Der Ölschleuderring wird abgenommen, nachdem der Abstandsring entfernt wurde (scharfe Kante muß nach unten zeigen). *Bild 91* zeigt den abgenommenen Abstandsring. Im Ölschleuderring sammelt sich mit der Zeit eine Menge Ölschlamm an.

38. Handgriff (Bild 92)

Nun müssen wir uns einen Abzieher für die weiteren Arbeiten suchen, der nach den Seiten verschiebbare und festzusetzende Klauen hat. Diese müssen außerdem unten zum Greifen möglichst scharf und tief sein *(siehe Bild 92)*. Außerdem muß ein solcher Abzieher groß genug sein. Damit heben wir am anderen Kurbelwellenende das Lager ab. Zwischen Kurbelzapfen und Abzieherdorn legen wir ein Weichmetallstück, damit der Kurbelzapfen nicht beschädigt wird *(Bild 92, Pfeil)*.

92

39. Handgriff (Bild 93 und 94)

Für die weiteren Arbeiten, vor allem am Getriebe, sollte man sich einen stabilen Haltering herstellen, an den man das Getriebe anschrauben kann und den man mit dem Schraubstock festhält. Auch das Kurbelgehäuse kann an diesem Ring festgeschraubt werden. Die Bohrungen sind gleich *(Bild 93)*.Die Nutmutter des Mitnehmerflansches wird entweder mit dem Dorn aufgeschlagen (dann ist sie aber wohl hin und man braucht eine neue) oder man setzt die Spezialvorrichtung Matra 494 auf und dreht die Mutter heraus *(Bild 94)*. Sollte man es noch anders versuchen wollen, muß man den Mitnehmerflansch festhalten. Ja, es ist eine fast ausweglose Situation für normales Werkzeug – an dieser Stelle merken wir, daß es mit dem Zerlegen dieses an und für sich völlig einfachen Motors aus Gründen des Werkzeugmangels sehr schwer ist. Ob man das bei BMW nicht ändern konnte? (Das Matrawerkzeug 494 ist ja klar erkennbar für Leute, die sich das selber machen wollen). Getriebeöl ablassen.

93

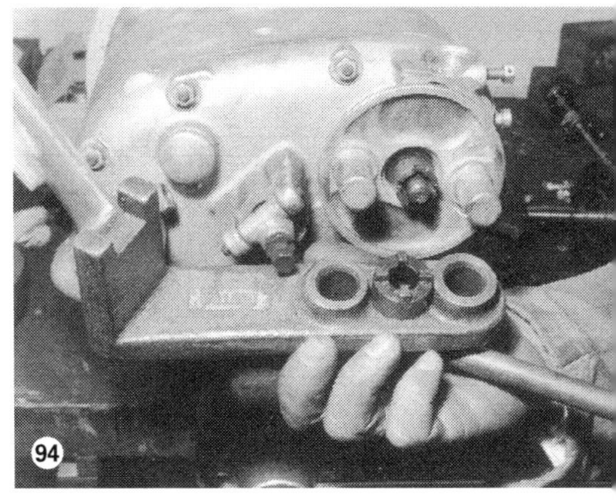
94

40. Handgriff (Bild 95 und 96)

Jetzt brauchen wir wieder eine Abziehvorrichtung, um den Mitnehmerflansch abheben zu können. Wie das aussieht (Matra 422A), zeigt *Bild 95* und welcher Druck dabei entsteht, zeigt *Bild 96*. Mit unserem großen normalen Abzieher und einigen Prellschlägen auf den Abzieherdorn werden wir es aber auch schaffen können.

41. Handgriff (Bild 97 bis 99)

Am Kupplungsdruckgestänge wird das Druckstück mit dem Dichtring, der Kugelkäfig, die Druckscheibe und die Druckstange abgenommen. Dann lösen wir die Muttern am Getriebedeckel (Schlüsselweite 10) *(Bild 97)*. Unser Ofen muß wieder her *(Bild 98)*, denn für den weiteren Arbeitsgang soll das Getriebegehäuse angewärmt werden. Sagen wir wieder 15 Minuten. So wird es uns ein Leichtes sein, den Getriebedeckel abzuklopfen *(Bild 99)*, wofür extra Schlagnasen vorhanden sind. Das Lager der Abtriebswelle geht auf diese Weise leicht aus dem Gehäuse heraus. Achtung! Dichtungsring abnehmen, Paß-Scheiben im Getriebedeckel beim Abnehmen nicht verlieren!

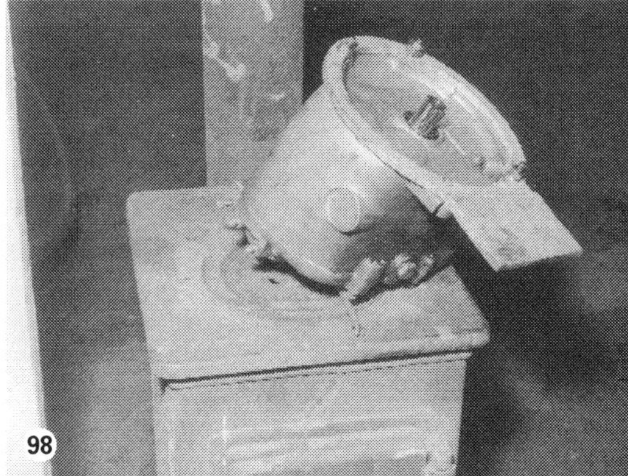

42. Handgriff (Bild 100 bis 102)

Mit Farbpünktchen markieren wir jetzt im offenen Getriebe die Schaltgabeln mit ihren zugehörigen Büchsen *(Bild 100)*. Anschließend drehen wir mit dem 6 mm Innensechskantschlüssel die beiden Zylinderschrauben aus der oberen Gehäusewand *(Bild 101)*. Die hier benutzte Ratsche haben wir nicht nötig. Dann nehmen wir Büchsen und Halteblech heraus *(Bild 102)*.

43. Handgriff (Bild 103 bis 105)

Wieder wandert das inzwischen abgekühlte Gehäuse mit den noch nicht herausgenommenen Wellen auf den Ofen. Damit die Lager besser aus der Gehäusewand herauskommen und es keine Würgerei gibt, müssen wir diese Ofenpause in Kauf nehmen. Wir können uns in dieser Zeit ja in irgendeiner Ecke mit dem Auswaschen inzwischen demontierter Teile beschäftigen. (Über das Behandeln von Kurbelwellen, Kolben, Bolzen und defekten Motorenteilen gibt das Buch »Mach's doch selber« Auskunft. Hier in dieser Geschichte ist allein die Rede davon, wie man zu diesen Teilen kommen kann und wie man den Motor und das Getriebe zerlegt.) So, das Gehäuse ist warm genug, jetzt holen wir die Getriebewellen heraus. Wenn es nötig ist, schlagen wir mit dem Gummihammer leicht auf die Gehäusekante *(Bild 103)*, während wir die Abtriebswelle halten. Diese wird zuerst herausgenommen *(Bild 104)*. Die Antriebswelle wird wahrscheinlich fester sitzen, als wir angenommen haben. Mit einem leichten Schlag von außen treiben wir sie mit dem Lager aus dem Gehäuse heraus *(Bild 105)*.

103

104

105

44. Handgriff (Bild 106)

Die Getriebewellen legen wir sorgfältig auf den Tisch, möglichst in der richtigen Lage *(Bild 106)*. Links Abtriebswelle mit Schaftgabeln und Klauen. Mitte Zwischenwelle, rechts Antriebswelle mit Stoßdämpfer und Kickstarterrad.

106

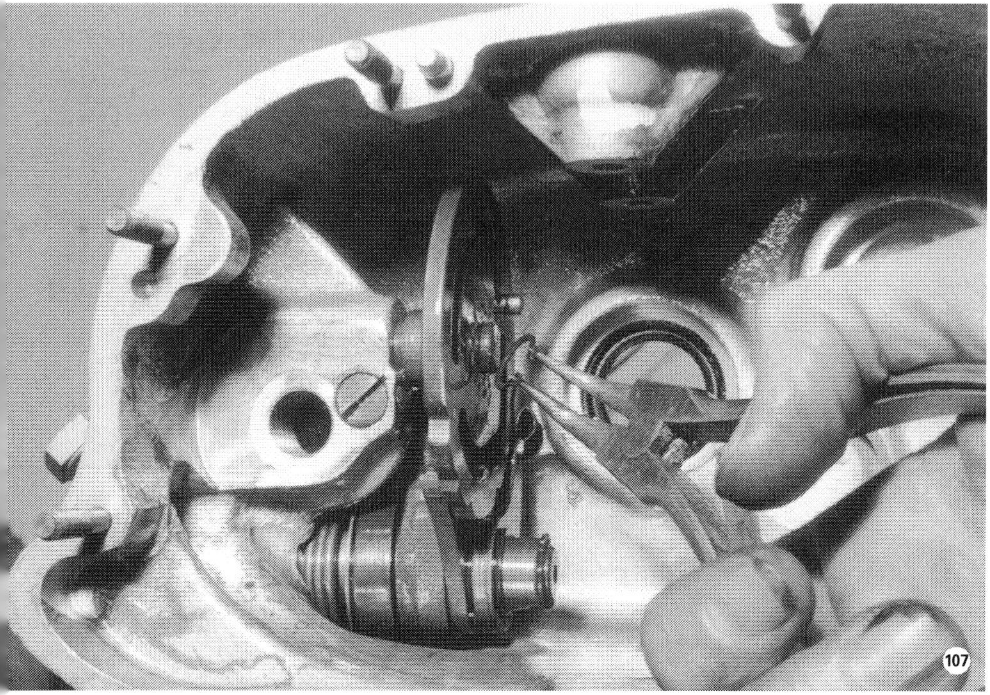

45. Handgriff (Bild 107 und 108)

Im Gehäuse sitzt noch die Fußschaltung. Da entfernen wir erst den Sicherungsring von der Kurvenscheibe und nehmen diese ab *(Bild 107)* Die Feder zur Sperrklinke wird dabei herausfallen, wir dürfen sie auf keinen Fall verlieren. Jetzt können wir beide Sicherungsringe vor dem Zahnsegment und vor der Sperrklinke abheben und alles beides herausnehmen *(Bild 108)*.

109

110

Noch 45. Handgriff (Bild 109 bis 112)

Bei den nächsten Handgriffen wollen wir uns bereits mit dem Zusammenbau einzelner Teile beschäftigen, die ans Ende der langen Reihe der Demontage gehören. Vielleicht haben wir inzwischen gemerkt, daß wir es bei diesem Motor mit engen Passungen und erstaunlicher Präzision zu tun haben. Es gibt alte Motorradfahrer, die die Lebensdauer und das Stehvermögen, die Laufruhe und Sauberkeit der BMW-Motoren auf diese Tatsache zurückführen. Mit Recht! Aber der Amateur-Reparateur muß deswegen ma
Schweiß vergießer
Zuletzt hatten wir u
die Fußschaltung g
macht. Dabei war b
ders zuerst auf die
zur Sperrklinke zu
achten, damit die
uns nicht verloren-
geht *(Bild 109, Pfeil)*. Nachdem da
Zahnsegment und
klinke herausgeno
den sind, schlagen
schraube am Fußs
Gummihammer he
den Hebel ab und a
gehäuse den Ankerhebel mit Abstandsbüchse, den Rastenhalter mit Federring, die Abstandsscheibe und die Rückholfeder heraus *(Bild 111)*. Wie die ganze Geschichte zusammengehört zeigt *Bild 112*. Alle Teile werden abgewaschen und sauber geordnet weggelegt.

111

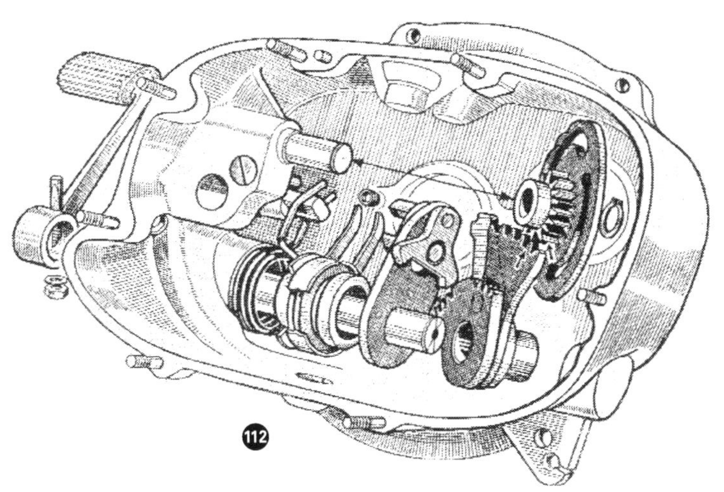

112

46. Handgriff (Zusammenbau der

114

Fußschaltung, Bild 113 und 114)

Wir nehmen uns den Ankerhebel und stecken in der Reihenfolge auf: Zuerst die Abstandsbüchse, dann den Federring mit den beiden Enden zum Halten der Rasten (die gekröpften Enden müssen zum Ankerhebel stehend die zwei Anschlagzapfen parallel fassen!). Jetzt kommt die Abstandscheibe und darauf die Rückholfeder, deren Enden zum Anker hin abgebogen liegen müssen *(Bild 113)*. Diesen ganzen Apparat fädeln wir vorsichtig ins Gehäuse, so daß die Enden der Rückholfeder über Kreuz den Haltebolzen an der Gehäusewand umfassen *(Bild 112)*. Auf das herausstehende Ende des Ankerhebels schieben wir den Fußschalthebel auf (zum Gehäuse Spiel lassen) und führen die Keilschraube wieder ein. Das Zahnsegment wird komplett auf die Achse des Ankerhebels aufgeschoben, wobei darauf zu achten ist, daß die Ankerzähne gleichen Abstand zum Außendurchmesser des Zahnsegmentes haben. Stimmt da etwas nicht, muß man die Enden der Rückholfedern so hinbiegen, daß man den Abstand richtig ausrichten kann *(Bild 112)*. Die kleine Feder für die Sperrklinke, die wir hoffentlich nicht verloren haben, setzen wir im Gehäuse auf den dafür vorgesehenen Zapfen, drücken die Sperrklinke dort an, nachdem wir sie auf das Zahnsegment *(Bild 112 und 109)* aufgeschoben, mit dem Sicherungsring (nicht verloren??) gesichert haben, und das Zahnsegment selbst auf der Achse des Ankerhebels sicherten *(Bild108, Seite 102)*. Nun setzen wir die Kurvenscheibe auf ihren Bolzen *(Bild 112)*. Der zweite Zahn des Segmentes (von der offenen Seite des Gehäuses gesehen) muß in die markierte Zahnlücke des Zahnrades an der Kurvenscheibe fassen *(Bild 114)*. Wichtig ist, daß das Spiel zwischen der Sperrklinke und den Rasten in der Kurvenscheibe bei allen vier Gängen beim Überschalten etwa 2 mm beträgt. Notfalls muß man es durch Unterlegen von Scheiben an den Anschlagschrauben für den Ankerhebel korrigieren.

47. Handgriff (Bild 115 bis 118)

Wer die Antriebswelle des Getriebes zerlegen will, muß zuerst die Scheibe mit dem Zahnrad für den Kickstarter abziehen oder abdrücken *(Bild 115)*. Dann kann er die Scheibe mit Feder und Zahnrad leicht abnehmen. Beim Zusammenbau wird diese Scheibe über einen passenden Ringschlüssel vorsichtig wieder aufgeklopft *(Bild 116)* Im Schraubstock drückt man dann die Stoßdämpferfedern zusammen (Weichmetallbacken einlegen), stemmt die Sicherungsfeder aus ihrer Nut heraus *(Bild 117)*. Dann dreht man den Schraubstock auf und nimmt den Mitnehmer für den Kickstarter, die Stoßdämpferfeder und das Druckstück mit dem Antriebszahnrad von der Welle.Das Kugellager kann man, wenn nötig, mit der Abdichtlaufbüchse und der Abdeckscheibe abziehen *(Bild 118)*Der Zusammenbau erfolgt in umgekehrter Reihenfolge. Zum Festsetzen der Stoßdämpferfeder bedient man sich wieder des Schraubstockes, bis der Sicherungsring in seine Nut gesprungen ist.

117

118

48. Handgriff (Bild 119 bis 128)

119

120

121

Das Zerlegen und Zusammensetzen der Abtriebswelle ist einfach, nur muß man sich genau die Reihenfolge aller Teile merken, weswegen hier jeder Griff festgehalten ist. Zuerst wird der Keil für den Kupplungsflansch aus dem Wellenende entfernt. (Nicht verlieren!) *(Bild 119, Pfeil)*. Im folgenden leistet unser Abzieher mit seinen verschiebbaren Backen (Kukko, 20-2) wieder gute Dienste. Wir fassen mit den scharfen Backenenden unter das erste Gangrad, nachdem die Welle im Schraubstock (Weichmetallbacken einlegen!) festgelegt wurde. Langsam drücken wir dann das Zahnrad mit Lager und zwischenliegender Scheibe ab *(Bild 120)*. Für den Zusammenbau müssen wir uns die Reihenfolge merken *(Bild 121)*.

Die ziemlich stramm auf die Welle aufgebrachte Laufbüchse für das Zahnrad des ersten Ganges holen wir auch gleich mit unserem Abzieher herunter *(Bild 122)*. Da kommt gleich die Anlaufscheibe zum Klauenrad für den ersten und zweiten Gang mit herunter, so daß wir diese Schiebeklaue anschließend abnehmen können *(Bild 123)*. Den federnden Sicherungsring für das Zahnrad des zweiten Ganges nehmen wir als nächstes ab *(Bild 124)*. Hinter ihm liegt wieder eine Scheibe, die entfernt werden muß und nicht verloren werden darf *(Bild 125)*.

122

123

124

125

126

127

Das Zahnrad des zweiten Ganges und das Zahnrad des dritten Ganges kann man jetzt ohne weiteres abnehmen *(Bild 126)*. Die Laufbüchse für die Zahnräder kommt zum Vorschein. Wenn wir sie nicht abzunehmen brauchen, ist es gut. Sie sitzt sehr stramm und geht eigentlich nur angewärmt von der Welle. Ohne Not sollte man sich nicht daranmachen. Die Welle wird dann umgedreht und man angelt den Sicherungsring für das Kugellager aus seiner Nut *(Bild 127)*. Der Abzieher wird unter der Schiebeklaue für den dritten und vierten Gang angesetzt, und langsam hebt man das Klauenrad, die Anlaufscheibe, die Laufbüchse für das Zahnrad des vierten Ganges, das Zahnrad selbst, die Abstandsscheibe und das Kugellager von der Welle. Zum Zusammenbau braucht man sich nur strikt an die umgekehrte Reihenfolge halten *(Bild 128)*.
Von nun an beschäftigen wir uns nur noch mit dem Zusammenbau.

128

49. Handgriff (Bild 129 bis 133)

Zum Einbau der Wellen in das Getriebegehäuse müssen wir mit Überlegung schreiten. Man kann die Antriebswelle zuerst einsetzen und Neben- und Hauptwelle hinterher einfädeln, doch erscheint es praktischer, alle Wellen zusammen einzuziehen. Das Getriebegehäuse müssen wir zunächst auf mindestens 100° erwärmen. (Spuckt mal drauf, wenn es zischt, ist das Gehäuse warm genug. Besser auf der Ofenplatte anwärmen, nicht mit Schweißbrenner!) *Bild 129* zeigt, wie wir Antriebs-, Neben- und Hauptwelle zusammenfassen. Die Schaltgabeln haben wir ja bei der Demontage des Getriebes mit Farbe signiert. (Weiße Farbe = vor-

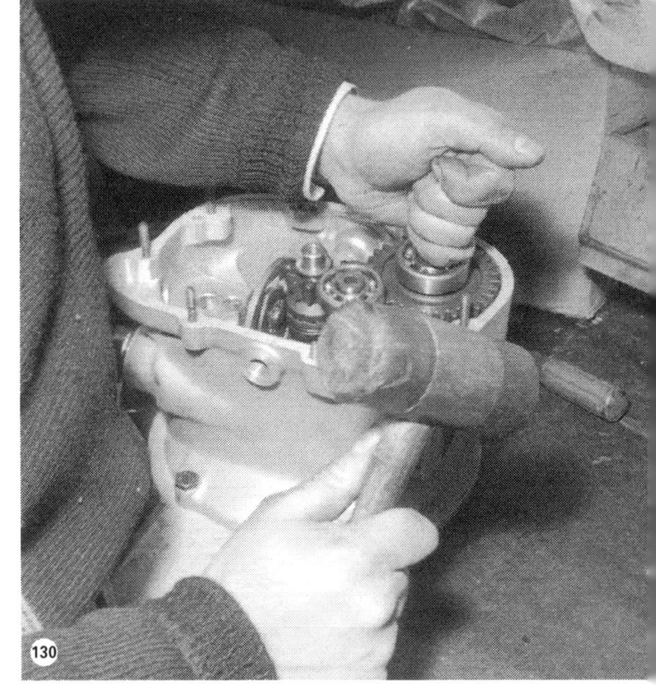

dere Schaltgabel.) Um den Dichtring für die Antriebswelle nicht zu beschädigen, müssen wir eine Montagebüchse einführen (Matra-Werkzeug Nr. 297/1a), durch die dann die Welle eingeführt wird *(Bild 129, durch gestrichene Linie angedeutet)*. Das warme Gehäuse legen wir auf den Tisch und führen die Wellen ein, erst seitlich angesetzt und dann das Gehäuse nach oben gekippt *(Bild 130)*. Mit dem Gummihammer klopfen wir die Wellen vorsichtig in die Lagersitze ein. Es ist durchaus möglich, daß man mit dieser Arbeit zuerst nicht ganz klar kommt, aber wir müssen uns mit Geduld wappnen, bis wir die Geschichte können. Meiner Ansicht nach ist dies der schwierigste Teil des Zusammenbaues. Das Halteblech führen wir anschließend zwischen Schaltgabeln und obere Getriebegehäusewand ein *(Bild 131)*. An ihm sind noch die Farbflecke der Signierung zu sehen (Weiß gehört nach vorn). Die Nasen der Schaltgabelbüchsen *(Bild 129, Ausrufungszeichen)* müssen in Längsrichtung der Wellenachsen liegen, damit sie in die dafür vorgesehenen Aussparungen des Haltebleches passen. Von oben werden die beiden Innensechskantschrauben eingedreht, nachdem die Nase, der vorderen Schaltgabel in der Führung der Kurvenscheibe für den zweiten Gang liegt *(Bild 132, Pfeil)*. Bitte darauf achten, daß auch die hintere Schaltgabel sauber in der Kurvenscheibe und in der Schiebeklaue liegt und geführt werden kann. Beide Gabeln dürfen auf keinen Fall klemmen. Mit Heißlagerfett kleben wir anschließend die tellerförmige Paßscheibe auf das bereits in den Getriebedeckel eingesetzte Lager für die Nebenwelle *(Bild 133)* Eine neue Gehäusedichtung wird aufgeklebt.

Wir müssen hier wissen, daß bei Verwendung einer neuen Getriebewelle deren Seitenspiel ausgemessen werden muß. Zwischen der Gehäusetrennfläche (Dichtung auflegen!) zum Kugellager messen, dann von Getriebedeckeltrennfläche zum Grund des Kugellagersitzes im Deckel messen. Spiel = 0,2 mm. Sonst durch Scheiben ausgleichen. Ebenfalls kann man die Nebenwelle auf diese Art ausmessen, deren Längsspiel 0,2-0,4 mm betragen darf.

132

133

50. Handgriff (Bild 134 bis 137)

Der Getriebedeckel wird ebenfalls bis auf 100° erwärmt und aufgesetzt *(Bild 134)*. Der Mitnehmerflansch wird aufgesetzt. Wenn möglich, frischen Keil nehmen! Anschließend drehen wir die Nutmutter auf und ziehen sie fest. Festklopfen mit dem Dorn ist eine Notlösung. Reell soll die Mutter mit dem Matra-Steckschlüsselsatz 494/3 und dessen Haltevorrichtung 494 mit 12 bis 15 mkg festgezogen werden *(Bild 135)*. Ein geschickter Bastler kann sich eine Haltevorrichtung und einen derartigen Schlüssel leicht selber herstellen. Zuletzt setzen wir den Tachometerantrieb ein *(Bild 136)* und schieben die Kupplungsdruckstange durch die Antriebswelle *(Bild 137)*. Kupplungshebel und Hebelbolzen bauen wir auch gleich an.

135

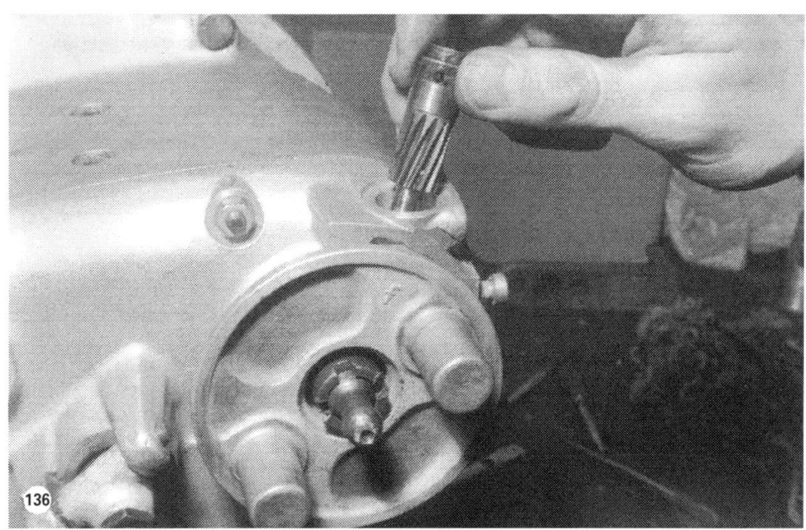
136

137

138

139

140

51. Handgriff (Bild 138 bis 144)

Die Kurbelwelle holen wir aus dem Kasten und legen sie so auf eine Stützplatte, daß die vordere Kurbelwange flach aufliegt. Zuerst schrauben wir den Ölschleuderring auf und sichern die Schraube mit einem Kerbschlag *(Bild 138)*. Der Abstandsring muß so aufgelegt werden, daß die schmale Kante nach unten zeigt *(Bild 139)*. Dann wird das Lagerschild mit dem Kugellager leicht angewärmt und auf den Kurbelwellenzapfen aufgeschoben. Man kann den Kurbelwellenzapfen leicht mit Talg einstreichen, damit das Lager besser über den Zapfen gleiten kann *(Bild 140)*. Der Lagerdeckel muß so auf dem Lagerschild verschraubt sein, daß die Öffnung des Ölröhrchens genau auf der feinen Ölbohrung im Lagerschild zu liegen kommt *(Bild 141, Pfeil)*. Der Lagerdeckel wird dann auf dem Lagerschild festgeschraubt. Mit einem großen Steckschlüssel kann man übrigens die ganze Sache sauber über den Kurbelzapfen pressen. Der alte Keil für das Kettenrad wird am besten durch einen neuen ersetzt. Das Kettenrad erwärmen wir möglichst lange auf der Ofenplatte (bitte die Zähne nicht blau anlaufen lassen), bringen es mit einer Zange über den Kurbelzapfen *(Bild 142)* und stoßen es dann genau über den Keil auf das Wellenende. Gleichmäßig von gegenüberliegenden Seiten arbeiten *(Bild 143)*! Das vorher angewärmte Lager (wenn möglich in heißem Ölbad) setzen wir anschließend auf und stoßen es mit einem großen Steckschlüssel auf seinen Sitz *(Bild 144)*.

141

142

143

144

145

146

147

148

52. Handgriff (Bild 145 bis 148)

Das Motorgehäuse wird auf etwa 100° erwärmt und die Kurbelwelle mit der gleichen Drehung ins Gehäuse gebracht wie bei der Demontage *(Bild 145)*. Die Steuerwelle wird mit Lagerfett ins Gehäuse eingesetzt und das Zahnrad gleich aufgebracht *(Bild 146)*. Mit einer ebenen Meßschiene kontrollieren wir, ob das Antriebszahnrad an der Kurbelwelle und das Steuerwellenrad fluchten *(Bild 147)*. Der Keil für die Schwungscheibe wird eingesetzt und die Federscheibe eingelegt *(Bild 148)*. Jetzt können wir die Schwungscheibe aufsetzen. Natürlich ist es wichtig, daß die Scheibe beim Einsetzen nicht verkantet wird, und außerdem besteht die Schwierigkeit, das schwere Stück sauber in den Raum zu bringen, in den wir mit den Fingern nicht hineinlangen können. Deswegen schrauben wir uns zwei Halteschrauben in die Scheibe, an denen wir fest zupacken können *(Bild 148)*. Beim Einsetzen der Scheibe müssen wir darauf achten, daß der Keil nicht an einer Nutenkante der Schwungscheibe aufsitzt!

Noch 52. Handgriff (Bild 149 bis 151)

Bevor die Schwungscheibenmutter aufgedreht wird, legen wir das vorher angebogene Sicherungsblech unter *(Bild 149)*. Die Mutter soll nach Angabe des Werkes mit einem Drehmomentschlüssel mit 17 mkg festgezogen werden *(Bild 150)*.

Das bedeutet für normale Menschen »Zieh, so fest du kannst«. Man kann die Schwungscheibe *(siehe Seite 89, Bild 73)* behelfsmäßig verankern, wenn man die Mutter mit einer 36er-Stecknuß festzieht. Besser wäre natürlich die Ankerplatte von Matra *(Bild 150)*, so man hat. Nicht vergessen, die Sicherungsscheibe völlig aufzubiegen *(Bild 151)*.

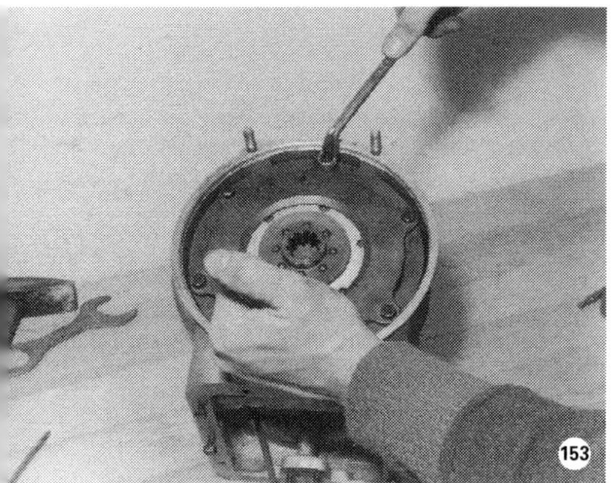

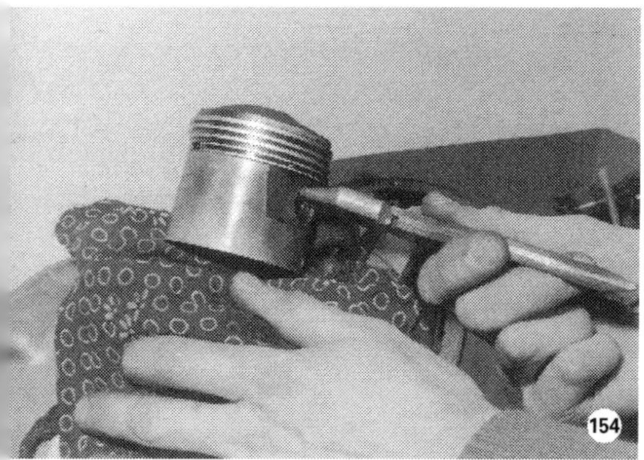

53. Handgriff (Bild 152 bis 153)
Der Einbau der Kupplung ist nichts Besonderes. Einbaureihenfolge: Tellerfeder, Membran-Mitnehmerscheibe mit Druckplatte, Kupplungscheibe mit Nabe, Druckring *(Bild 152)*. Abwechselnd und gleichmäßig ziehen wir mit den Befestigungsschrauben die Kupplung zusammen *(Bild 153)*, wobei wir darauf achten müssen, daß die Kupplungscheibe mit der Nabe genau ausgemittelt wird (sonst paßt das Getriebe beim Einbau nicht dran !) Das Matra-Werkzeug 529 – ein Zentrierdorn – leistet dabei hervorragende Hilfe. Man kann sich so ein Hilfsmittel auch leicht selber herstellen. Aber ohne ein solches Spezialwerkzeug wird man nicht auskommen. (Das ist wieder ein Beweis, daß man bei den BMWs ohne spezielle Hilfsmittel nichts ausrichtet– man mag es drehen und wenden wie man will. Für R 26 wären folgende Nummern wichtig.– 297/1, 299a, 422A, 494, 498a und 529.)

54. Handgriff (Bild 154 bis 155)
Zum Einsetzen des Kolbenbolzens wärmen wir den Kolben an und prüfen nach Einsetzen der Kolbenbolzensicherungen *(Bild 154)*, ob deren Enden nicht angebrochen sind. Vor dem Aufsetzen des Zylinders werden Kolben und die Kolbenringe eingeölt, die Stoßkanten der Ringe gleichmäßig um den Kolben geordnet, und die Ventilstößel eingesetzt. Es ist wichtig daß die Gummimanschetten zum Abdichten der Stoßstangenschutzrohre sauber abschließen und eingeführt sind *(Bild 155)*. Neue Fußdichtung nehmen !

156

55. Handgriff (Bild 156 bis 158)

Vor dem Anbau der Ölwanne dürfen wir nicht das Schutzgitter zwischen Kurbelhaus und Ölwanne vergessen, wenn wir es demontiert hatten *(Bild 156)*. Beim Einbau der Ölpumpe muß die Antriebswelle der Pumpe erst oben am Zylinderfuß des Motors eingesetzt werden, und wir können die Ölpumpe erst festschrauben, wenn wir durch Drehen des Nockenwellenantriebrades festgestellt haben, daß das Ende der Welle in den Antrieb der Pumpe paßt und diese einwandfrei arbeiten kann *(Bild 157)*. Die von Rückständen und Ölschlamm gereinigte Ölwanne wird abgeschraubt. Ist die Dichtung beschädigt, nehmen wir eine neue *(Bild 158)*.

56. Handgriff (Bild 159 bis 165)
Bevor wir die Steuerkette auflegen, drehen wir die Schwungscheibe so weit, daß im Schaufenster die Marke OT mit der in der Öffnung eingeschlagenen Marke übereinstimmt. Dann drehen wir das Steuerrad so lange, bis die vorher eingeführten Stoßstangen auf gleicher Höhe bei Nockenüberschneidung stehen. Das kontrollieren wir mit einem aufgelegten Lineal *(Bild 159)*. Jetzt markieren wir einen Zahn am Steuerwellenrad mit dem Motorgehäuse, um die richtige Lage der Nockenwelle im OT zu kennzeichnen *(Bild 160)*. Ohne die Lage des Rades zu verändern, kennzeichnen wir den Zahn, an dem das Kettenschloß der Kette zu liegen kommt (liegt ziemlich genau gegenüber der ersten Marke *(Bild 161)*.

An diesem Zahn führen wir die Kette ein und legen sie um das Nockenwellen- und das Kurbelwellenantriebsrad *(Bild 162)*. Bevor wir die Kette durch das Verbindungsglied schließen, kontrollieren wir, ob Nockenstellung (beide Stoßstangen in der Nockenüberschneidung auf gleicher Höhe, *(Bild 159)* und OT des Kolbens übereinstimmen. Das Verbindungsglied wird dann mit List und Tücke mittels eines entsprechend gebogenen Stückes Draht oder Blechstreifens von hinten in die Kettenenden eingeführt und die Kette geschlossen. Das Sicherungsblech muß mit der geschlossenen Seite zur Kettenlaufrichtung zeigen *(Bild 163)*. Zum Schluß setzen wir den Entlüfter, dessen Feder und die Halteschraube auf und drehen die letztere in der Steuerwelle fest *(Bild 164)*. Den Kettenkastendeckel setzen wir vorsichtig auf. Mit dem Gummihammer leicht nachhelfen. Dann alle Befestigungsschrauben und Mutten anziehen *(Bild 165)*.

162

163

164

165

166

167

57. Handgriff (Bild 166 bis 167)

Keil in den Kurbelwellenzapfen einsetzen und Lichtmaschine auf den Zapfen aufbringen *(Bild 166)*. Das Dynamogehäuse setzen wir auf und schrauben es fest. Beim Aufsetzen des Fliehkraftreglers *(Bild 167)* muß die Nase in der Bohrung mit der Nut im Ankerzapfen zusammenpassen . Dann Befestigungsschraube einführen *(Bild 167)* und festziehen. (Das Werk schreibt 2mkg vor.) Bevor wir den Zylinderkopf aufsetzen, stellen wir die Zündung mit einer Prüflampe ein. Hierzu wird im Prüflampenstromkreis ein Kabel an Masse Lichtmaschine und ein Kabel an den unteren Kondensatorkabelanschluß geklemmt. Wenn der Markierungsstrich »S« (= Spät) auf der Schwungscheibe in der Mitte des Schauloches am Motorgehäuse steht, so haben wir Spätzündung 7° vor dem oberen Totpunkt. Hier muß bei ganz kleinen Bewegungen der Schwungscheibe die Lampe aufleuchten bzw. ausgehen. Unterbrecherabstand 0,4 mm. Zum Verstellen des Zündzeitpunktes am Unterbrecher werden die beiden Schrauben über den Längsschlitzen gelockert, und Verdrehen der Unterbrecherplatte nach rechts (in Richtung Lichtmaschine gesehen) gibt spätere, nach links frühere Zündung.

58. Handgriff (Bild 168)

168

Neue Zylinderkopfdichtung auflegen und Zylinderkopf aufsetzen. Die Schwinghebelböcke mit den Schwinghebeln werden aufgesetzt und die Haltebolzen für den Zylinderkopf durch die Böcke eingesetzt und festgezogen (13 bis 3,5 mkg schreibt das Werk vor *(Bild 168)*. Wenn die Schwungscheibe des Motors den oberen Totpunkt des Kolbens im Schauloch anzeigt, müssen beide Ventile geschlossen sein. Anschließend stellen wir das richtige Ventilspiel ein. (Im Bordwerkzeug ist eine Fühllehre, auf der die Daten eingezeichnet sind.) Das Einlaßventil erhält 0,15 mm, das Auslaßventil 0,20 mm Spiel. Die Dichtung der Ventilschutzkappen wird aufgelegt und die Kappen aufgesetzt (Achtung! Paßstifte!). Mit der Spannbrücke werden die Kappen festgezogen. Der Motor ist fertig zum Einbau in den Rahmen.

59. Handgriff

Der Einbau von Motor und Getriebe in das Fahrgestell erfolgt in genau umgekehrter Reihenfolge wie der Ausbau. Beim Einbau muß nur beachtet werden, daß erst der untere und dann der obere Befestigungsbolzen mit den Zwischenscheiben eingesetzt wird. Dann erst die Bolzen festziehen. Getriebeeinbau ebenfalls in genau umgekehrter Reihenfolge wie der Ausbau, ebenso Einbau der Hinterschwinge, wobei die Kegelrollenlager gut gereinigt und eingeölt werden müssen. Die Schwingenlagerung bedarf beim Einbau noch weiterer Aufmerksamkeit Die Lagerzapfen müssen so eingeschraubt werden, daß auf beiden Seiten gleicher Abstand zwischen Schwingennabe und dem Rahmen besteht. Auf einer Seite wird der auf Anschlag eingedrehte Lagerzapfen um etwa 1/3 Umdrehung (nach Werksangabe) zur Lagerspannung nachgezogen. Die Kegelrollenlager dürfen kein Spiel haben. Die Lagerzapfenmuttern werden gekontert und die Hutmuttern festgezogen. – Finis.

Bevor die Geschichte nun zu Ende geht, noch eine Bemerkung: Zum Abziehen der Lager nehmen wir unbedingt einen Abzieher, dessen Enden unten lang und schmal genug sind, daß man die Lager am Innenring abziehen kann. Ein solches am Innenring festsitzendes Lager über den Außenring abzuziehen, ist sehr gefährlich! Kugeleindrücke in der Lauffläche bedeuten demzufolge leicht Lagerzerstörung! Also bitte drauf achten!

Die Vorläufer waren in ihrer Charakteristik solide und brave Fahrzeuge, die hauptsächlich auf Zuverlässigkeit und Robustheit ausgelegt waren. Zu ihrer Zeit war das Fahrzeug Motorrad in der 250er Klasse noch öfter ein Alltags-Arbeitspferd, man brauchte großes Stehvermögen und eine moderate Leistung. Doch langsam wechselten nicht nur die großen Maschinen in den Bereich der sportlichen Freizeit-Vergnügen, sondern auch in den damaligen mittleren Hubraumklassen kam immer mehr das ausgesprochen sportliche Modell zum Zuge. Das ging allerdings während der großen Absatzkrise für Motorräder, ab Mitte der 50er Jahre, nicht von heute auf morgen und dauerte immerhin längere Jahre, in denen eine Reihe von Marken verschwanden. Darunter auch sol-

BMW R 27

Die sportlichste Einzylinder-BMW

R 27-Prospekt vom Juni 1962: »Ihr Fortschritt ist nicht nur durch eine höhere Leistung von 18 PS und ein wesentlich höheres Drehmoment gekennzeichnet, sondern vor allem durch den neuen »Schwebemotor«

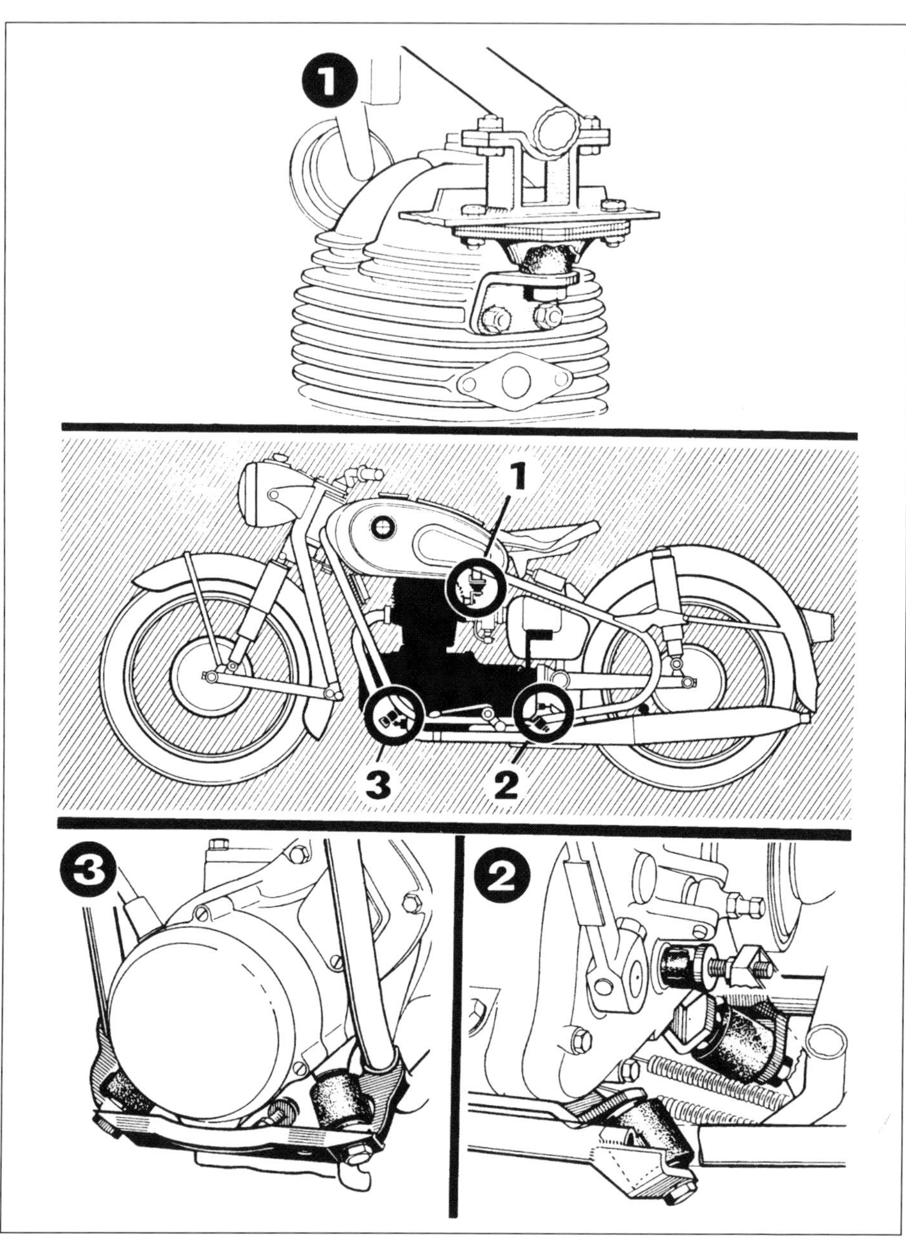

Der tausendfach bewährte Einzylinder-Viertaktmotor ruhte nun auf schräggestellten Gummilagern. Ein Dämpfungsgummi befand sich am Zylinderkopf, die anderen am vorderen Motorgehäuse beziehungsweise am Getriebe.

che wie DKW, NSU, Zündapp und andere. Im Hause BMW verstand man es, trotz aller wirtschaftlicher Schwierigkeiten, den Motorrad-Gedanken und die Motorrad-Produktion über diese kritischen Jahre hinüber zu retten und sogar – später, um 1969/1970 herum – mit neuen Modellen beim neuen Motorrad-Boom wieder ganz vorne mit dabei zu sein.

Das letzte Einzylinder-Modell von BMW in der 250er Klasse war 1960 der Typ R 27, der äußerlich noch nicht den rein sportlichen Flair erkennen ließ, der aber mit 18 PS (nach DIN 70 020) bei 7400 U/min und einem sehr guten Fahrwerk bis zum Frühjahr 1967 auf dem Programm bleiben konnte, bis BMW sich aus dieser Klasse verabschiedete. Die reine Sportmaschine zeichnete schon Anfang der 60er Jahre in immer größer gewordener Bedeutung das Bild des Motorradfahrens, und in München mußte man diesen Weg mitgehen, wollte man auch in dieser Klasse noch weiter ein Wort mitreden. 18 PS mußte der Motor schon hergeben. Das bedeutete nun aber beileibe nicht, daß man die langjährigen Erkenntnisse über Fahrkultur, Zähigkeit, Spurhaltung (andere sagen dazu »Straßenlage«) ungenutzt ließ. Im Gegenteil: nicht nur schneller sollte die neue 250 cm³ BMW 1960 werden, auch die Lebensdauer sollte möglichst noch länger sein können, das Fahren sollte komfortabler und sicherer werden. Man erfand den »Schwebemotor«. So schrieben es die Werbeleute in die Prospekte, nachdem die Techniker den Motor mittels raffinierter Gummielemente im Rahmen untergebracht hatten, die die Frequenzen der Vibrationsschwingungen stark absorbierten. Vor Jahren hatten wir einmal bei Zündapp in Nürnberg eine Maschine erprobt, die einen Einrohrrahmen besaß, und deren Motor man auch in Gummi gehängt hatte, um den zerstörenden Vibrationen zu entgehen. Bis 80 km/h ließ sich das Rößlein auch ganz sanft fahren – aber jenseits von 80 km/h begann das Ding plötzlich lang gezogene Schlangenlinien zu produzieren, die man einfach nicht verhindern konnte. Das war eine Folge der sich überschneidenden Schwingungsfrequenzen, die das Antriebsaggregat, ein 250er Zweitakter, in dessen Gummistützen schüttelten. Darum war es klar, daß uns der »Schwebemotor« von BMW auch in dieser Hinsicht besonders neugierig machte. Doch erst sehr spät, nämlich im August 1962, konnten wir eine R 27 vom Werk für einen Nürburgring-Test mit Fahrtschreiber-Messungen bekommen. Dabei stellte sich heraus, daß

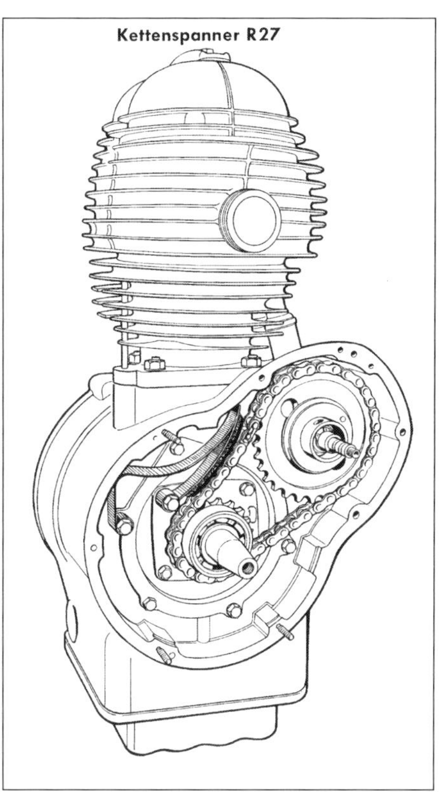

Der automatische Kettenspanner der R 27.

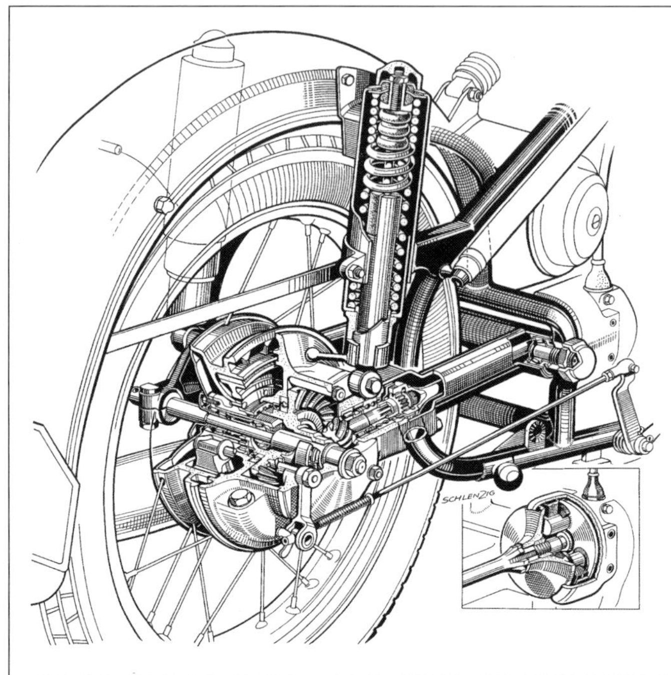

Die BMW-Hinterradschwinge im Detail: Wie schon die R 26, verfügte auch die R 27 über den »Vollschwingrahmen« der Zweizylinder-Boxer. Die schrägstehenden, gummigelagerten Federbeine konnten über einen Hebel den Belastungen für Solo- und Soziusbetrieb angeglichen werden.

der geschlossene Doppelrohrrahmen, wie schon bei der R 26, erneut ein sehr steifes und solides Gebilde war. Dann jedoch erlebte ich bei Geschwindigkeiten über 100 km/h herum, während der Abfahrt vor Breidscheid in der Folge der beiden dicht folgenden Rechtskurven ab Kilometer 8,5 vor der Streckenstelle Wehrseifen, in entsprechender Schräglage mit den, statt der bisherigen Metzeler Block C-, nun verwendeten neuen Dunlop-Schulterreifen, zunächst üble Schwänzeleien, die mich veranlaßten, schleunigst das Gas wegzunehmen. Das war aber, wie ich schnell merkte, die labile Sitzweise auf dem ansonsten sehr komfortablen Schwingsattel mit einigermaßen solider Bewegungsfestigkeit. Hockte man sich auf den Gepäckträger, klemmte man die Knie fest in die Bucht an der Sattelnase und an die Tankkante, und ließ man die Oberschenkel fest auf dem Sattel aufliegen, dann blieb das Motorrad auch hier schließlich lammfromm und spurtreu. Weswegen ich auf dieser, nun wirklich schnellen 250er, doch lieber eine Sitzbank gehabt hätte. Zumal BMW eine ausgezeichnete und ausreichend breite Bank anbieten konnte, und die ganz hervorragende hydraulisch gedämpfte Schwingenfederung für beide Räder eine Sitzbank auch für lange Strecken und Reisen zuließ.

Wer den Motor antrat, konnte im ersten Augenblick erstaunt darüber sein, welche seitlichen Bewegungen bei stehender Maschine besonders in der Gegend des Zylinderkopfes das Aggregat in den Gummielementen beim Schütteln ausführte. Besonders stark waren die Ausschläge kurzzeitig, wenn man der Kraftquelle Gas anbot.

Es wurde einem klar, daß das, was nun als Schüttelei auftrat, bei den R 25-Typen früher noch vom Rahmen mit aufgenommen wurde. Diese seitlichen Schüttelbewegungen des Querläufers wurden sofort weniger merkbar, wenn die Drehzahl stieg. Sie verschwanden jedoch keineswegs, und daß da 18 PS zur Arbeit angehalten wurden, das merkte man doch. Auch in den Lenkerenden. Da aber gedämpfter, und die Handgelenke wurden bestimmt nicht strapaziert. Trotzdem mußte man die Madenschräubchen der Kabelanschlüsse im Scheinwerfer noch immer ab und zu kontrollieren und nachziehen, wie sich das noch bei jedem Motorrad empfahl. Das war so eine Art primitiver Schüttelmesser. Die Blinkanlage ging jedoch nicht entzwei – auch später nicht bei den Meßfahrten um den Nürburgring. Kein Kotflügel riß ein und auch das Nummern-Kuchenblech am Heck blieb unverletzt, inklusive der Rücklichtbirne.

Eben fiel das Wort »schnell«. Die Maschine war schnell – sehen wir uns ruhig auf dem Blatt des Fahrtschreibers den Durchschnitt von 13:50 = 98,90 km/h für eine Runde um die damalige Nordschleife des Nürburgringes an, mit stehendem Start und stehend im Ziel (!). Das war nicht gemogelt, sondern gemessen. Auch die Beschleunigungswerte erschienen für eine 250 cm³ Maschine von immerhin 162 kg Leergewicht sehr gut. Landstraßen-Reiseschnitte von 70 bis 80 km/h auf längeren Strecken waren möglich, und. auf der Autobahn lief der Motor Vollgas mit serienmäßiger Handbuch-Einstellung des Vergasers ohne Mucken, und das über 200 km an einem Stück. Als Höchstgeschwindigkeit waren bei geducktem Fahrer im engen Lederzeug (74 kg) mit der Testmaschi-

Schnittzeichnung des Bing-Vergasers der R 27.

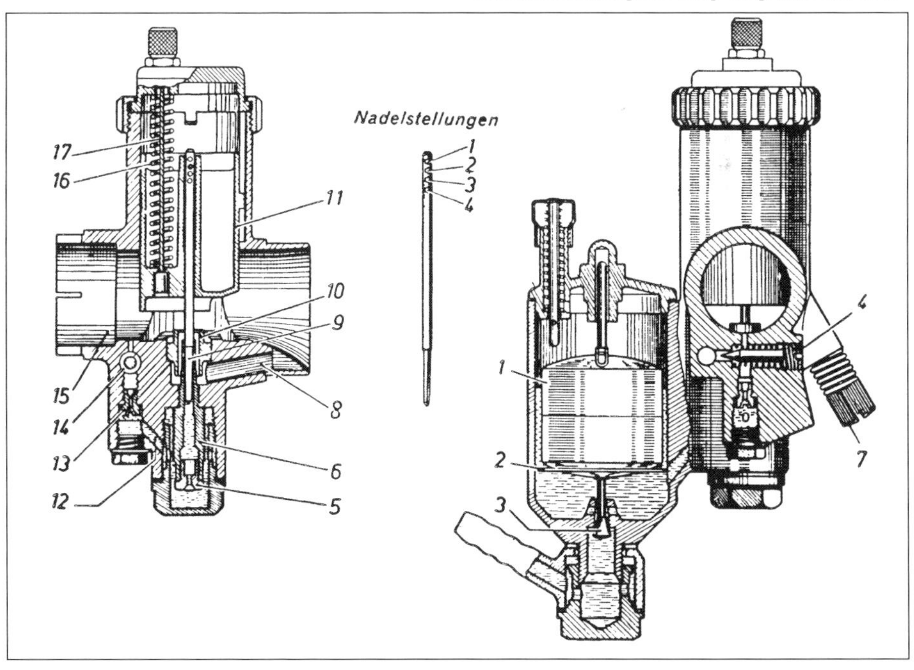

Die R 27 war mit echten 120 km/h die schnellste aller BMW-Einzylinder. Hier bei Testfahrten im August 1962.

ne in der Ebene (Motor- und Fahrgestell-Nummer 376121) nach entsprechendem Anlauf 120 km/h gut zu erreichen. Aufrecht sitzend mit Marquardt-Mantel, Tankrucksack – also volle Kriegsbemalung – kamen zwischen 105 und 110 km/h heraus. Die Spanne zwischen der gefahrenen Höchstgeschwindigkeit in der Ebene und so einem Schnitt um den Nürburgring erschien zunächst kleiner, als erwartet wurde. Sie war es aber doch, weil das Drehmoment des Motors doch ein wenig besser war, als man das von dieser Leistungscharakteristik und einer Drehzahl von 7400 Touren bei der Höchstleistung von 18 PS vermutete. Die großen Schwungmassen spielten da doch eine erhebliche Rolle, was man übrigens – auch aufgrund der knappen Kupplungshebel-Übersetzung (eine von uns immer wieder beobachtete BMW-Eigenart) schon beim Anfahren und auch beim Hochschalten merkte. Das riß die 162 kg + Treibstoff + Schmierstoff + Fahrer + Gepäck förmlich nach vorn. Wurde in der langen 7-9 % Steigung auf dem Ring in der Gegend des Kesselchens bei Kilometer 12 eisern im vierten Gang geblieben und nicht runter geschaltet, so sackte das Tempo um 15-20 km/h ab. Was ich übrigens verwundert registrierte, denn da war ich von Motoren mit

Literleistungen um 70 PS/Liter herum schon weniger gute Ergebnisse gewohnt gewesen.
1960 hielt jeder die 7400 U/min für einen Serien-Einzylinder-Viertakter dieser Art aber doch für viel. Die Kolbengeschwindigkeit betrug dann bei höchster Drehzahl gut 17 m/sek. Etwas kam noch bei dem Schwebemotor hinzu: man fuhr fast immer im oberen Drehzahlbereich, weil man 1. keine Angst mehr vor Vibrationen hatte, und weil man 2. in diesem Drehbereich der Kurbelwelle erst den richtigen Mumm zu finden meinte. Das alles waren Bedingungen für Sportmotoren, an deren Lebensdauer normalerweise keiner dieselben Ansprüche stellte, wie an einen Motor mit vielleicht nur 50 PS Literleistung. Ich hatte aber die Meinung, daß der R 27 Motor hergenommen werden konnte, ohne daß man dauernd Angst davor haben mußte, plötzlich den Kolben oben durch Kopf und Tank sausen zu sehen (wie das die Motorrad-Witze-Zeichner immer wieder seit altersher malten). Nein, die Testmaschine hatte unsere Nürburgringprobe mit den vielen Vollgasrunden und der ganzen Quälerei gut überstanden, nichtmal das Ventilspiel war danach verändert. Nur der Mischkammerdeckel tanzte mal lustig über dem Vergaser herum. Den mußte man eben beim Festziehen der Halteschrauben mit untergelegten Federscheiben sichern. Die Auspuffrohr-Dichtung am Zylinderkopf gab den Geist auf. Letzteres lag aber daran, daß das Gummielement an der Schalldämpfer-Befestigung mit den Schwingungsfrequenzen des Motors nicht mitkam, das Rohr oben also praktisch losgeschüttelt wurde. Später baute man eine weichere Gummifederung an dieser Stelle ein, wodurch diese Misere behoben schien.
Betrachtet man eines der damaligen Fahrtschreiberblätter (eines vom 27.8.1962) und das daraus erarbeitete Höhendiagramm des Ringes mit der eingezeichneten (ausgemittelten) Geschwindigkeitslinie und dem Drehzahlverlauf mit Gangwahl darunter, dann sieht man vielleicht recht erstaunt, daß die höchste Drehzahl fast kaum erreicht wurde. Die Maschine hatte

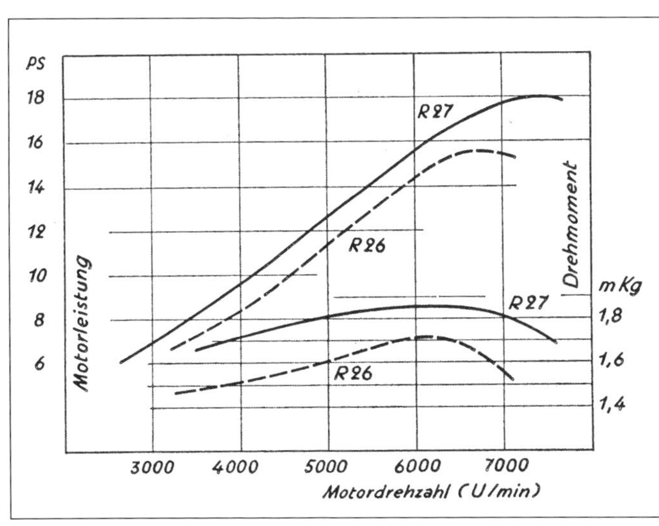

Die 18 PS starke 250er bot ein breit nutzbares Drehzahlband und wesentlich mehr Drehmoment als die direkte Vorgängerin.

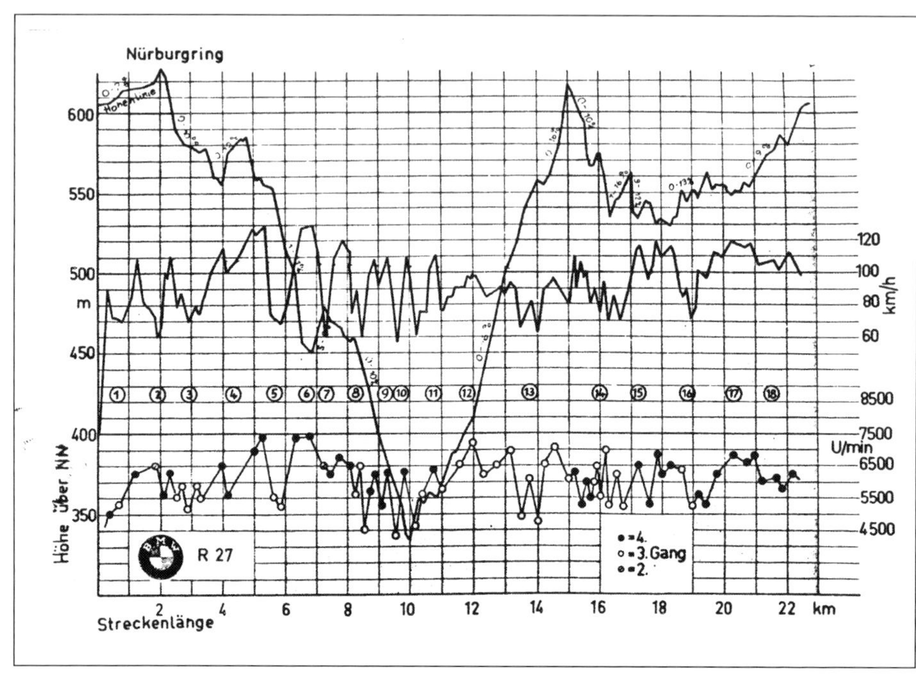

Nürburgring-Diagramm vom August 1962.

tatsächlich eine bis zur Grenze des Möglichen ausgewählte knappe Gesamtübersetzung. Auch am Fahrwiderstands-Diagramm sieht man, wie früh die Linie des großen Ganges in den Fahrwiderstandsbereich gelangte. Der galt in diesem gezeichneten Raum für einen Zweizentner-Mann, aufrecht sitzend, bis zu einem spindeldürren 120 Pfund-Männchen lang liegend im knapp sitzenden Lederzeug. Die Fahrer sollten offensichtlich nicht so schnell und oft über die zulässige Höchstdrehzahl hinüber kommen. Da es sich hier nun aber doch um einen echten Sportmotor handelte, dessen bestes Drehmoment bei 6000 U/min lag, also nur 1400 U/min unter Höchstdrehzahl, so blieb man im Bereich zwischen 4500 und 7400 U/min, weil unterhalb von 4000 Touren die Zeichen auf Runterschalten standen. Das bedeutete sauber schalten – und es wäre gut gewesen, hätte man eine leichte Anschlußmöglichkeit für einen nachträglich montierbaren Drehzahlmesser serienmäßig vorgesehen gehabt, wenn man ihn schon aus Preisgründen nicht serienmäßig einbauen wollte. Soo ganz auf Sport sollte das Image wohl doch noch nicht gehen, und das Motorrad nicht zu teuer werden.

Die Abstufung des Getriebes zeigte allerdings mit 3,4/1,97/1,32/1,0 keine besonders engen Abstände, wie man es beispielsweise bei englischen Straßensportmaschinen fand, und der Gedanke an den fünften Gang bei diesem Leistungsverlauf des Motors wäre gar nicht einmal so absurd gewesen. Schön lag der dritte Gang zum vierten, hier hatten wir eine engere Stufung. Das Getriebe ließ sich nach Eingewöhnung ohne Geräusch schalten. Der Stoßdämpfer zwischen Antriebsrad-und Antriebswelle war dabei von großer Be-

deutung und so solide und bewährt wie der ganze Motor. Im Stadtverkehr würde man wenig in den vierten Gang gehen, auch der dritte Gang war bei 50 km/h und ca. 3700 U/min noch im Keller des Leistungsbereiches. So blieb es nicht aus, daß man oft im zweiten Gang fuhr – und da war dann plötzlich die R 27 in der Stadt ein ungemein temperamentvolles, sicheres und wendiges Gefährt. Der Gedanke, die R 27 bummelig zu fahren und den Motor im unteren Drehbereich irgendwo schuften zu lassen, kam gar nicht auf.
Mit dem Fahrwerk, der vorderen und hinteren Schwinge, konnte man sich bei höheren Drehzahlen auch alles erlauben. Allein die möglichen Schräglagen sprachen da recht deutlich. In welligen Kurven schrammte zuerst links die Angel des Ständers auf der Straße, dann kam die Fußraste dran. Die Spurhaltung litt trotzdem nicht. Den Lenkungsdämpfer fuhren wir am besten ganz leicht angezogen, so ein wenig »getippt«, um gar nicht erst beginnende Pendelbewegungen der Vordergabel zur Entwicklung kommen zu lassen. Relativ früh merkten wir im Lenker, wenn der Untergrund kriminell wurde und das Schiff zu schwimmen begann. Die Stoßdämpfer hielten die Testzeit ohne Anstände durch, die Verstellbarkeit der hinteren Federbeine auf größere Belastung war sehr angenehm. Aber es blieb ein Aberglaube, durch härtere Einstellung der Federn die Kursstabilität verbessern zu können. Sicher, die Maschine gewann ein ganz klein wenig mehr Bodenfreiheit, aber dafür tanzte sie dann bei nur geringer Belastung durch einen Mann auch mehr hinten herum. Das glich wieder das Mehr in Kurven im Reiseschnitt nach unten aus.

Zum Sommer 1967 stand die Einzylinder-250er nicht mehr im BMW-Programm. Das japanische Zeitalter hatte begonnen...

Was die R 27 eigentlich nötig gehabt hätte, wäre eine Seitenstütze gewesen. 160 Kilo ohne Gepäck waren schon ein Trumm Metallhaufen für 250 cm³, sie aufzubocken ging durch den Abrollständer schon nach etwas Übung zu bewerkstelligen, aber es gestaltete sich doch immer noch zu einer »Aufgabe«. Der als BMW-Zubehör erhältliche ausschwenkbare Seitenständer hätte eigentlich serienmäßig dran gehört (wurde offensichtlich aber auch aus Kostengründen nicht gemacht), allerdings dann so mit seiner Befestigung konstruiert, daß er nicht zu früh bei Schräglage auf dem Asphalt kratzte. An die 250er Gelände-Werksmaschinen hatte man früher solche Seitenständer montiert. Diese unbedeutend erscheinenden Dinge machten aber bei der Meinung der Kundschaft den Kohl fett. Schließlich dachte man ja in München auch an andere unbedeutend erscheinende Dinge positiv: z. B. die nun offen im Kühlluftstrom unter dem Tank liegende Zündspule. Oder die elektrische Leerlaufanzeige, der Gasdrehgriff mit dem über ein Kettenrad immer senkrecht ohne Knick angezogenen Gaszug und etwas kürzerem Drehweg, hervorragende Luftfilterung oder die Lichthupe. Zum Daumenverrenken war der Blinklichtschalter, und über die Blinklampen am Lenkerende – böse Zungen sagten »Ochsenaugen« dazu – hätte man auch geschmacklich streiten können, zumal es die Honda-Leute bereits vormachten, wie das auch bei einer schwungvollen Linie besser ging. Solide

Die R 25 mit BMW Standard-Seitenwagen, geliefert von Steib. Die Maschine konnte selbstverständlich auch als Solomaschine bewegt werden.

Auch die R 27 war mit Seitenwagen lieferbar. Das Boot, Typ S 250, bot viel Platz und stammte, natürlich wieder von Steib.

waren sie ja, aber sie paßten auch zur urdeutschen Behördensprache, die ein Motorrad seit dem Kommiß als »Krad« bezeichnet und auch heute noch so redet und schreibt.

Der Gehäuse-Stirndeckel war geändert worden, denn der Unterbrecher wurde von einem auf der Nockenwelle sitzenden Nocken betätigt und saß von da an unter einem separaten Deckel vor der Welle. Die Lichtmaschine mit einer neuen Höchstleistung von 90 Watt bei 2300 U/min und 60 Watt bei 1800 U/min hatte eine bessere Leistung als die der R 26. Über Verbräuche kann man immer lange diskutieren, und wer schnell fährt, braucht mehr Benzin. Der Normverbrauch wurde 1962 noch mit 4 Litern/100 km bei 90 km/h angegeben, auf unseren Fahrten in der Stadt, über Land und auf dem Nürburgring waren aber immer 5 Liter auf 100 km verbraucht. In den Bezintank gingen etwa 15 Liter hinein – das war ein Aktionsradius, der trotz 5 Liter auf 100 Kilometer noch klar für 250 Kilometer ohne Benutzung der 1,5 Liter Reservemenge ausreichte. Ölverbrauch: auf zwei Tanknachfüllungen (ca. 28 Liter) jeweils 0,25 Liter Öl nach besonders scharfer Fahrt. Im Alltagsbetrieb war kaum Ölverbrauch festzustellen. Der Ölinhalt des Motors betrug aber immer noch nur 1,25 Liter. Man konnte ihn mit der als Zubehör erhältlichen Alu-Ölwanne auf 1,5 Liter bringen – mußte aber doch wegen der eigentlich zu geringen Ölmenge nach jeden 1500 km einen Wechsel auf frisches Öl machen.

Die R 27 besaß ein gesenkgeschmiedetes Stahlpleuel mit flachovalem Querschnitt (Federschaft-Pleuel), das auf dem Hubzapfen über einem Käfig-Rollenlager lief. Die Kurbelwelle lief auf zwei Rillenlagern und auf einem Hauptlager im Nylon- oder

Stahlkäfig. Unter den Schwungmassen befand sich ein Siebblech. Der oberste Kolbenring war hartverchromt, der zweite Kolbenring als Nasenring ausgebildet, und der dritte funktionierte als Ölabstreifring. Die Verdichtung war von 7,5 auf nun 8,2 erhöht worden. Diese Unterschiede sind unbedingt zu erwähnen, wenn man über die R 27 spricht. Es war nicht so, daß man sich in München die Verbesserung der 250 ccm-Maschine etwa leicht gemacht hätte – da steckte ein ganzer Berg Erfahrung und Arbeit drin, außerdem war man besonders bestrebt, zu dem angehobenen Temperament – wie schon erwähnt – auch die Lebensdauer noch zu verbessern. Nur standen diese Bemühungen unter dem Kreuz großer Sparsamkeit, die hinsichtlich des kommenden japanischen Angriffs auf den deutschen Markt ein Handicap blieb. Der stärkste aktuelle Mitbewerber in der 250er Klasse war 1960 und 1961 immerhin noch die 250er 18 PS-NSU-Supermax mit den großartigen Weltmeisterschaften, Weltrekorden und -Sporterfolgen in der 250er und 350er Klasse im Rücken gewesen, Preis DM 2165,-. Die Motorradkundschaft war inzwischen kritisch geworden, denn schließlich kostete die R 27 als 250er 1962 ja auch DM 2.330,-.

Blieb daher die Frage, ob die R 27 nun immer noch ein begehrenswertes Motorrad war. Ja, denn ganz abgesehen davon, daß für uns jede im Verkehr befindliche Maschine erwähnenswert blieb, hatten wir es hier doch mit einem Fahrzeug zu tun, das zu einer langen und soliden Vergangenheit ab 1960 den besonderen sportlichen Pfiff hinzufügte, der in die Motorradwelt des Jahres 1962 nun einmal gehörte. Das sahen wir nicht so sehr am Äußeren, aber wir merkten es, wenn man einmal versuchte, mit einem guten Mann auf der R 27 Schritt zu halten ! Au, ja – da hatten sich bald einige doch sehr gewundert – nicht nur auf dem Nürburbring, wo wir unserer Sammlung von Vergleichsdaten mehrere sehr interessante Dokumente neu einverleiben konnten. Ehrlich gesagt – ich persönlich hatte das dieser Maschine damals gar nicht zugetraut.

Aber dann erschien 1962 die japanische 250er Honda-Zweizylinder CB 72 mit obenliegender Nockenwelle. Leistungsangabe 25 PS bei 8500 U/min., 140 km/h Spitze. Sie läutete mit ihren anderen Honda ohc-Modellen in der Tat eine neue Motorradzeit ein. Zwar mußten dafür DM 2.750,- hingeblättert werden, aber sie fand ihre Kundschaft bei derartigem technischen Angebot. Die Produktion der R 27 bei BMW ging zurück. Sie hielt sich noch bis zum Frühjahrsangebot 1967, dann aber ging ihr Ofen aus. Für die Supermax war schon 1963 während des Sommers das Ende gekommen. Doch bei BMW hatte man inzwischen die Weichen so gestellt, daß die Produktion der großen Boxer-Maschinen auf Sparflamme weiterlief, daneben aber schon angefangen wurde, für neue Modelle und einen neuen Motorrad-Anfang zu sorgen, was wir dann ja auch Ende der 60er und Anfang der 70er Jahre mit Freude erlebten.

Technische Daten der BMW R 27

Motor:	Bohrung x Hub = 68 x 68 mm; Hubraum 247 cm^3; Verdichtung 8,2: Leistung 18 PS bei 7400 U/min; Einlaßventil öffnet 4° v.OT, Einlaßventil schließt 23° n.UT, Auslaßventil öffnet 43° v.UT, Auslaßventil schließt 16° v.OT. *Vergaser:* Type Bing 1/26/68, 26 mm Durchmesser, Hauptdüse 120, Nadeldüse 1408, Nadelstellung 4, Leerlaufluftschraube 1-2 Umdr. offen.
Elektrik:	Lichtmaschine 60/90 Watt; Batterie 6 V/ 9 Ah; Zündkerzen-Wärmewert 240; Zündeinstellung früh 7° v.OT (Fliehgewichte in Ruhe), spät spät 42° v.OT (Fliehgewichte gespreizt); Licht 35/35 Watt; Scheinwerfer-Durchmesser 160 mm;
Kraftübertragung:	Gesamtübersetzung 22,1 - 12,6 - 8,5 - 6,4;
Fahrwerk:	gleicher Vollschwingen-Rahmenbau wie Modell R 26;
Räder:	Bereifung 3.25-18 vorn und hinten;
Bremsen:	Durchmesser 160 mm, Belagbreite 35 mm vorne und hinten.
Gewichte, Maße, Fahrleistungen	
Gewicht:	fahrfertig 162, Gesamtgewicht 325 kg; Gespann 240 kg.
Maße:	Größte Länge 2090 mm; größte Breite 660 mm; Höhe 975 mm, Sattelhöhe 770 mm; Bodenfreiheit 115 mm;
Fahrdaten:	Geschwindigkeit in der Ebene sitzend 120 km/h, lang liegend 130 km/h, mit Beiwagen 90 km/h; Normverbrauch nach DIN 70030 = 3,9 Liter/100 km; Preis 1962 DM 2330,- ab Werk.

Seitenwagen für BMW R 26 und R 27

Auch mit der letzten Seitenwagen-Kreation von Josef Steib, Nürnberg, dem Typ S 250, der Mitte 1955 vorgestellt wurde, war das Gespannfahren mit den Vollschwingen-Einzylinder-BMW R 26 und R 27 eine gute Sache. Vor allem war die elegante Karosse keine enge Heringsbüchse, da konnte auch ein Zwei-Meter-Mann mit ausgestreckten Beinen auf Langreise drin sitzen, der Wagen hatte für das Rad eine Schwingarmaufhängung mit einer Gummidrehschubfederung, für die es im Zubehör-Angebot einen hydraulischen Stoßdämpfer gab. Was speziell auf Motorräder mit Hinterrad-Schwingenfederung zielte.

Das Boot selbst ist am Rahmen durch eine schwingfreie Aufhängung ausgezeichnet, vorne durch Federelemente und hinten mittels einer progressiven Gummibandfederung. Die Sitzfläche besteht aus Schaumgummi und die überhöhte Rückenlehne aus gummiertem Roßhaarkern. Den Bootskörper bilden zwei Schalenhälften aus tiefgezogenem Stahlblech, die durch eine mittig längs verlaufende Schweißnaht zusammengesetzt sind. Die Naht wird durch eine Chromleiste verdeckt. Der Lukenrand ist zum bequemen Einsteigen so weit nach vorn gerückt, daß man vor dem Sitz stehen kann und somit keine Übungen

zum Trainieren eines Zirkus-Gummimenschen nötig hat.
Der Gepäckraum hinter vorklappbarer und abschließbarer Rückenlehne ist sehr viel größer als z.B. beim Steib-Seitenwagen S 350 für 350 cm^3-Maschinen. Dieses Modell S 250 war ein letzter Fortschritt bei Steib und wurde bei den kompletten Gespann-Bestellungen mit BMW-Abzeichen um Bug des Bootes als »BMW«-Gespann geliefert.

Folgendes schrieb das BMW-Werk über den Seitenwagen-Anschluß an die R 26 und R 27:
Im Hinterradgetriebe von der Solo-Übersetzung 25:6 Zähnen gegen die Seitenwagen-Übersetzung 26:5 getauscht werden.
Der Tachometer-Anschluß mit solo 1,0 Wegdrehzahl wird gegen einen solchen mit Wegdrehzahl 1:25 gewechselt.
Die Federbeine an der Vorderradgabel hängt man oben unterm Lenkkopf in die unteren Aufnahmebohrungen, die Vorderradschwinge kommt in die vorderen Lagerungsbohrungen unten an den Gabelholmen.
Die Solotragfedern der hinteren Federbeine sind gegen härtere Seitenwagen-Tragfedern zu wechseln.
Der Bremshebel am Hinterrad muß gegen einen mit Anschlagschraube getauscht werden. Dabei die Schraube solange eindrehen, bis die Bremse faßt. Danach aber die Schraube wieder ausdrehen, bis sich das Rad frei drehen läßt.
650 cm-Lenker zweckmäßig gegen 680 cm-Lenker auswechseln.
Niedrigen Anschlaggummi für den Kippständer gegen den höheren tauschen.
Den Zusatzrohrträger mit den beiden Kugelanschlüssen hinten am unteren rechten Rahmenrohr anschellen und vorne mit dem verlängerten Motorbefestigungsbolzen festgeschrauben. Ferner an der rechten Seite der Maschine den hinteren Kugelanschluß am Verbingungsblech unter dem Sattel und den vorderen Kugelanschluß mit einer Doppelschelle am Rahmenrohr fest anschrauben.
Für die Seitenwagenbeleuchtung ist die Steckdose – sofern nicht vorhanden – in die vorgesehene Bohrung im Sattelquerblech des Rahmens mit guter Masseverbindung einzubauen und an der oberen Klemmleiste im Batteriekasten anzuschließen.
Für den Einbau eines gebremsten Seitenwagen-Rades, falls noch ein Ate-Bremszylinder oder dessen Nachbau zur Verfügung steht: In den hydraulischen Zugzylinder die hintere Bremsstange voll einschrauben. Solo-Bremsgestänge samt Rückholfeder und Rastenring vorn am Fußhebel mit vorhandenem Bolzen und hinten am Bremshebel mit abgeflachter Zugstange nach oben und neuem Hohlbolzen mit Kerbe nach oben anschließen. Flügelmutter so weit aufschrauben, bis das Gestänge kein totes Spiel hat. Der Kolben im Zugzylinder darf dabei nicht aus seiner Ruhestellung weggezogen werden. Dann Gegenmutter am Gestänge kontern. Darauf achten, daß das Bremsgestänge nirgendwo anstreift.
Zum Seitenwagenanbau Motorrad auf Ständer stellen. Seitenwagen aufbocken und Seitenwagenschutzblech nach Lösen der vorderen Befestigungsmutter zurückklappen.
Wichtig! *Vor Aufsetzen des SW.-Rades Achsstummel vollständig blank abziehen und leicht einfetten. SW.-Rad aufschieben und darauf achten, daß die Radnabe nicht am Bremsschild anläuft. Eventuell eine Distanzscheibe zwischensetzen. Schnellverschluß anziehen und mit Kunststoffhammer festklopfen.*
Nacheinander Einstellschrauben der SW.-Bremse soweit anziehen, daß diese ganz

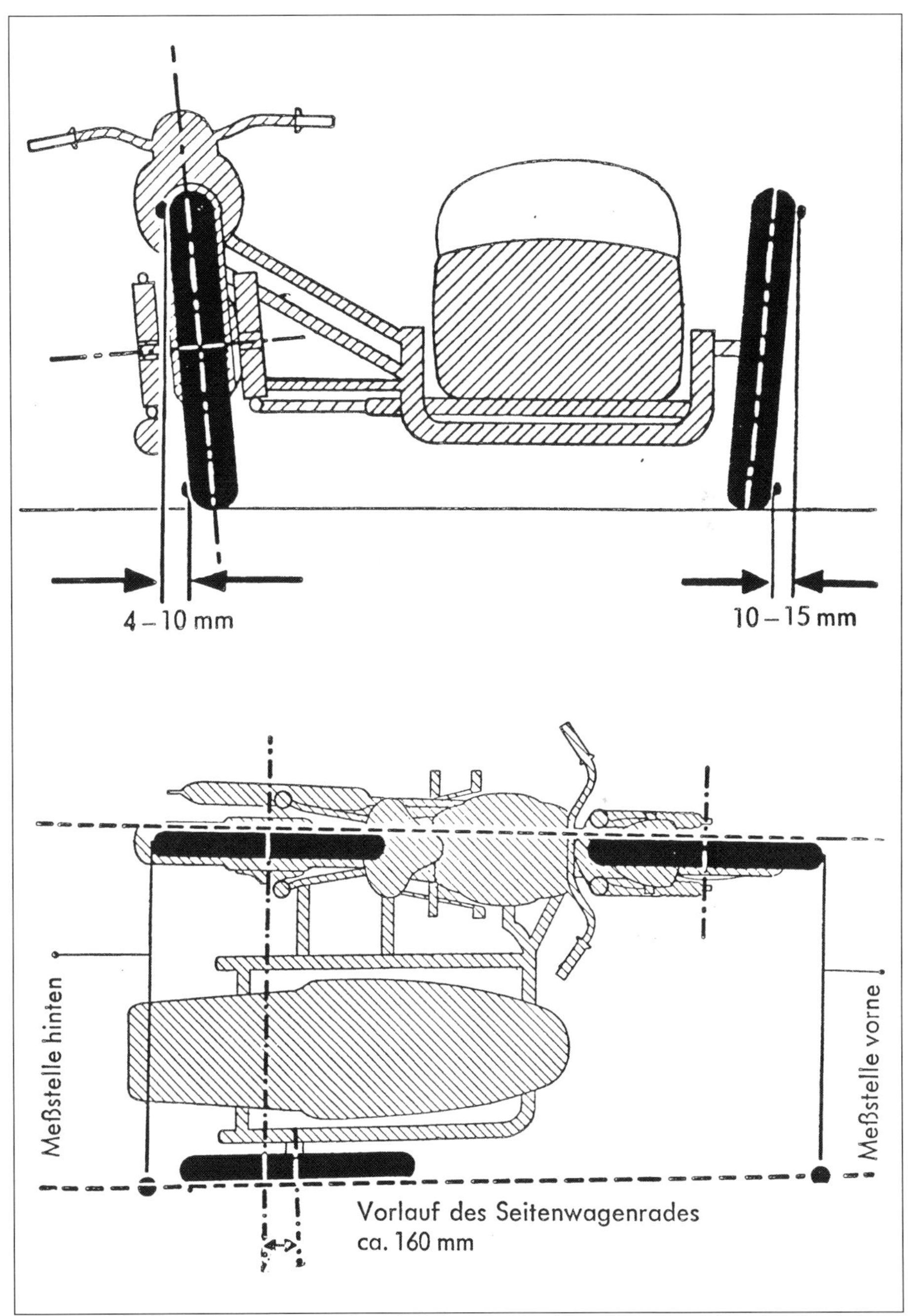

Die Meßwerte für den Seitenwagen-Anschluß.

leicht schleift, danach Einstellschrauben etwas zurückdrehen, bis das Rad frei läuft.
Seitenwagen unten anschließen. Durch mehrmaliges seitliches Kippen des Motorrades in den Kugelgelenken einen guten Sitz herstellen.
Vorspur einstellen. Dazu Motorrad **lotgerecht senkrecht** *stellen. Eine Meßlatte, die über den Vorderradreifen hinausragt, längs des SW.-Rades außen an den Reifenflanken anlegen. Zweite, ebenso so lange Meßlatte, die über die Reifen hinausragt, außen an den Reifenflanken des Vorder- und Hinterrades anlegen.*
Der Abstand zwischen den beiden Meßlatten vorn am Vorderrad und hinten am Hinterrad messen. Der hintere Abstand muß 15-25 mm größer sein als am Vorderrad. Eventuelle Berichtigung durch Herein- oder Herausschieben des Anschlußarmes am hinteren Querrohr nach Lösen der Klemmschrauben.
Obere hintere Verbindungsstrebe zum Motorrad **ohne Radsturz** *zuerst am Kugelkopf oben befestigen, dann durch Verdrehen des Einstellbolzens die Strebenlänge so einstellen, daß die Schellenverbindung zum Rahmenrohr des Seitenwagens paßt. Vordere Verbindung spannungsfrei wie eben beschrieben anschließen. An Bremsschlauch und Zugzylinder Anschlußschutzkappen abnehmen und Schlauch anschließen.*
Achtung! *Beim jedesmaligen Trennen der Leitung, Schutzkappen wieder aufschrauben! Durch Rückschlagventile an den Verbindungsstellen ist in der Regel ein Wiederentlüften nicht nötig.*
Zum Auffüllen und Entlüften der Öldruckbremse muß man die Einfüllverschraubung am Zugzylinder abschrauben. Auffanggefäß unter den Zugzylinder stellen und Gummikappe abnehmen. Von einem Bremsflüssigkeits-Druckbehälter einen Schlauch am Entlüftungsventil anschließen, Entlüftungsventil eine Umdrehung lösen und so lange Bremsflüssigkeit durchdrücken, bis diese blasenfrei am Zugzylinder austritt. Der Flüssigkeitsstand muß dort stets 1 cm über der Zylinderbüchse stehen. Entlüftungsventil wieder fest anziehen und Gummikappe aufstecken, sowie Zugzylinder-Einfüllschraube festziehen. Bremshebel betätigen und Leitungen auf Dichtheit prüfen.
Die SW.-Bremse soll grundsätzlich erst dann einsetzen, wenn die Hinterradbremse bereits leicht angezogen hat. Die Verzögerungsfolge der SW.-Bremswirkung kann durch Einschrauben der Rändelstellschraube hinter dem Zugzylinder abgestimmt werden. Durch volles Eindrehen kann die SW.-Bremswirkung vollständig ausgeschaltet werden.
Infolge der verschiedenen Massenwirkungen bei leerem und vollbelastetem Seitenwagen, hat sich jene Stellung am besten bewährt, bei der das Gespann mit einer Person im Seitenwagen beim Bremsen ganz leicht nach links und mit leerem Seitenwagen ein wenig nach rechts zieht. **Die Einhaltung dieser Einstellung ist für den Fahrbetrieb außerordentlich wichtig.** *Dabei wird allerdings die größtmögliche Bremswirkung nicht voll ausgenutzt, aber es wird vermieden, daß beim Bremsen mit leerem Seitenwagen dieser zu stark abgebremst wird und damit die Maschine nach rechts zieht, was gefährlich werden könnte.*
Nach öfterem Trennen des Bremsschlauch-Anschlusses vom Zugzylinder ist zu empfehlen, das Bremsflüssigkeits-System neuerdings zu entlüften. Bei richtig eingestellten Bremsbacken und einwandfreier Entlüftung beträgt der Weg des Kolbens im Zugzylinder etwa 4-5 mm, bis die SW.-Bremse fest wird.

Einzylinder und kein Ende

Prototypen, Geländesport- und Sondermodelle

Neben den bisher beschriebenen Serienmodellen der 250er Einzylinder-BMW-Motorräder gab es natürlich auch die Vorserien-Prototypen, spezielle Gelände-Maschinen für den Zuverlässigkeitssport sowie Versuche, mit Sondermodellen für Behörden und Bundeswehr ins Geschäft zu kommen. Aus diesen Bereichen sind hier einige Beispiele in chronologischer Reihenfolge vorgestellt.
Nicht zuletzt aber auch ein Maschinen-Beispiel auf R 26-Basis aus dem in den 60er Jahren bedeutend werdenden aber heute bereits artistischen Trial-Sport. Das sind Fahrstil-Wettbewerbe in schwersten natürlichen und künstlichen Geländeabschnitten mit nationalen und internationalen Titelkämpfen, wie auch mit einer Weltmeisterschaft. Dazu gibt es natürlich auch Oldtimer-Trial.

Bild 1

Für den Gelände-Zuverlässigkeitssport wurden entsprechend geänderte Serienmodelle für den Einsatz unter Werksfahrern hergestellt, wovon hier im **Bild 1** zuerst eine R 25/2 für die Deutschlandfahrt 1951 zu sehen ist. Sie wurde von Max Klankermeier aus der Versuchsabteilung gefahren. Das Schutzgitter vor dem Scheinwerferglas, Steinschlagschutz vor der Ölwanne, Wettbewerbsuhr am Lenker, Sturzschutzbügel um die Fußrasten, hochgelegte Auspuffanlage mit Hitzeschutzgrill, Geländereifen, an der linken Maschinenseite (hier nicht sichtbar) war eine kleine Preßluftflasche vor der Hinterradfederung mit aufgerolltem langen Füllschlauch für die Reifen montiert. Trotzdem wurde die Handluftpumpe griffbereit an der rechten Rahmenseite unterm Sattel mitgeführt – das waren einige der zweckdienlichen Details an der Maschine.
Im Frühjahr 1953 konnte man den Prototyp einer R 25/2 sichten, der durch etwas kleinere Räder, einen anderen Tank, eine neue Telegabel mit hydraulischer Dämpfung und ohne Gabelholm-Manschetten sowie einen neuen Schalldämpfer auffiel, **Bild 2**. Das war der Prototyp der im gleichen Jahr vorgestellten R 25/3.
1954 erschien bei der Int. Dreitagefahrt

1954 in Isny (Allgäu) Hans Roth auf einer BMW R 25/3 mit einer Versuchshinterradschwinge mit hydraulisch gedämpften Federbeinen, bei der die Kardanwelle im rechten Schwingenholm untergebracht war. Es handelte sich um einen Werksversuch im Zuge der begonnenen Weiterentwicklung zu den Vollschwingenfahrwerken der 250er, 500er und 600er BMW-Motorräder, **Bild 3**. Der Versuchstyp einer Behördenausführung der R 25/3 sah 1954 mit Packtaschen aus, wie es **Bild 4** dieser Reihe zeigt, und der sehr erfolgreiche und bekannte Zuverlässigkeitsfahrer in den 50er und 60er Jahren, Fabrikfahrer Sebastian Nachtmann, holte sich 1956 bei der Nordbayerischen Zuverlässigkeitsfahrt mit einer gut zurechtgemachten R 26 eine seiner vielen Goldmedaillen, Bild 5. Dasselbe Modell R 26 erschien 1958 nicht nur mit weißer Lackierung für den Gebrauch beim Deutschen Roten Kreuz, **Bild 5a** – Notarzt-Transport bei beengten und schwierigen Verkehrsverhältnissen, sondern in erster Linie auch als Bundeswehr-Prototyp, **Bild 6**. Unter anderem gab es da das angehobene Vorderradschutzblech, die etwas vergrößerte und gegen Steinschlag geschützte Ölwanne, keinen Metallglanz, und vor allem eine Anlage zur Kühlung der Abgase. Auf jeder Maschinenseite befand sich eine dieser beiden untereinander verbundenen flachen seitlichen Kühlpfannen mit äußerem Hitzeschutzgrill, um die Infrarot-Ortungen des bösen Feindes zu erschweren. Es gab aber zu dieser Zeit auch einen Prototyp der R 26 in absolut serienmässiger Ausführung bis auf die matte Militär-Lackierung, und die sah so aus, als sei sie für die Landpolizei-Dienststellen gedacht gewesen, **Bild 7**, ähnlich wie beim entsprechenden Prototyp der R 25/3 im

Bild 3

Bild 2

Bild 4

Unten: Bild 5

Bild 5a

Unten: Bild 6

Jahr 1954. Es gab sie in weißer Lackierung auch für die Verkehrspolizei.
Die interessanteste Maschine in diesem Bereich ist aber zweifellos der geplante Nachfolgetyp der R 27 für das angepeilte Modell R 28, das etwa in den Jahren 1964-1966 noch durch die BMW-Einzylinder-Szene geisterte und in drei Versionen nacheinander gesichtet wurde. Erst mit der Langarm-Vorderradschwinge R 28a, dann mit einer Kurzarm-Vorderrad-Schwinge R 28b, **Bild 8**, und schließlich mit einer langhubigen und hydraulisch gedämpften Telegabel auf der Basis derjenigen vom Modell R 25/3, sowie eine Telegabel-Version, wie man sie nachher an den großen -/5-Modellen hatte, R 28c, **Bilder 9-14**. Zu dieser Zeit war das Motorrad-Thema im Hause BMW ganz unten auf der Prioritäts-Skala, und die an einer Weiter-

Bild 7

entwicklung der Maschinen noch tätigen Personen waren ein kleines Häufchen, das sich vornehmlich mit der neuen Zweizylinder-Boxer-Modellreihe -/5 zwischen 500 und 750 cm³-Hubraum beschäftigte.
Das sollte aber noch nicht bedeuten, daß die Bemühungen um eine weitere 250er Einzylinder als Nachfolgerin der R 27 völlig zu den Akten gelegt worden wären. Hier dachte man wegen eines größeren Kundenkreises zuerst wieder an ein Behördenmodell als Grundlage, aus dem heraus dann auch ein ziviler Typ leicht zu erstellen gewesen wäre. Natürlich spielte dabei in erster Linie der Bundeswehr-, Bundesgrenzschutz-, Polizei-, anderer Behörden- und eventuell der Bundespost-Bedarf als Hauptabnehmer eine Rolle.
Unter Dipl.Ing. Hans-Günter v.d. Marwitz arbeitete die Motorrad-Entwicklung mit Ingenieur Ferdinand Jardin (Motor) und Ingenieur Rüdiger Gutsche (Fahrwerk) an dieser 250er, wobei beim Motor das Drehmoment bis über 1,8 mkp zwischen 3800 und 7500 Touren sowie die Leistung von 18 PS bei 7500/min mit asymmetrischen Steuerzeiten erhalten blieben. Das Problem waren in jenen Jahren aber diese »nur« 18 PS, in denen – vor allem aus Japan kommend – die Standard-PS bei Serienmaschinen der 250er Klasse inzwischen auf 22 und höher geklettert waren. Dies allerdings aber mit zwei Zylindern und der in Serienmaschinen mehr und mehr auftretenden obenliegenden Nockenwelle, sowie bei Zweitaktern mit entsprechenden Spülungen und einer entsprechenden Anzahl an Kanälen, mit Drehschieber-Steuerung und anderen mechanischen Hilfen. Doch noch setzte BMW darauf, daß deutsche Behörden nur eigene Landesprodukte mit wenig technischem Aufwand wünschten, sowie Seriennähe – vor allem beim Motor – und überragende Solidität und Qualität bevorzugten. Sportliche Geschwindigkeit spielte nur bedingt eine Rolle. Dagegen war beim Militär und beim Grenzschutz selbstverständlich die Geländegängigkeit sehr wichtig, so daß die Entwicklung in Richtung Enduro laufen mußte.
Der in Gummielementen aufgehängte ohv-Viertaktmotor mit 68 x 68 mm Bohrung x Hub = 245 cm³ Hubraum, **Bilder 10 und 11**, mit Druck-Umlaufschmierung, mit geteilter Kurbelwelle aus geschmiedetem

Stahl, mit geschmiedetem Stahlpleuel, kugel- und rollengelagert, mit Grauguß-Zylinder und Leichtmetall-Zylinderkopf und deren größeren Kühlflächen an der Verrippung, Leichtmetallgehäuse, Einscheiben-Trockenkupplung in der Schwungscheibe, Zündunterbrecher und Fliehkraftregler an der Nockenwelle, angeblocktem Viergang-Fußschaltgetriebe, Kardanwelle zum Hinterrad usw. entsprach der zivilen Serie. Dagegen wurde das Doppelrohr-Fahrwerk mit angeschraubtem Heckteil neu konstruiert. Dieser Rahmen hatte sehr große Ähnlichkeit mit den späteren -/5-Fahrwerken der danach kommenden neuen Boxermodelle ab 1969. Bei der endgültigen Telegabel war die technische Basis die der R 25/3 geblieben, bei der R 28 gab es aber nun ei-

Bild 8

nen Zusatzstoßdämpfer zwischen den Gabelholmen zum Lenkkopf, **Bild 14**, wie z.B. bei den 600er KS 601-Modellen von Zündapp zwischen 1951 und 1958. Der Vergaser mit langem Ansaugweg hatte eine besondere Luftfilterung und war vor allem auch gegen Wassereinbruch geschützt, **Bild 15** (Pfeil). Leider hat der heutige zivile Besitzer dieses einzigen noch gut erhaltenen und fahrbereiten Prototyps der R 28 mit Telegabel, Thomas Weibrich, Saulheim, eine solche Ausrüstung schon beim Kauf nicht mehr an der Maschine vorgefunden.

Als ab der 60er Jahre bis heute der Gelände-Trialsport in Deutschland mehr und mehr Bedeutung gewann, erschienen auch BMW-Trialmodelle als Eigenbauten auf den Veranstaltungen, wie z. B. diese Einzylinder auf Basis der R 26, **Bild 16**, die aber erst in den 90er Jahren entstand. Der Erbauer, Bernd Kreutz aus Stolberg-Mausbach bei Aachen, fährt damit auf Oldtimer-Trial-Wettbewerben. Hier handelt es sich um einen Zylinder und einen Kolben desselben Einzylinder-Motorrad-Aggregates, das Mitte der 50er Jahren mit 250 oder gelegentlich auch mit 300 cm³ Hubraum im BMW-Winzkleinwagen Isetta, in der »Knutschkugel«, seine Arbeit tat. Die Nockenwelle der R 26 wurde in diesem Fall dazu eingebaut, **Bild 17**. Speziell ausgerichteter Fußschalthebel. Mit der längeren Gespannübersetzung 5,2 – und hier etwa 14 PS – liegen Leistungsvermögen und Leistungscharakteristik durchaus im Trialbereich – gutes Drehmoment bei niedrigeren Drehzahlen, Motorbremse an Gefällen und ausreichend Power oben herum. Der Zentralschwimmer-Bing-Vergaser mit einem um 50 mm verlängerten Ansaugweg hat 20 mm Durchmesser. Die Lichtmaschine wurde ausgebaut, mit reiner Batterie-Zündung geht das bei Trial-Distanzen zwischen 50 und 100 Kilometern ganz gut, wobei noch einiges am Gewicht gespart wird – nur 118 kg wiegt das feine Stück. Die Telegabel von der R 25/3 ist etwas verlängert. Der Sieben-Liter-Tank, die offenen Federbeine und der Lenker stammen aus England. Radstand 1320 mm. Trial-Bereifung 2.75-21 vorn, 4.00-18 hinten. Trommel-Vollnabenbremse von einem 50er Zündapp-Oldtimer vorn, R 26 hinten.

Bild 9

Bild 10

Bild 11

Bild 12

Bild 13

Bild 14

Bild 15

Bild 16

Bild 17

Das, was zum Schluß gesagt werden muß

Aus unserem Motorrad-Archiv (Archiv/Foto Rogge) – eingerichtet, verwaltet und stets in Ordnung gehalten von meiner lebenslangen Sozia Inge – , stammen die meisten Fotos und Zeichnungen, inklusive der Montage-Bilder. Ein wunderschöner Blumenstrauß u.a. ist meiner Archivarin natürlich sicher. Dann war die Abteilung (BMW Mobile Tradition) in den Bayerischen Motorenwerken AG in München sehr hilfreich, die das BMW-Archiv verkörpert, mit den guten Geistern Peter Zollner (inzwischen im Ruhestand), Fred Jakobs und Sebastian Gutsch. Einige Abbildungen in diesem Buch kamen daher.
Hilfesuchende wenden sich am besten an den BMW Veteranen-Club Deutschland e.V. mit seiner Motorrad-Abteilung. Die wird von Dr. Hans Wilhelm Busch geleitet, der im Lohmühlenweg 30 in 53881 Euskirchen wohnt, Telefon und Fax 02251-74477. Aus der Gemeinde der hilfreichen BMW-Oldtimer-Freunde muß weiter der Veteranen-Fahrzeug-Verband e.V. (VFV), Walther-Rathenau-Str. 105, 64560 Riedstadt, Telefon 06158-85501, Fax 87114 mit seinem Präsidenten Karl Reese genannt werden, unter dessen Mitgliedern eine Menge BMW-Enthusiasten aktiv sind. Bei diesen beiden Adressen werden sich auch Forschungen nach Helfern und Gleichgesinnten aus der jeweils engeren Umgebung des Wohnortes eines BMW-Oldie-Interessenten lohnen.
Des weiteren muß Dank an Joachim Stemler der (Motorrad Stemler GmbH) gesagt werden, der mir aus seinen reichhaltigen BMW-Motorrad-Veteranen-Unterlagen besonders BMW-Interessantes zur Verfügung stellte. Auch hier können BMW-Fans sehr viel als Restaurationshilfe und zur allgemeinen Information über die 250er BMW finden.
Adresse: Garschager Heide 29,
42899 Remscheid,
Telefon 02192-53067, Fax 590349.

Zeitfracht Medien GmbH
Ferdinand-Jühlke-Straße 7
99095 Erfurt, Deutschland
produktsicherheit@kolibri360.de